数控铣削编程与加工

温法胜　朱小伟　主编

清华大学出版社

北　京

内 容 简 介

本书以中职学生为授课对象，依据国家示范校专业人才培养标准，以岗位典型工作任务为载体，基于工作过程系统化，以训练学生的动手技能为基本要求，以培养学生的职业能力为最终目的，结合编者多年的一线教学经验编写。

全书分为 5 个模块 11 个项目，主要包括数控铣床基本操作及简单零件手工编程加工、典型零件的 UG 软件编程加工、模具零件的 UG 软件编程加工、拓展应用和数控铣工四级考证等内容。

本书可作为中等职业学校数控技术应用专业和模具制造技术专业的教材，也可作为专业技术人员的参考书。

图书在版编目(CIP)数据

数控铣削编程与加工 / 温法胜，朱小伟主编. —北京：清华大学出版社，2022.1
ISBN 978-7-302-58501-5

Ⅰ. ①数… Ⅱ. ①温… ②朱… Ⅲ. ①数控机床—铣床—程序设计—中等专业学校—教材 ②数控机床—铣床—金属切削—加工—中等专业学校—教材 Ⅳ. ①TG547

中国版本图书馆 CIP 数据核字(2021)第 113745 号

责任编辑：王 定
装帧设计：孔祥峰
责任校对：马遥遥
责任印制：刘海龙

出版发行：清华大学出版社
网 址：http://www.tup.com.cn，http://www.wqbook.com
地 址：北京清华大学学研大厦 A 座 邮 编：100084
社 总 机：010-62770175 邮 购：010-62786544
投稿与读者服务：010-62776969，c-service@tup.tsinghua.edu.cn
质 量 反 馈：010-62772015，zhiliang@tup.tsinghua.edu.cn
印 装 者：三河市君旺印务有限公司
经 销：全国新华书店
开 本：185mm×260mm 印 张：17.25 字 数：388 千字
版 次：2022 年 2 月第 1 版 印 次：2022 年 2 月第 1 次印刷
定 价：59.80 元

产品编号：090932-01

前　言

本书以中职学生为授课对象，依据国家示范校专业人才培养标准，以岗位典型工作任务为载体，基于工作过程系统化，以训练学生的动手技能为基本要求，以培养学生的职业能力为最终目的。

编者通过企业调研发现，企业对技能人才提出的要求，由原来单一的机床操作工向多工种操作工、零件加工工艺安排及编程转变，而且模具零件加工的人才要由本专业来培养，过去主要依赖数控技术应用专业培养的人才已不能满足企业需求。基于这种变化，结合多年的一线教学经验，本书在教学内容上做出了调整和创新。

本书的创新点是把传统数控铣床基本操作和 UG 软件编程模块结合起来，减少企业不常用的手工编程知识，增加实用的 UG 软件编程知识以及零件加工工艺路线安排。以目前行业使用最广泛的 UG 软件为基础，全书分为 5 个模块 11 个项目：项目一、项目二和项目三为数控铣床基本操作及简单零件手工编程加工模块，项目四和项目五是典型零件的 UG 软件编程加工模块，项目六、项目七和项目八是模具零件的 UG 软件编程加工模块，项目九和项目十是拓展应用模块，项目十一是数控铣工四级考证模块。

本书突出项目引领、任务驱动，强调学生实践能力、职业能力的培养。每个项目都以零件加工为载体，零件的加工由简单到复杂，由平面到曲面，其中型芯、型腔和固定板模具是典型零件的加工。本书介绍了数控铣床的基本操作和基本的手工编程知识，在 UG 软件自动编程中详细讲述 UG 实用加工编程方法，包括平面铣、表面铣、型腔铣、深度轮廓加工，区域轮廓铣加工等。结合企业生产实例，零件从粗加工到精加工，工艺路线的安排包括刀具的选择以及工艺参数的设置、零件尺寸精度的控制等。

项目一～项目五中毛坯尺寸均为 100mm×80mm×35mm，项目一～项目三可以用一块坯料完成，型芯、型腔和固定板都是 200mm×200mm 的坯料，与标准模架模板尺寸相对应，方便实际教学。

本书可作为中等职业学校数控技术应用专业和模具制造技术专业的教材，参考课时为 160 学时，教学课时可根据实际情况灵活调整。

本书提供教学课件、教学大纲、UG 文件和习题参考答案，读者可扫描二维码下载。使用时建议读者复制到计算机的硬盘目录中。

教学课件　　教学大纲

UG文件

习题参考答案

本书由河源理工学校一线教师编写，其中，项目一由徐焕金编写，项目二由朱小伟编写，项目三由曹文聪编写，项目四～项目八和项目十由温法胜编写，项目九由邓矛编写，项目十一和附录由卢伟根编写。全书由温法胜统稿。

感谢各位编写老师的辛勤付出和清华大学出版社的大力支持。

由于编者水平有限，加之时间仓促，书中难免会出现疏漏，恳请广大读者批评指正。

编　者

2021 年 10 月

目　录

模块四 拓展应用模块

模块五 数控铣工四级考证模块

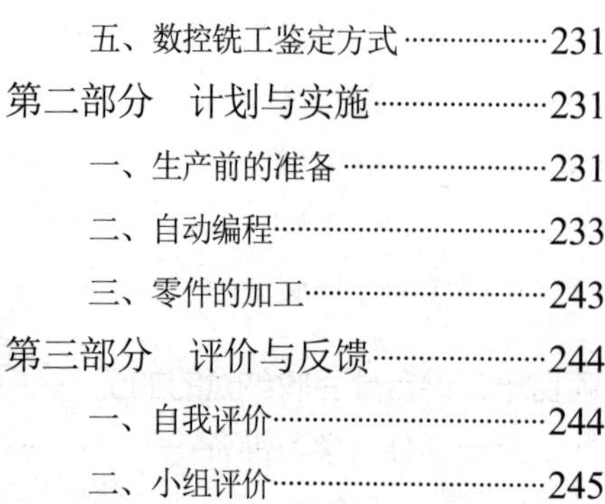

模块一

数控铣床基本操作及简单零件手工编程加工模块

项目一　平面阶梯件加工

项目二　外形轮廓件加工

项目三　键槽件加工

项目一 平面阶梯件加工

学习目标

通过平面阶梯件加工的学习，学生能够：

1. 叙述车间管理规程及机床操作规程。
2. 叙述数控铣床各部分的名称、作用和数控机床的工作原理。
3. 叙述发那科(FANUC)系统操作面板按钮及机床控制按钮的名称和作用。
4. 区分坐标轴及其方向，手动或手轮移动坐标轴到指定的位置。
5. 校正机用平口钳，正确装夹工件。
6. 手动装、卸铣刀，铣削平面。
7. 以小组合作的形式，按照操作流程，手动铣削夹位并控制六面体尺寸。
8. 完成加工后执行6S生产管理。

建议学时

16学时。

学习结构

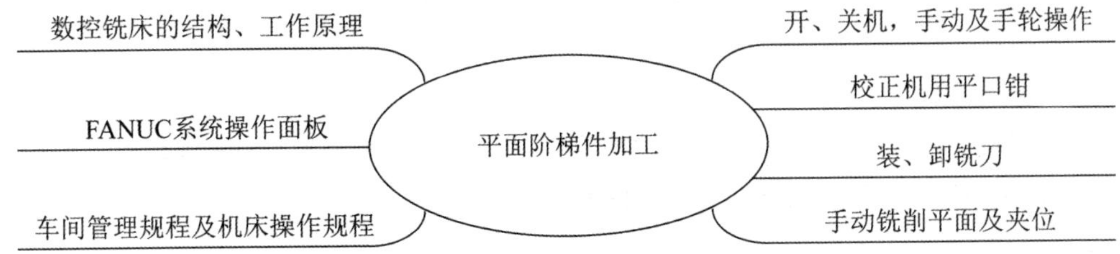

学习任务描述

某公司委托加工一批产品。经过工艺部门研究，在产品正式批量生产前，需要先加工一夹持位置(简称夹位)，夹位尺寸(毛坯为 100mm×80mm×35mm 方料)如图 1-1 所示。请根据图样要求完成夹位的加工，因批量不大，不要求编写程序，用手动或手轮进给的方式加工夹位。

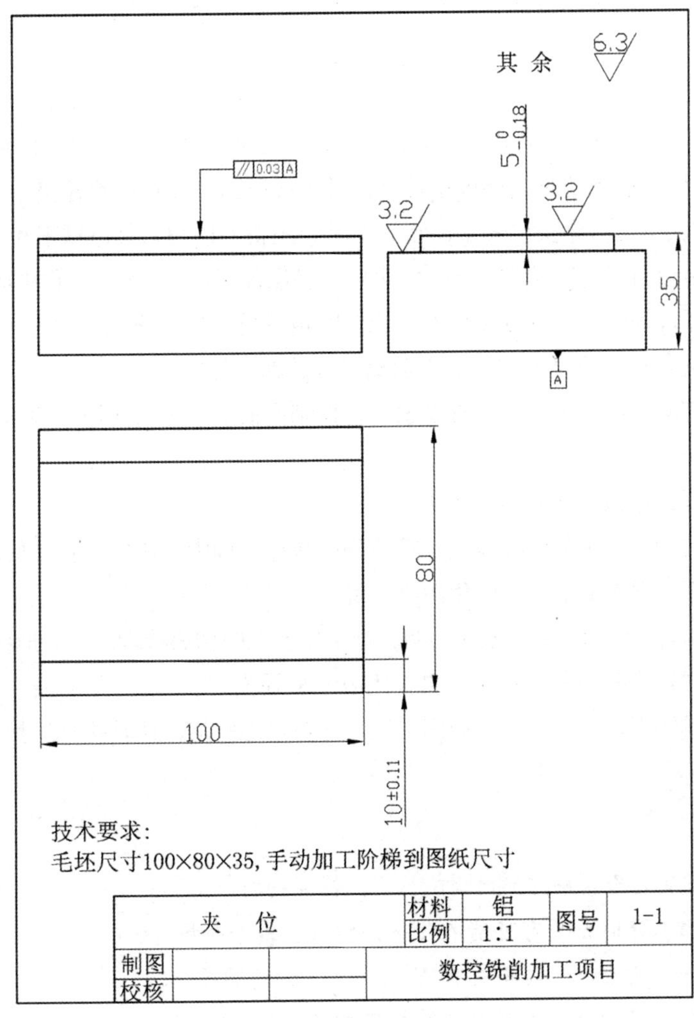

图1-1　夹位尺寸图

第一部分　学习准备

【引导问题】

为了保证操作人员及设备的安全，保证产品加工稳定、可靠，维持正常的生产秩序，操作数控铣床进行产品加工时应注意哪些问题？

一、数控铣床安全操作规程

(1) 机床操作新手应在熟悉机床性能、操作方法和注意事项后，在有关人员指导下上机操作。

(2) 工作前必须穿戴好个人防护用品，戴好工作帽，将头发压入帽内；切削时关闭防护门，严禁戴手套操作。

(3) 开机前，要检查润滑油是否充足，冷却液是否充分，发现不足应及时补充。

(4) 开机时，先打开数控铣床电气柜上的电气总开关。

(5) 手动返回数控铣床参考点，先返回+Z方向，再返回+X和+Y方向。

(6) 手动操作时，在X、Y轴移动前，必须确保Z轴处于安全位置，以免撞刀。

(7) 数控铣床出现报警时，要根据报警信号查找原因，及时排除警报。

(8) 更换刀具时应注意操作安全，装入刀具时应将刀柄和刀具擦拭干净。

(9) 在自动运行程序前，必须认真检查程序，确保程序正确。操作过程中应集中注意力，谨慎操作。运行过程中，一旦发生问题，应及时按“暂停”按钮或“急停”按钮。

(10) 加工完毕后，应把刀架停放在远离工件的换刀位置。

(11) 只允许单人操作机床，旁观者禁止按控制面板上的任何按钮、旋钮，以免发生意外及事故。

(12) 严禁任意修改、删除机床参数。

(13) 生产过程中产生的废液应集中存放到废液标识桶中，倾倒过程中应防止其滴漏到桶外，严禁将废液倒入下水道，以免污染环境。

(14) 关机前，应使刀具处于安全位置，把工作台上的切屑清理干净，把机床擦拭干净。

(15) 关机时，先关闭系统电源，再关闭电气总开关。

(16) 做好机床清扫工作，打扫周围卫生，保持场地整洁，认真执行交接班手续，填好交接班记录。

【想一想】

判断下列说法是否正确(正确的打“√”，错误的打“×”)。

1. 因为操作机床时切屑有可能弄伤手，所以要戴手套操作。(　　)

2. 手动返回参考点时，不用考虑X、Y、Z三轴的顺序。(　　)

3. 调机人员在某些情况下可以修改机床相关参数。(　　)

4. 每班结束后，都应认真清理机床，按要求关闭机床，做好交接班工作。(　　)

【引导问题】

一些结构复杂或精度要求高的零件，普通铣床无法加工或加工困难，则可以采用数控铣床进行加工。那么，数控铣床是由哪些部分组成的？

二、数控铣床的结构

数控铣床一般由床身、数控装置、主轴传动系统、进给伺服系统、冷却润滑系统等组成，如图 1-2 所示。

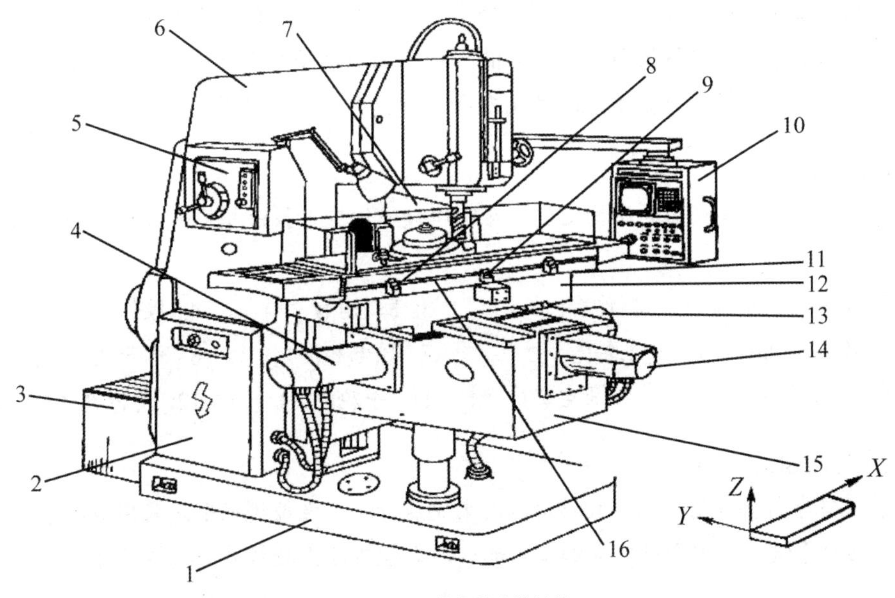

图1-2　数控铣床的结构

1—底座　2—强电柜　3—稳压电源箱　4—垂直升降(Z轴)进给伺服电动机
5—主轴变速手柄和按钮板　6—床身　7—护板　8、11—保护开关(控制纵向行程硬限位)
9—挡铁(用于纵向参考点的设定)　10—数控装置　12—横向溜板　13—横向(X轴)进给伺服电动机
14—纵向(Y轴)进给伺服电动机　15—升降台　16—工作台

1. 床身

床身是数控铣床上用于支承和连接其他部件，并带有导轨的基础零件。

2. 数控装置

数控装置是数控铣床的核心，它接收输入装置送来的脉冲信号，由系统软件或逻辑电路进行编译、运算和逻辑处理后，输出各种信号和指令，控制机床的各部分进行规定、有序的动作。

3. 主轴传动系统

主轴传动系统用于装夹刀具并带动刀具旋转，主轴转速范围和输出转矩对加工有直接影响。

4. 进给伺服系统

进给伺服系统由进给电动机和进给执行机构组成，它按照程序设定的进给速度实现刀具和工件之间的相对运动，包括直线进给运动和旋转运动。

5. 冷却润滑系统

冷却润滑系统在机床整机中占有十分重要的位置，它不仅具有润滑作用，还具有冷却作用，可以减小机床热变形对加工精度的影响。润滑系统的设计、调试和维修保养，对于保证机床的加工精度、延长机床的使用寿命等都具有十分重要的意义。

【想一想】

根据图 1-2 数控铣床的结构图例，在所用数控铣床上找出相应的结构，并在括号中打“√”。

1. 床身(　)	2. 工作台(　)	3. 防护门(　)	4. 操作系统(　)
5. 冷却油箱(　)	6. 主轴(　)	7. 强电柜(　)	8. 总开关(　)
9. 润滑油箱(　)	10. 稳压电源(　)	11. 手轮(　)	12. 急停开关(　)

【引导问题】

普通铣床需要采用手动方式移动刀具来完成加工，数控铣床则是采用数控系统、伺服系统和传动系统共同配合来完成加工。那么，数控铣床上数控系统的操作方式有哪些呢？

三、FANUC数控铣床的操作

1. FANUC数控系统操作面板功能说明

FANUC 数控系统操作面板如图 1-3 所示。

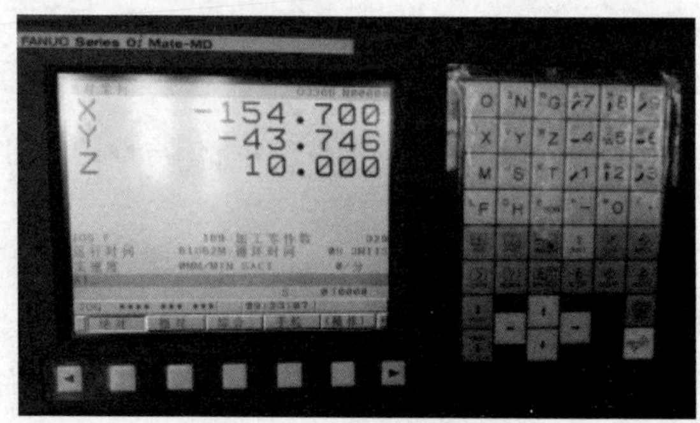

图1-3　FANUC数控系统操作面板

FANUC 数控系统操作面板上的按键分为地址/数字键区和功能键区，如图 1-4 所示。

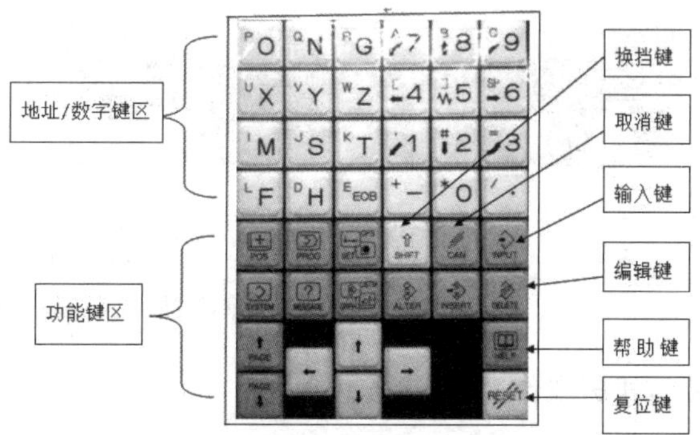

图1-4　FANUC数控系统操作面板上的按键

功能键的功能如下：

(1) 位置键：显示坐标位置，位置显示有三种方式，用 PAGE 键进行选择。

(2) 程序键：显示程序的内容，进入程序界面，进行程序的编辑等。

(3) 设置键：第一次按下，进入坐标系设置界面；第二次按下，进入刀具补偿参数界面。进入不同界面以后，按 PAGE 键进行切换。

(4) 换挡键：切换界面，移动光标位置。

(5) 取消键：消除输入域内的数据。

(6) 输入键：把输入域中的数据输入参数界面或输入一个外部的数控程序。

(7) 系统键：系统参数界面。

(8) 警报显示键：显示信息界面。

(9) 图形参数设置键：设置图形参数。

(10) 修改键。

(11) 插入键：把输入域中的数据插入当前光标之后的位置。

(12) 删除键：删除光标所在位置的数据，或者删除一个数控程序或全部数控程序。

(13) 翻页键：按该键可以进行显示器的上翻页。

(14) 翻页键：按该键可以进行显示器的下翻页。

(15) 光标移动键：向上移动光标。

(16) 光标移动键：向左移动光标。

(17) 光标移动键：向右移动光标。

(18) 光标移动键：向下移动光标。

(19) 帮助键：帮助查找，显示问题信息。

(20) 复位键：在程序运行过程中或者其他系统操作过程中进行复位。

屏幕软键说明如图 1-5 所示。

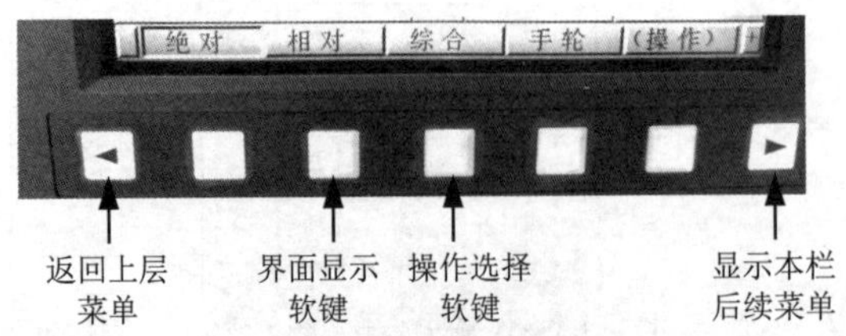

图1-5　FANUC数控系统屏幕软键说明

2. FANUC数控系统机床操作面板说明

FANUC 数控系统机床操作面板如图 1-6 所示。

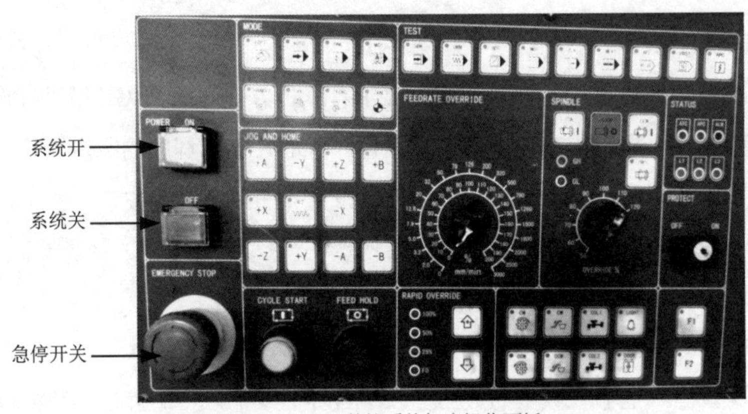

图1-6　FANUC数控系统机床操作面板

按钮使用说明：

程序编辑模式　　自动加工模式　　程序传输加工模式

MDI 模式　　增量(手轮)模式　　手动模式

回参考点　　主轴正转、停止、反转

转速倍率调整按钮　　进给倍率调整按钮

程序循环启动、暂停按钮

手动模式下 X、Y、Z 轴向位移正负方向按钮

3. 手轮

手轮又称手摇脉冲发生器，如图 1-7 所示。在使用过程中，要长按左侧白色控制开关，同时转动手轮，相应坐标轴才会移动。

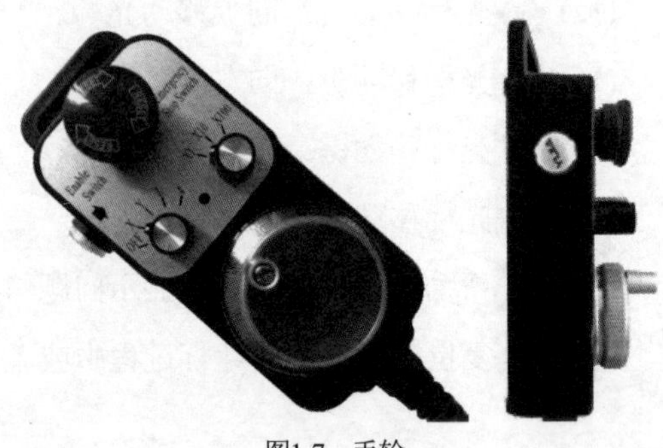

图1-7　手轮

【想一想】

参照上述 FANUC 数控系统按钮使用说明，在所用数控机床上找出相应的按钮图标并记录，然后根据以下问题选择需要使用的功能按钮。

1. 机器运行中遇到紧急事件，需要立即停止时，应按(　　)。
2. 使用手轮进行进给时，应按(　　)。
3. 机器运行中，需要降低主轴转速时，应调节(　　)。
4. 错误输入程序后，需要删除之前输入的代码时，应按(　　)。
5. 需要系统复位时，应按(　　)。

4. 数控铣床加工刀具

数控铣床加工刀具是指能对工件进行切削加工的刀具，如图 1-8 所示。数控铣床使用的刀具主要有铣削用刀具和孔加工用刀具两大类。其中，铣削用刀具主要用于铣削面轮廓、槽面、台阶等。

图1-8　数控铣床加工刀具

5. 数控铣床用刀柄

数控铣床/加工中心上用的立铣刀和钻头大多采用________装夹方式安装在刀柄上，刀柄由_________、____________和___________组成，如图 1-9 所示。在刀柄主柄部，根据不同机床配置不同的拉钉。

铣刀的安装顺序如下：

(1) 把弹簧夹套(见图 1-10)装在夹紧螺母中。

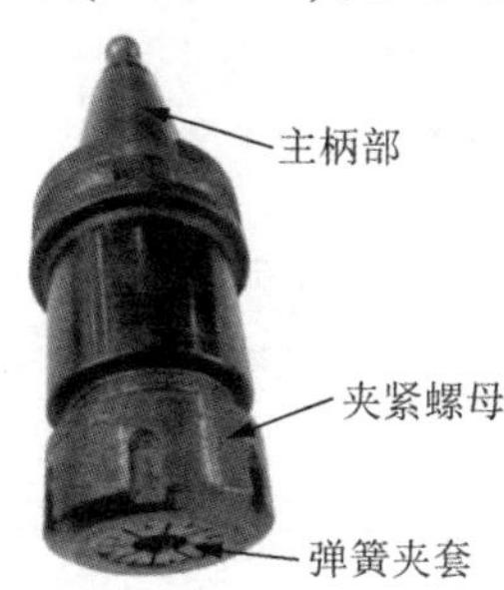

图1-9　刀柄结构

图1-10　弹簧夹套

(2) 将夹紧螺母在刀柄上旋转两圈左右，保证弹簧夹套在夹紧螺母中的位置正确。

(3) 将刀具放入弹簧夹套，并用扳手将夹紧螺母拧紧，以使刀具夹紧(注意刀具伸出长度的控制)。

【想一想】

1. 所用数控铣床用的刀柄型号为____________，刀柄长度为____________，弹簧夹套的型号为____________。

2. 大小为 9～10mm 的弹簧夹套，其装刀直径一般为____________。

6. 零件对刀

在执行加工程序前，应调整每把刀的刀位点，使其尽量重合于某一理想基点，这一过程称为对刀。对刀的目的是通过刀具或对刀具确定工作坐标系与机床坐标系之间的空间位置关系，并将对刀数据输入相应的存储位置。对刀是数控加工中重要的工作内容之一，其准确性将直接影响零件的加工精度。

对刀动作分为 X、Y 轴对刀和 Z 轴对刀(见图 1-11)，其中，Z 轴对刀可采用试切法和 Z 轴设定器对刀。试切法是采用刀具直接对零件进行试切，其对刀精度较低，常用于精度较低的工件。试切步骤：主轴旋转，转动手轮；使刀具至工件顶端，切换移动量；旋转按钮至低挡，转动手轮，直至刀具切到工件顶面→Z 轴坐标清零。

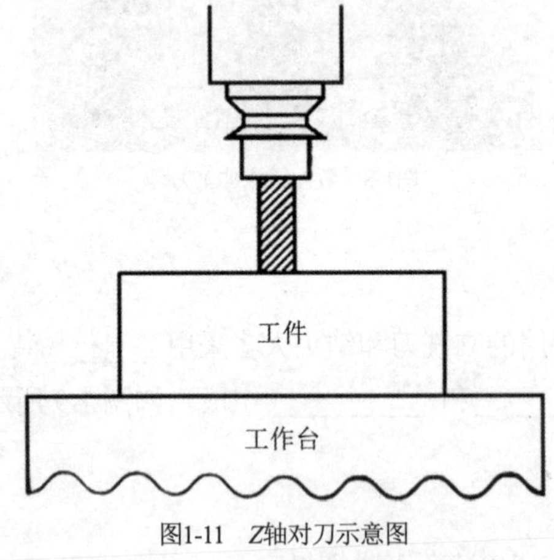

图1-11　Z轴对刀示意图

【想一想】

Z 轴试切对刀时的转速是高转速吗？常用的转速是多少？

____

____。

Z 轴对刀后，如何将 Z 轴坐标清零？

____

____。

四、坐标系的设定

在数控机床上，刀具的运动是在坐标系中进行的。数控机床上有两个坐标系，即机床坐标系和工件坐标系。最基本的点有机床零点、工件零点、参考点及换刀点等，在编写工件加工程序时，首先设定工件坐标系。

1. 机床坐标系与工件坐标系

数控铣床、加工中心坐标系包括机床坐标系和工件坐标系(程序坐标系)。无论哪种坐标系都规定 Z 坐标的运动方向是由传递切削动力的主轴所决定的，即平行于主轴轴线的坐标轴为 Z 坐标，Z 坐标的正方向为刀具离开工件的方向。

X 坐标为平行于工件的装夹平面，一般在水平面内，其正向一般规定为操作人员面向机床向立柱看时，正 X 方向指向右侧。

确定 X、Z 坐标的正方向后，可根据 X 坐标和 Z 坐标的方向，按照右手笛卡儿坐标系来确定 Y 坐标的方向，如图 1-12 所示。

1) 机床坐标系

为了确定数控机床的运动方向、移动距离，就要在数控机床上建立一个坐标系，称为机械坐标系或机床坐标系，是以机床原点(零点)为坐标原点建立的由 Z 轴与 X、Y 轴组成的右手笛卡儿坐标系。而有的机床将机床原点直接设在参考点处，如图 1-13 所示的机床坐标系，是机床固有的，它是制造和调整机床的基础，也是设置工件坐标系的基础。其坐标轴及其方向按标准规定，其坐标原点的位置则由各机床生产厂家设定，一般情况下，不允许用户随意变动。

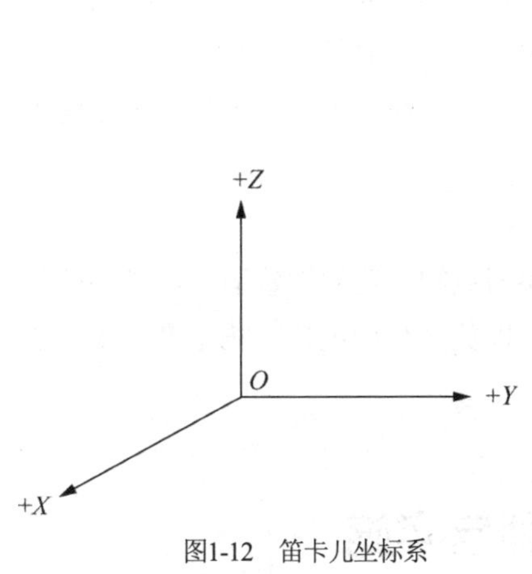

图1-12　笛卡儿坐标系

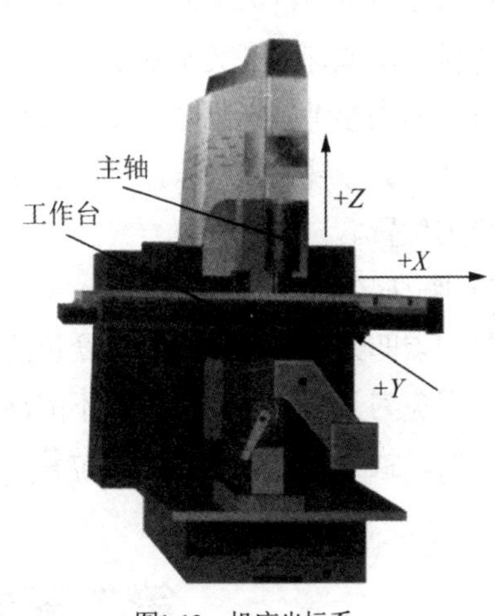

图1-13　机床坐标系

在编制程序时，以机械坐标系来作为工件确定运动方向和距离的坐标系，从而与数控机床建立了坐标关系。

2) 工件坐标系

工件坐标系也称编程坐标系，专供编程用。帮助编程人员在不知道是刀具移动还是工

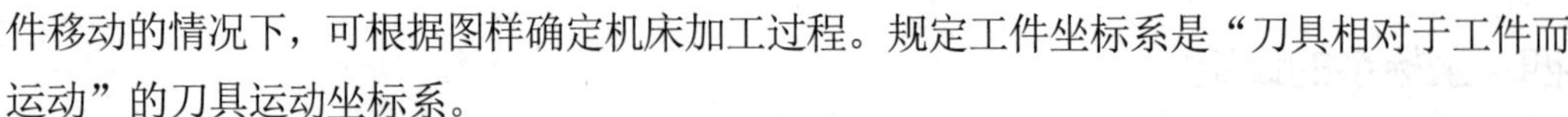

件移动的情况下，可根据图样确定机床加工过程。规定工件坐标系是“刀具相对于工件而运动”的刀具运动坐标系。

2. 机床零点和工件零点

1) 机床零点

机床零点又称机床原点，是机床坐标系的原点。它的位置是在各坐标轴的正向最大极限处，是机床制造商设置在机床上的一个物理位置。其作用是使数控机床与控制系统同步，建立测量机床运动坐标的起始点。每次启动数控机床时，首先必须进行机械原点回归操作，使数控机床与控制系统建立起坐标关系，并使控制系统对各轴软限位功能起作用。

2) 工件零点

工件零点又称程序原点，是工件坐标系的原点。工件坐标系可以随意设定，并以编程为依据，是编程人员以工件图样上的某点为工件坐标系的原点，可参考以下原则确定：

(1) 工件零点应选在零件图标注的尺寸基准上。

(2) 对称零件，工件零点应选在对称中心上。

(3) 一般零件，工件零点应选在轮廓的基准角上。

(4) Z方向的零点，一般设在工件表面。

对于数控铣床，一般用G54～G59来设置编程原点。

3. 机床参考点和换刀点

1) 机床参考点

机床参考点是机床上的一个固定点。该点是刀具退离到一个固定不变的极限点，其位置由机械挡块或行程开关来确定。以参考点为原点，坐标方向与机床坐标方向相同而建立的坐标系称为参考坐标系，在实际使用中机床是以参考坐标系计算坐标值。

通常，数控铣床上机床原点和机床参考点是重合的，而加工中心上的机床参考点设在机床换刀位置。

2) 换刀点

换刀点即刀具在此位置进行换位的坐标点。换刀点的位置应设置适当，既不能靠工件太近，以免刀具与工件相撞；又不能离工件太远，以免空行程过长影响生产效率。加工中心加工时，换刀点常设在参考点位置。

第二部分　计划与实施

【引导问题】

本学习任务是在数控铣床上完成平面阶梯件的加工，加工前应做哪些准备工作呢？

一、生产前的准备工作

1. 阅读零件图

阅读夹位零件图(见图 1-1)，完成表 1-1。

表1-1　夹位零件图分析

分析项目	分析内容
标题栏信息	零件名称： 零件材料： 毛坯规格：
零件形体	描述零件的主要结构：
表面粗糙度	
技术要求	

2. 工具、量具准备

夹具：________________

刀具：________________

量具：________________

其他工具或辅件：________________

3. 填写工序卡

填写工序卡，如表 1-2 所示。

表1-2　夹位加工工序卡

序号	工步内容	刀具类型	刀具规格/mm	主轴转速/(r•min^{-1})	进给速度/(mm•min^{-1})	背吃刀量/mm
1						
2						
3						
4						

二、零件的加工

按下列操作步骤完成零件的加工，并记录操作过程。

1. 开机

(1) 开电源操作如表 1-3 所示。

表1-3 开电源操作

操作步骤	操作内容	过程记录
1	打开外部电源开关	
2	打开机床电气柜总开关，机床上电	
3	按操作面板上的电源按钮，系统上电	
4	等待系统进入待机画面，然后松开紧急停止按钮	

(2) 手动回参考点操作，如表 1-4 所示。

表1-4 手动回参考点操作

操作步骤	操作内容	过程记录
1	按“返回参考点”按钮	
2	按“+Z轴”按钮，选择Z轴在正方向回参考点	
3	+Z轴指示灯亮后，按“+X轴”按钮，选择X轴在正方向回参考点	
4	+X轴指示灯亮后，按“+Y轴”按钮，选择Y轴在正方向回参考点	

2. 装夹毛坯

将毛坯装夹在机用平口钳上，用角尺找正毛坯，保证毛坯高出钳口 10mm。

3. 选刀、装刀

选刀、装刀操作，如表 1-5 所示。

表1-5 选刀、装刀操作

操作步骤	操作内容	过程记录
1	根据加工要求选择刀具	
2	选择相对应的弹簧夹套，将刀具装到刀柄上并锁紧	
3	在手动或手轮模式下，将刀具放入主轴锥孔(注意保持主轴锥孔及刀柄的清洁，主轴矩形突起要正好卡入刀柄矩形缺口处)，按下主轴前面板上的换刀按钮，刀具即被主轴锁紧	

4. MDI状态启动主轴

MDI 状态启动主轴操作，如表 1-6 所示。

表1-6　启动主轴操作

操作步骤	操作内容	过程记录
1	在MDI模式下，按“程序”按钮，进入显示MDI界面	
2	输入“MO3 S1000；”按“插入”键	
3	按“循环启动”按钮，主轴正转启动	

5. 手动完成夹位加工

手动完成夹位加工操作，如表 1-7 所示。

表1-7　夹位加工操作

操作步骤	操作内容	过程记录
1	在手动模式下，长按+X或-X，使刀具靠近工件	
2	通过调节进给倍率调整进给速度，注意刀具位置的正确性，防止撞刀	
3	长按+Y或-Y，使刀具靠近工件，交替移动X轴和Y轴，直到刀具停留在工件上方	
4	长按+Z或-Z，使刀具靠近工件，注意调整进给倍率旋钮，防止撞刀	
5	切换至手轮模式，选择Z轴，选择×100倍率	
6	逆时针旋转手轮，使刀具接近工件，刀具快靠近工件时，将倍率开关旋至×10，使刀具接近工件，直至切削到工件表面时停止	
7	在界面中选择相对坐标，按“Z”预定软键，将Z轴相对坐标清零	
8	将倍率开关旋至×100，选择Y轴，移动刀具，离开工件上表面	
9	选择Z轴，移动刀具下降，注意屏幕中的相对坐标，当Z轴下降至-5.000时停止	
10	移动刀具，在工件前侧处靠近工件，将倍率开关旋至×10，移动刀具轻碰工件	
11	选择相对坐标，输入Y后按软键 归零 ，将Y轴相对坐标清零	
12	移动刀具，在工件右侧处靠近工件，将倍率开关旋至×10，移动刀具轻碰工件	
13	选择相对坐标，输入X后按软键 归零 ，将X轴相对坐标清零	
14	移动刀具到相对坐标X10.000，Y10.000，Z-2.500处	
15	切换至手动模式，按进给倍率开关到50%的位置，按-X键进行夹位切削加工	
16	刀具移动到X-110的位置停止，移动刀具到Z-5.000处	
17	按+X键进行夹位的切削加工，刀具切削移动到X10.000的位置停止，完成前侧夹位的加工	
18	抬刀至安全高度，将刀具移动至相对坐标X10.000，Y80.000，Z-2.500处，重复步骤15～17的操作，完成工件后侧夹位的加工	
19	抬刀至安全高度	
20	主轴停止运转	
21	拆下工件，去毛刺，尖角倒钝	

6. 清理机床，整理工具

清理机床、整理工具操作，如表 1-8 所示。

表1-8 清理机床、整理工具操作

操作步骤	操作内容	过程记录
1	从机床上将刀柄卸下来(与装刀顺序相反)，注意保护刀具，不要让其从主轴上掉下来	
2	将刀具从刀柄上卸下来	
3	机床Z轴手动回参考点，移动X、Y轴，使工作台处于床身中间位置	
4	用气枪清理机用平口钳和工作台上的切屑	
5	用抹布擦拭机床外表面、操作面板、工作台、工具柜等	
6	整理工具及刀具等，需要归还的及时归还	
7	按要求清理工作场地，填写交接班表等表格	

第三部分 评价与反馈

一、自我评价

自我评价如表 1-9 所示。

表1-9 夹位加工自我评价表

班级： 姓名： 学习任务名称：

序号	评价项目	是	否
1	是否认真阅读并理解数控机床操作规程		
2	是否认真观察所用的数控机床，并能说出其各部分结构的名称及作用		
3	是否认识本任务使用的所有工具、量具、夹具、辅件、刀具等，并能按要求正确使用		
4	能否正确分析零件的形体，填写工序卡		
5	能否认真按照操作步骤的指引，独立完成夹位的加工		
6	能否诚恳地接受小组其他成员的监督与指导，有问题虚心向他人请教		
7	认真做好清理、清扫工作，填写交接班表等表格		

二、小组评价

小组评价如表 1-10 所示。

表1-10　夹位加工小组评价表

序号	评价项目	评分(1～10)
1	着装符合安全操作规程	
2	认真学习“学习准备”中的内容并完成相关工作页	
3	正确完成准备工作，图样分析及工序卡填写无错误	
4	开机操作正确、规范	
5	装刀动作规范、安全，节奏合理，效率高，刀具装夹长度适合	
6	工件装夹符合加工要求	
7	加工过程中严格按照操作指引进行操作，无私自更改操作顺序及内容的行为	
8	接受他人监督，操作过程受到他人质疑时能虚心接受意见，有争议时共同探讨或请教老师	
9	操作过程中未出现过切、撞刀等安全事故	
10	机床清扫，工具、量具、夹具、辅具整理合格，交接班等表格填写合格，字迹工整	

评价人：　　　　　　　　　　　　　　　　年　月　日

三、教师评价

教师评价如表 1-11 所示。

表1-11　夹位加工教师评价表

序号	评价项目	教师评价			
		优	良	中	差
1	无迟到、早退、中途缺课、旷课等现象				
2	着装符合要求，遵守实训室安全规程				
3	工作页填写完整				
4	学习积极主动，独立完成加工任务				
5	工具、量具、刀具等使用规范，机床操作规范				
6	夹位加工尺寸合格，有去毛刺及倒角				
7	与小组成员积极沟通，并协助其他成员共同完成学习任务				
8	使用机床操作说明书等其他学习材料，丰富对数控机床及其操作的认识				
9	认真做好工作现场的6S工作				
10	教师综合评价				

第四部分 拓展

用夹位进行装夹，采取手动加工方式完成工件下表面的加工。要求面铣厚度 1mm，加工时使用直径为 120mm 的平铣刀，刀路步长为 100mm，水平方向上整个切削路线(弓字形)如图 1-14 所示。

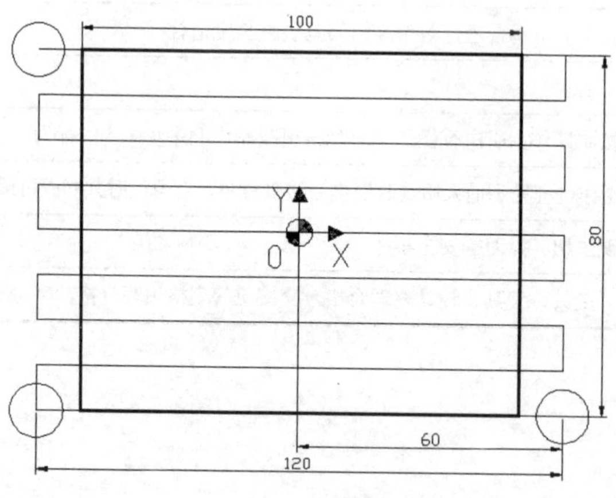

图1-14 工件切削路线

项目二 外形轮廓件加工

学习目标

通过外形轮廓件加工的学习，学生能够:

1. 叙述数控铣削加工程序的基本结构。

2. 叙述 G00、G01、G90、G91、G54～G59 及 M03、M05、M30、M08、G40、G41、G42 等指令的含义及格式。

3. 按照企业的生产要求，根据零件图样，以小组工作的形式，制订长方形及六边形外形轮廓的加工工艺。

4. 严格按照安全操作规程，手工录入加工程序，并对程序进行校验和编辑。

5. 对工件进行分中对刀和建立坐标系操作。

6. 运用三角函数知识进行六边形节点坐标的计算。

7. 正确使用刀具半径补偿指令编写长方形及六边形加工程序。

8. 在单段模式下完成平面、矩形轮廓及六边形轮廓的首件试切加工。

9. 采用改变刀补值的方式进行粗、精加工，控制加工尺寸。

建议学时

16 学时。

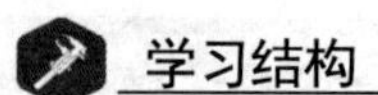

学习结构

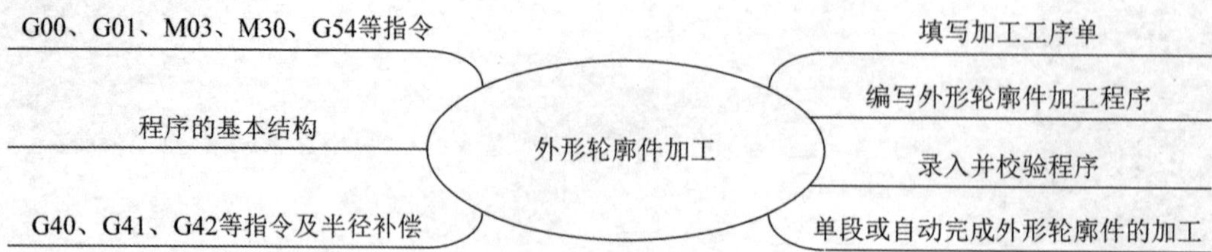

学习任务描述

某公司委托加工 50 件外形轮廓件(见图 2-1)，要求在 4 天内完成。生产管理部门下达加工任务，工期为 3 天，任务完成后提交成品及检测报告。

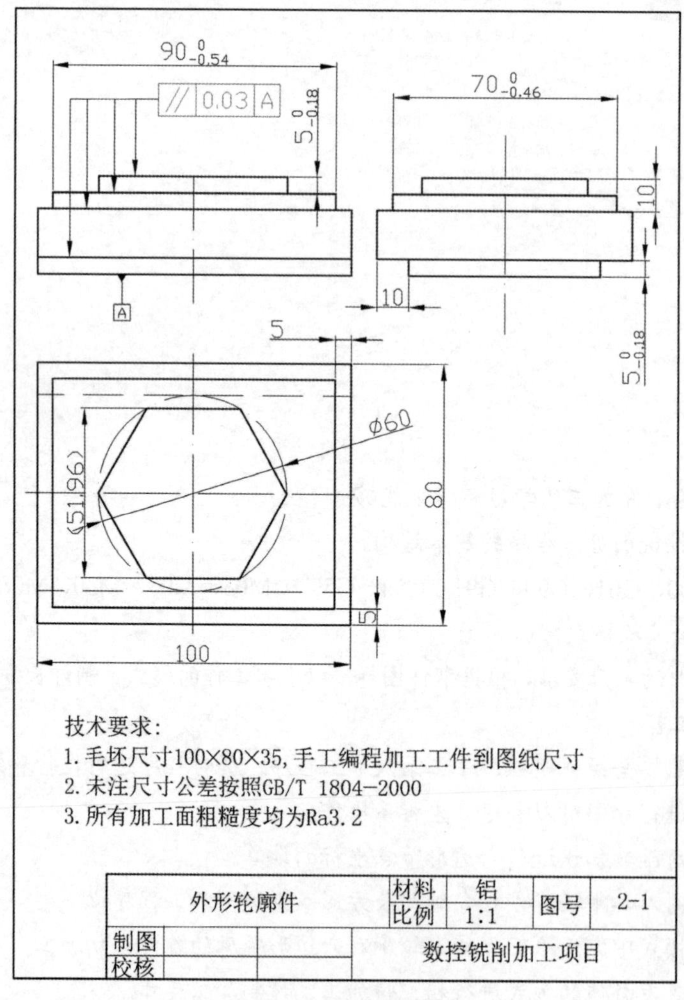

图2-1 外形轮廓件

任务一　长方形外形加工

学习目标

通过长方形外形(见图 2-2)加工的学习，学生能够:

1. 叙述数控铣削加工程序的基本结构。

2. 叙述 G00、G01、G90、G91、G54～G59 及 M03、M05、M30、M08 等指令的含义及格式。

3. 按照企业的生产要求，根据零件图样，以小组工作的形式，制订长方形外形轮廓件的加工工艺。

4. 严格按照安全操作规程，手工录入加工程序，并对程序进行校验和编辑。

5. 对工件进行分中对刀和建立坐标系操作。

6. 正确编写长方形外形的加工程序。

7. 在单段模式下完成平面、矩形轮廓的首件试切加工。

建议学时

12 学时。

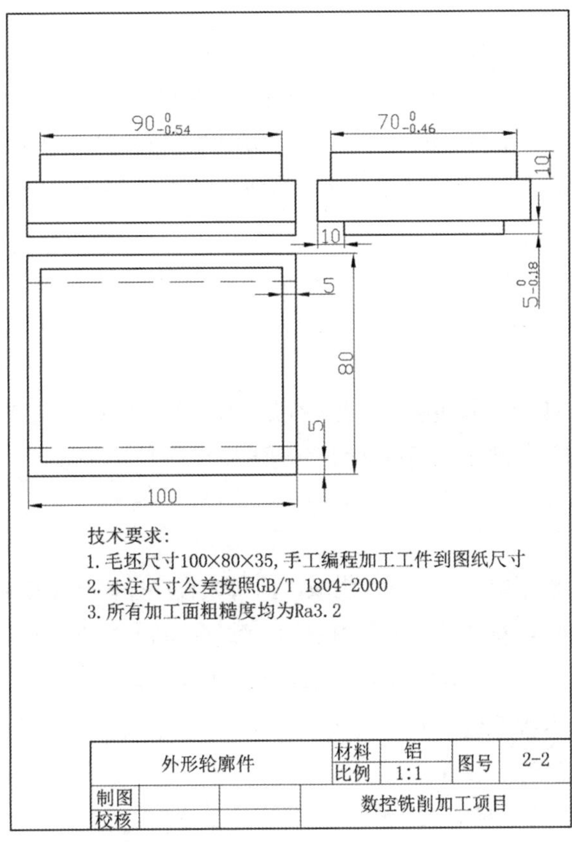

图2-2　长方形外形尺寸图

第一部分　学习准备

【引导问题】

使用数控机床加工零件时，可以编写相应格式的数控程序输入机床的数控系统中，使机床自动完成零件的加工。那么，数控程序的标准结构与格式是怎样的？

一、数控程序的结构与格式

1. 指令字

(1) 顺序号字 N。顺序号又称程序段号或程序段序号。顺序号位于程序段之首，由顺序号字 N 和后续数字组成。

(2) 准备功能字 G。准备功能的地址符是 G，又称为 G 功能或 G 指令，是用于建立机床或控制系统工作方式的一种指令。

(3) 尺寸字。尺寸字用于确定机床上刀具运动终点的坐标位置。其中，第一组 X、Y、Z、U、V、W、P、Q、R 用于确定终点的直线坐标尺寸，第二组 A、B、C、D、E 用于确定终点的角度坐标尺寸。

(4) 进给功能字 F。进给功能字的地址符是 F，又称为 F 功能或 F 指令，用于指定切削时的进给速度。对于数控车床，F 可分为每分钟进给和每转进给两种；对于其他数控机床，一般只用每分钟进给，单位为 mm/min。F 指令在螺纹切削程序段中常用来指令螺纹的导程。

(5) 主轴转速功能字 S。主轴转速功能字的地址符是 S，又称为 S 功能或 S 指令，用于指定主轴转速，单位为 r/min。

(6) 刀具功能字 T。刀具功能字的地址符是 T，又称为 T 功能或 T 指令，用于指定加工时所用刀具的编号。对于数控车床，T 后的数字还兼作指定刀具长度补偿和刀尖半径补偿用。

(7) 辅助功能字 M。辅助功能字的地址符是 M，又称为 M 功能或 M 指令，用于指定数控机床辅助设置的开关动作，其后续数字一般为 1～3 位正整数。

2. 程序段

一个完整的加工程序由若干程序段组成，而每个程序段由一个或若干指令字组成。指令字代表某一信息单元，每个指令字又由字母、数字、符号组成。程序段格式示例如下：

N30　G01　X88.1　Y30.2　F500　S3000　T02　M08

N40　X90　(本程序段省略了续效字“G01　X88.1　Y30.2　F500　S3000　T02　M08”，但它们的功能仍然有效)

(1) 移动目标：终点坐标值 X、Y、Z。

(2) 沿怎样的轨迹移动：准备功能字 G。
(3) 进给速度：进给功能字 F。
(4) 切削速度：主轴转速功能字 S。
(5) 使用刀具：刀具功能字 T。
(6) 机床辅助动作：辅助功能字 M。

3. 程序结构

程序结构如图 2-3 所示。

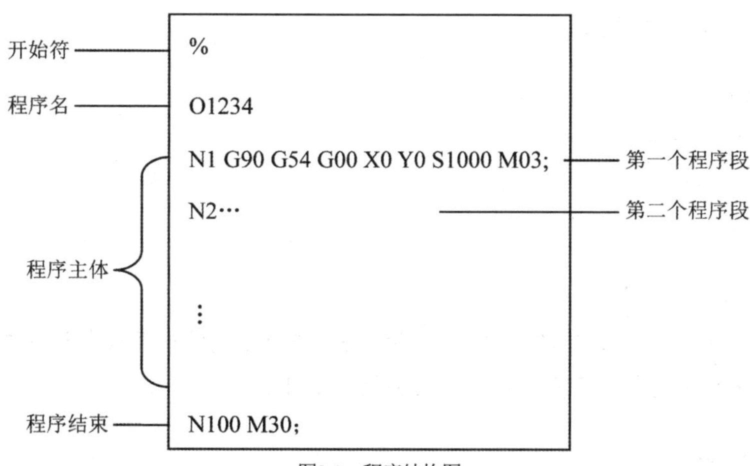

图2-3　程序结构图

实例：

O1234;		程序编号
N1	G90G54G01X0Y0;	程序段
N2	S800M03;	程序段
N3	Z100.0	程序段
N4	Z5.0;	程序段
N5	G01Z-10.0F100;	程序段
N6	G41X5.0Y5.0 D1 F200;	程序段
N7	Y15.0;	程序段
N8	X25.0;	程序段
N9	Y5.0;	程序段
N10	X5.0;	程序段
N11	G40X0Y0;	程序段
N12	G00Z100.0;	程序段
N13	M05;	程序段
N14	M30	程序结束

程序说明：

(1) 第 1 行 O1234 指的是程序的编号，用来区别不同程序。程序名由字母 O 和四位数字组成，数字为 0001～9999。

(2) 第 2 行是一些准备工作，告知数控机床程序编制的方式、工件所在位置、选用的坐标系等。

(3) 第 3 行指定数控机床主轴按顺时针旋转，转速为 800r/min。

(4) 第 4 行～第 13 行给出刀具运动轨迹。

(5) 第 14 行指主轴停转。

(6) 最后一行，程序结束。

【想一想】

分析图 2-3，完成下面的填空。

1. 一个完整的加工程序包括开始符、________、______和____________。
2. 程序中，字符 N 的意思是______________________________________。

【引导问题】

数控机床自动加工长方形轮廓时，刀具需要完成快速定位及直线走刀等运行轨迹。那么，数控机床的快速定位及直线走刀的控制指令是什么？

二、相关指令

快速定位及直线走刀的相关控制指令如下：

G00　快速定位，指令格式：G00　X_　Y_　Z_。

G01　直线插补，指令格式：G01　X_　Y_　Z_　F_。

G17　*OXY* 平面。

G54　工作坐标系。

G90　绝对坐标。

G91　相对坐标。

M03　主轴正转。

M04　主轴反转。

M05　主轴停止。

M30　程序结束，光标返回程序最前端。

S1200　主轴转速 1200r/min。

1. G00快速定位

G00 快速定位指令为刀具相对于工件，分别以各轴快速移动速度从起点(当前点)移动到终点定位，使用绝对坐标 G90 指令时，刀具分别以各轴快速移动速度移动至工件坐标系中坐标为(X,Y,Z)的点上；使用增量坐标 G91 指令时，刀具则移至距起点(当前点)坐标为(X,Y,Z)的点上。各轴快速移动速度可分别用相应参数设定；在加工执行时，还可以在操作面板上用快速进给倍率旋钮进行调整。刀具路径不是直线，而是折线，根据到达的顺序，机床坐标轴依次停止在命令指定的位置上。

例如，刀具起始点位置为 X10. Y10.，执行指令 G00 X40. Y40.后，将使刀具按图 2-4(a)所示的轨迹移动；如果起始点位置为 X10. Y10.，继续执行指令 G00 X40. Y60.，将使刀具走出图 2-4(b)所示的轨迹。

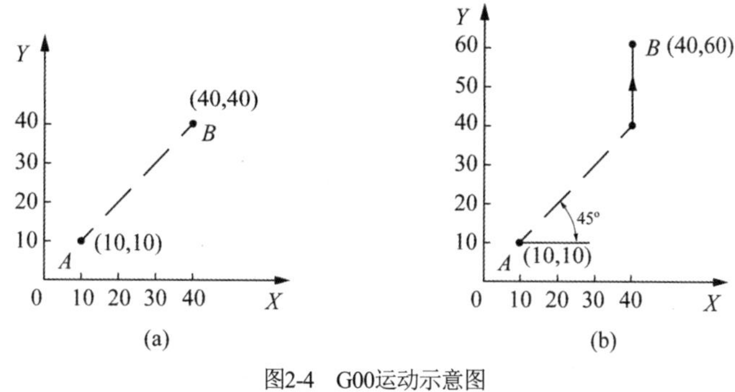

图2-4　G00运动示意图

本任务可采用 G00 快速移刀和退刀。

2. G01直线插补

G01 直线插补指令为刀具相对于工件，以直线方式和命令给定的移动速度从当前位置移动到命令位置，其中 F 指定了刀具沿直线运动的速度，单位为 mm/min。

例如，刀具起始点位置为 X10. Y10.，执行如下程序段：

```
N10    G01    X40.    Y40.    F100;
N20    X80.    Y40. ;
```

刀具按图 2-5 所示轨迹运动。

其中，由于 G01 指令为模态指令，N20 并没有指令 G01，G01 在 N20 程序段中继续有效。同样地，指令 F100 在 N20 程序段也继续有效，即刀具沿两段直线的运动速度都是 100mm/min。

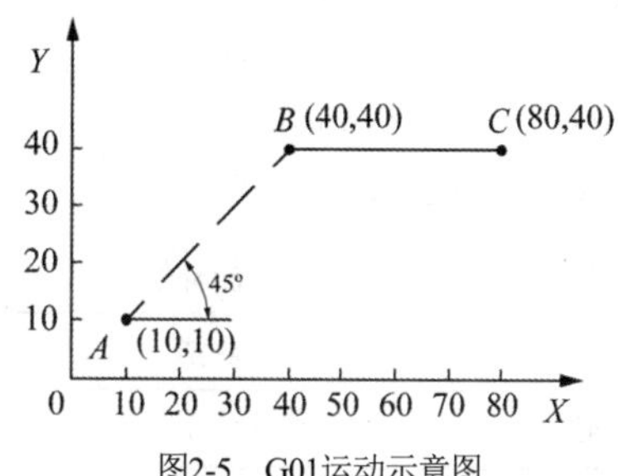

图2-5　G01运动示意图

3. G90绝对坐标编程与G91相对坐标编程

G90 和 G91 表示运动轴的移动方式。

使用绝对坐标指令 G90 编程时，程序段中的尺寸数字为绝对坐标值，即刀具所有轨迹点的坐标值，均以程序原点为基准。

使用相对坐标指令 G91 编程时，程序段中的尺寸数字为增量坐标值，即刀具当前点的坐标值，是以前一点的坐标为基准而得到的。

使用格式为：$\begin{Bmatrix} G90 \\ G91 \end{Bmatrix}$X_Y_Z_;

如图 2-6 所示，表示刀具从 *A* 点移动到 *B* 点，用以上两种方式编程分别如下：

G90　G01　X10.0 Y40.0；

G91　G01　X-30.0 Y30.0；

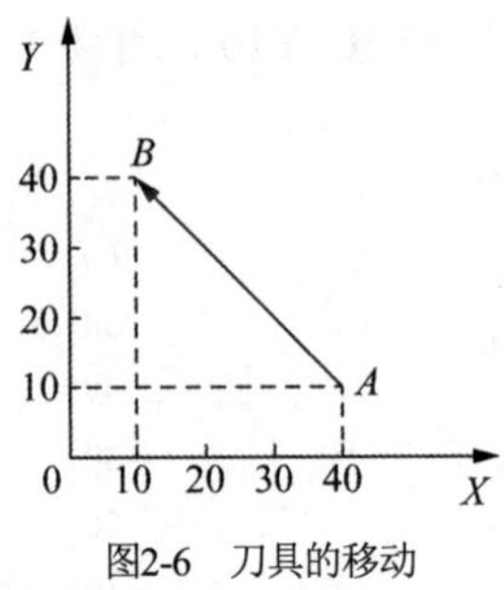

图2-6　刀具的移动

4. 准备功能G指令

准备功能指令由字符 G 和其后的 1～3 位数字组成，其主要功能是指定机床的运动方式，为数控系统的插补运算做准备，如表 2-1 所示。

表2-1　G指令

G代码	功能	G代码	功能
G00	定位(快速进给)	G43	取消刀具长度补偿
G01	直线插补(切削进给)	G44	刀具长度正偏置(刀具延长)
G02	圆弧插补(顺时针)	G49	刀具长度负偏置(刀具缩短)
G03	圆弧插补(逆时针)	G54～G59	工作坐标系
G17	*OXY*平面选择	G80	固定循环取消
G18	*OZX*平面选择	G81	钻孔固定循环
G19	*OYZ*平面选择	G83	深孔钻孔固定循环
G40	取消刀具半径补偿	G90	绝对坐标编程方式
G41	刀具半径左补偿	G91	相对坐标编程方式
G42	刀具半径右补偿		

G 代码均为模态指令(或续效指令)，一经程序段中指定，便一直有效，直到程序段中出现同组另一指令(G 指令)或被其他指令(M 指令)取消时才失效，否则保留作用继续有效，而且在以后的程序中使用时可省略不写。

5. 辅助功能M指令

辅助功能指令由字母M和其后的两位数字组成，主要用于完成加工操作时的辅助动作，如表 2-2 所示。

表2-2 M指令

M代码	功能	说明	M代码	功能	说明
M00	程序停止	非模态	M08	冷却液开	模态
M01	选择程序停止		M09	冷却液关	
M02	程序结束		M30	程序结束并返回	非模态
M03	主轴顺时针旋转	模态	M98	调用子程序	
M04	主轴逆时针旋转		M99	子程序取消	
M05	主轴停止				

【引导问题】

工件在数控铣床上进行加工前，需要确定刀具与工件的位置关系。设定刀具上某一点在工件坐标系中坐标值的过程称为对刀操作。那么，如何进行对刀操作来设定工件坐标系？

三、工件坐标系的建立和对刀方法简介

1. 工件坐标系的建立

一般数控机床可以预先设置 6 个(G54～G59)工作坐标系，这些工作坐标系存储在机床的存储器内，都以机械原点为参考点，分别以各自坐标轴与机械原点的偏移量来表示。

加工中通常使用 G54 指令来设定工作坐标系，根据加工需要，程序中可选用工作坐标系中的其中一个或多个，如图 2-7 所示。

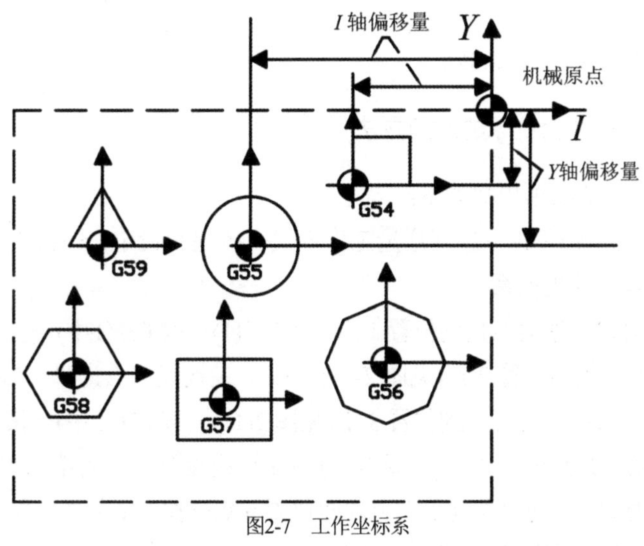

图2-7 工作坐标系

2. 对刀的概念

1) 对刀点

用于确定工件坐标系在机床坐标系中位置的基准点。

2) 刀位点

刀具定位的基准点，用来表示刀具特征的点，也是对刀和加工的基准点。圆柱形铣刀的刀位点是刀具中心线与刀具底面的交点，球头铣刀的刀位点是球头的球心点或球头顶点，钻头的刀位点是钻头顶点，如图 2-8 所示。

图2-8 刀位点

3) 对刀

对刀的过程就是建立工件坐标系与机床坐标系对应位置关系的过程。对刀前，应先将工件毛坯准确地定位装夹在工作台上。对于较小的零件，一般安装在机用平口钳或专用夹具上；对于较大的零件，一般直接安装在工作台上。安装时，要使零件的基准方向和 X、Y、Z 轴的方向一致，并且切削时刀具不会碰到夹具或工作台，然后将零件夹紧。

根据加工精度要求选择对刀方法，可采用试切法对刀、寻边器对刀、机内对刀仪对刀、自动对刀等。其中，试切法对刀精度较低；寻边器对刀和 Z 向设定器对刀效率高，能保证对刀精度。对刀操作分 X、Y 向对刀和 Z 向对刀。

X、Y 向对刀的工具有偏心式寻边器和光电式寻边器等，Z 向对刀的工具有 Z 向设定器，分别如图 2-9 和图 2-10 所示。

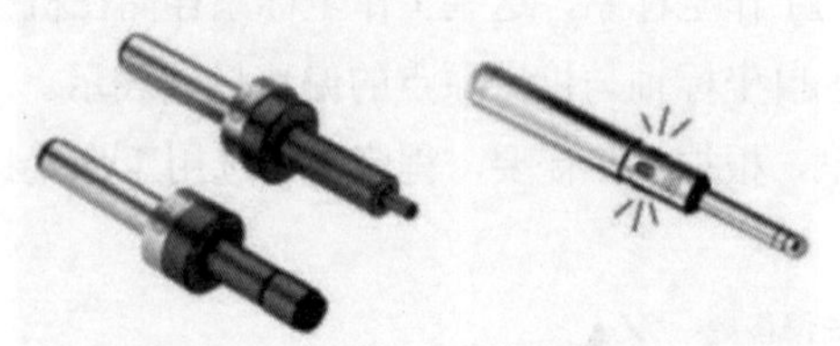
图2-9 偏心式寻边器、光电式寻边器

图2-10 Z向设定器

3. 华中数控系统数控铣床的对刀方法

试切法对刀方法的简单步骤如下：

(1) 开机后启动主轴正转→选择增量工作方式→按 F5(设定)→按 F5(坐标系设定)→移动光标键选择 G54 工件坐标系。

(2) X 轴方向对刀：移动刀具到位置 1 点(见图 2-11)→按 F3(分中)→按 Y 键设置该点为第一参考点；移动刀具到位置 2 点(见图 2-11)→按 Y 键设置该点为第二参考点。

(3) Y 轴方向对刀：移动刀具到位置 3 点(见图 2-11)→按 F3(分中)→按 Y 键设置该点为第一参考点；移动刀具到位置 4 点(见图 2-11)→按 Y 键设置该点为第二参考点。

(4) Z 轴方向对刀：移动刀具到工件上表面位置 5 点→按 F3(分中)→按 Y 键设置该点为第一参考点→按 Y 键设置该点为第二参考点。

(5) C 轴：与 Z 轴相同。

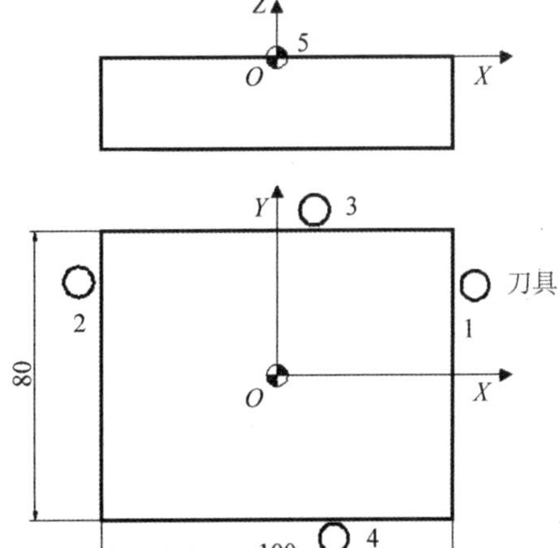

图2-11　试切法对刀示意图

注意：

位置1、2、3、4、5点，刀具要切到工件表面，移动刀具时先用快速挡位，当靠近工件时再转为慢速挡位。

另外，FANUC数控系统数控铣床的对刀方法如表2-6所示。

【想一想】

判断下列做法是否安全(安全的打“√”，不安全的打“×”)。

1. 对刀时，主轴转速为3000r/min。(　　)
2. 对刀时，选择×100倍率，顺时针旋转手轮，使刀具靠近毛坯。(　　)
3. 完成工件一条边的对刀后，若忘记Z轴抬起，可直接进行另一条侧边的对刀。(　　)

第二部分　计划与实施

【引导问题】

本任务是在数控铣床上完成长方形外形的加工，那么在加工前，应做哪些准备工作呢？

一、生产前的准备

1. 阅读零件图

阅读零件图(见图2-2)，完成表2-3。

表2-3　长方形外形零件图分析

分析项目	分析内容
标题栏信息	零件名称： 零件材料： 毛坯规格：
零件形体	描述零件的主要结构：
表面粗糙度	
其他技术要求	

2. 工具、量具准备

夹具：____

刀具：____

量具：____

其他工具或辅件：________________________________

3. 填写工序卡

完成工序卡的填写，如表 2-4 所示。

表2-4　长方形外形加工工序卡

<table>
<tr><td rowspan="2">单位名称</td><td rowspan="2"></td><td colspan="3" rowspan="2">数控加工工序卡片</td><td>零件名称</td><td colspan="2">零件图号</td><td>材料牌号</td><td colspan="2">材料硬度</td></tr>
<tr><td></td><td colspan="2"></td><td></td><td colspan="2"></td></tr>
<tr><td>工序名称</td><td>工序号</td><td colspan="2">加工车间</td><td>设备名称</td><td colspan="3">设备型号</td><td colspan="3">夹具名称</td></tr>
<tr><td></td><td></td><td colspan="2">数控生产车间</td><td>数控铣床</td><td colspan="3"></td><td colspan="3"></td></tr>
<tr><td rowspan="2">工步</td><td rowspan="2">工步内容</td><td rowspan="2">程序名</td><td rowspan="2">量具</td><td colspan="2">刀具</td><td colspan="3">切削用量</td><td rowspan="2">进给次数</td><td rowspan="2">备注</td></tr>
<tr><td>名称</td><td>直径/mm</td><td>主轴转速/(r•min^{-1})</td><td>进给量/(mm•min^{-1})</td><td>背吃刀量/mm</td></tr>
<tr><td></td><td></td><td></td><td></td><td></td><td></td><td></td><td></td><td></td><td></td><td></td></tr>
<tr><td></td><td></td><td></td><td></td><td></td><td></td><td></td><td></td><td></td><td></td><td></td></tr>
<tr><td></td><td></td><td></td><td></td><td></td><td></td><td></td><td></td><td></td><td></td><td></td></tr>
<tr><td></td><td></td><td></td><td></td><td></td><td></td><td></td><td></td><td></td><td></td><td></td></tr>
<tr><td></td><td></td><td></td><td></td><td></td><td></td><td></td><td></td><td></td><td></td><td></td></tr>
<tr><td></td><td></td><td></td><td></td><td></td><td></td><td></td><td></td><td></td><td></td><td></td></tr>
<tr><td></td><td></td><td></td><td></td><td></td><td></td><td></td><td></td><td></td><td></td><td></td></tr>
<tr><td></td><td></td><td></td><td></td><td></td><td></td><td></td><td></td><td></td><td></td><td></td></tr>
<tr><td></td><td></td><td></td><td></td><td></td><td></td><td></td><td></td><td></td><td></td><td></td></tr>
<tr><td></td><td></td><td></td><td></td><td></td><td></td><td></td><td></td><td></td><td></td><td></td></tr>
<tr><td></td><td></td><td></td><td></td><td></td><td></td><td></td><td></td><td></td><td></td><td></td></tr>
<tr><td></td><td></td><td></td><td></td><td></td><td></td><td></td><td></td><td></td><td></td><td></td></tr>
<tr><td></td><td></td><td></td><td></td><td></td><td></td><td></td><td></td><td></td><td></td><td></td></tr>
<tr><td>编制</td><td></td><td></td><td>审核</td><td></td><td>批准</td><td colspan="2"></td><td>共　页</td><td></td><td>第　页</td></tr>
</table>

【引导问题】

要在数控铣床上自动完成长方形轮廓件的加工，加工程序该如何编写？

二、手工编程

根据填写的加工工序卡，手工编写长方形外形的数控加工程序，在表 2-5 中的下画线处填写合适的数值，完成程序的编写。

表2-5　长方形外形加工数控程序单

程序内容	备　　注
O0001	程序名
G90 G54　M03　S______；	绝对坐标编程，选G54工件坐标，主轴正转
G00 X60 Y40	刀具*X*、*Y*方向快速定位
Z100	刀具*Z*方向到安全高度
Z5	刀具*Z*方向到进给位置
G01　Z-5　F______；	刀具*Z*方向下刀进给切削
G01　X_____　Y_______　F_____；	切削加工第一节点
G01　X_____　Y_______　；	切削加工第二节点
G01　X_____　Y_______　；	切削加工第三节点
G01　X_____　Y_______　；	切削加工第四节点
G01　X_____　Y_______　；	切削加工第一节点
G00 Z100	刀具Z方向抬到安全高度
M05	主轴停止
M30	程序结束，返回程序开始
把Z-5改为Z-10，再次运行程序，完成第二层加工(高10mm，分2层切削，每层5mm)	

【引导问题】

现在要进行正式生产加工，按照怎样的步骤才能安全地将合格的零件加工出来？

三、零件的加工

按下列操作步骤完成零件的加工，并记录操作过程。

1. 开机

(1) 开电源操作，如表 1-3 所示。

(2) 手动回参考点操作，如表 1-4 所示。

2. 装夹毛坯

将毛坯装夹在机用平口钳上，将已经加工好的夹位作为夹持位，夹好后要保证钳口上表面与毛坯夹位底面贴紧。

3. 选刀、装刀

选刀和装刀操作，如表 1-5 所示。

4. MDI状态启动主轴

启动主轴操作，如表 1-6 所示。

5. 分中对刀

分中对刀操作，如表 2-6 所示。

表2-6 分中对刀操作

操作步骤	操作内容	过程记录
1	在手动模式[JOG]下，长按[+X]或[-X]，使刀具靠近工件左侧，刀具低于毛坯上表面5mm	
2	通过调节进给倍率调整进给速度，注意刀具位置的正确性，防止撞刀	
3	切换至手轮模式[HANDLE]，选择X轴，选择×100倍率，顺时针旋转手轮，使刀具进一步靠近毛坯；然后选择×10倍率，顺时针分步旋转手轮，当刀具切削到工件时停止	
4	在[POS]界面中选择“相对坐标”，输入X后按软键[归零]，将X轴相对坐标清零	
5	选择Z轴，选择×100倍率，顺时针旋转手轮，抬刀至高于毛坯上表面5mm的位置	
6	选择X轴，选择×100倍率，顺时针旋转手轮，移动刀具至毛坯右侧	
7	选择Z轴，选择×100倍率，逆时针旋转手轮，进给至低于毛坯上表面5mm的位置	
8	选择X轴，选择×10倍率，逆时针旋转手轮，移动刀具靠近毛坯，当刀具切削到毛坯时停止，记录X轴的相对坐标数值△	
9	选择Z轴，选择×100倍率，顺时针旋转手轮，抬刀至高于毛坯上表面5mm的位置	
10	选择X轴，选择×100倍率，逆时针旋转手轮，移动刀具至X轴相对坐标数值△/2的位置	
11	在[POS]界面中选择“相对坐标”，输入X后按软键[归零]，将X轴相对坐标清零	
12	在[OFFSET SETTING]界面上，使用[光标]键将光标移动到G54坐标参数X的位置，输入“X0.”，按软键“测量”，将当前X轴的机械坐标值输入G54X轴参数	
13	选择Y轴，选择×100倍率，顺时针旋转手轮，使刀具移动到毛坯后面	
14	选择Z轴，选择×100倍率，逆时针旋转手轮，进给至低于毛坯上表面5mm的位置	
15	选择Y轴，选择×10倍率，逆时针旋转手轮，移动刀具靠近毛坯，当刀具切削到毛坯时停止	
16	在[POS]界面中选择“相对坐标”，输入Y后按软键[归零]，将Y轴相对坐标清零	
17	选择Z轴，选择×100倍率，顺时针旋转手轮，抬刀至高于毛坯上表面5mm的位置	
18	选择Y轴，选择×100倍率，顺时针旋转手轮，移动刀具至毛坯前面	

（续表）

操作步骤	操作内容	过程记录
19	选择Z轴，选择×100倍率，逆时针旋转手轮，进给至低于毛坯上表面5mm的位置	
20	选择Y轴，选择×10倍率，顺时针旋转手轮，移动刀具靠近毛坯，当刀具切削到毛坯时停止，记录Y轴的相对坐标数值△	
21	选择Z轴，选择×100倍率，顺时针旋转手轮，抬刀至高于毛坯上表面5mm的位置	
22	选择Y轴，选择×100倍率，顺时针旋转手轮，移动刀具至Y轴相对坐标数值△/2的位置	
23	在POS界面中选择“相对坐标”，输入Y后按软键 归零 ，将Y轴相对坐标清零	
24	在OFS/SET界面上，使用光标键将光标移动到G54坐标参数Y的位置，输入“Y0.”，按软键“测量”，将当前Y轴的机械坐标值输入G54Y轴参数	
25	选择Z轴，选择×10倍率，逆时针旋转手轮，移动刀具靠近毛坯，当刀具切削到毛坯时停止	
26	在POS界面中选择“相对坐标”，输入Z后按软键 归零 ，将Z轴相对坐标清零	
27	在OFS/SET界面上，使用光标键将光标移动到G54坐标参数Z的位置，输入“Z0.”，按软键“测量”，将当前X轴的机械坐标值输入G54Z轴参数	
28	抬主轴至安全高度，停主轴，完成对刀操作	
29	检验对刀：在“MDI+单段”模式下，执行程序“G90G54G01X0Y0Z50F300”	

6. 录入并校验程序

录入并校验程序操作，如表 2-7 所示。

表2-7　录入并校验程序操作

操作步骤	操作内容	过程记录
1	在编辑模式EDIT下，选择PROG界面	
2	录入加工程序	
3	选择OFS/SET界面，偏移工件坐标系，向Z轴正方向偏移50mm	
4	选择PROG界面，选择需要校验的加工程序	
5	在自动模式AUTO下，选择单段模式SBK，按“循环启动”按钮，机床开始运行程序	
6	按CSTM/GRPH键，进入模拟加工路径界面，检查刀具的走刀轨迹是否正确	
7	根据实际加工情况修改程序，直到程序能正确空运行为止	
8	选择OFS/SET界面，回正偏移工件坐标系	

7. 自动运行加工操作

自动运行加工操作，如表 2-8 所示。

表2-8　自动运行加工操作

操作步骤	操作内容	过程记录
1	在自动模式下，选择单段模式，按“循环启动”按钮，开始运行程序	
2	将进给倍率开关旋转到1%的位置	
3	重复按“循环启动”按钮，一段段地执行程序	
4	程序运行到“Z5”前，通过进给倍率开关控制刀具的移动速度，随时观察刀具的位置是否正确	
5	程序运行到“Z5”时，若刀具位置正确，则关闭单段模式	
6	按“循环启动”按钮，将倍率开关调整为100%，进行切削加工	
7	完成加工	

8. 清理机床、整理工具

清理机床、整理工具，如表 1-8 所示。

第三部分　评价与反馈

一、自我评价

自我评价如表 2-9 所示。

表2-9　长方形外形加工自我评价表

班级：　　　　　　　　姓名：　　　　　　　　学习任务名称：

序号	评价项目	是	否
1	是否能正确分析零件形体		
2	前置作业是否全部完成		
3	是否完成了小组分配的任务		
4	是否认为自己在小组中不可或缺		
5	是否严格遵守课堂纪律		
6	在学习过程中，是否主动帮助其他同学		
7	对自己的表现是否满意		

二、小组评价

小组评价如表 2-10 所示。

表2-10　长方形外形加工小组评价表

序号	评价项目	评分(1～10)
1	有团队合作意识，注重沟通	
2	能自主学习并相互协作，尊重他人	
3	学习态度积极主动，能参加安排的活动	
4	服从教师的教学安排，遵守学习场所的管理规定，遵守纪律	
5	能正确地领会他人提出的学习问题	
6	工作岗位的责任心	
7	能正确对待肯定和否定的意见	
8	团队学习中主动与合作的情况	

评价人：　　　　　　　　　　　　　　　　　　　　　　　　年　月　日

三、教师评价

教师评价如表 2-11 所示。

表2-11　长方形外形加工教师评价表

序号	评价项目	教师评价			
		优	良	中	差
1	按时上、下课				
2	着装符合要求				
3	遵守课堂纪律				
4	学习的主动性和独立性				
5	工具、仪器使用规范				
6	主动参与工作现场的6S工作				
7	工作页填写完整				
8	与小组成员积极沟通，并协助其他成员共同完成学习任务				
9	会快速查阅各种手册等资料				
10	教师综合评价				

任务二　正六边形外形加工

学习目标

通过正六边形外形(见图 2-1)加工的学习，学生能够:

1. 叙述 G40、G41、G42 等指令的含义及格式。
2. 按照企业的生产要求，根据零件图样，以小组工作的形式，制订正六边形外形轮廓的加工工艺。
3. 运用三角函数知识进行六边形节点坐标的计算。
4. 正确使用刀具半径补偿指令编写正六边形外形加工程序。
5. 在单段模式下，完成正六边形轮廓的首件试切加工。
6. 采用改变刀补值的方式进行粗、精加工，控制加工尺寸。

建议学时

4 学时。

第一部分　学习准备

【引导问题】

刀具磨损或重磨后，其半径会变小，将影响加工精度，此问题应如何解决?

一、刀具半径补偿指令

1. G41指令(左刀补)

左刀补是指顺着刀具的进给方向看，刀具位于工件轮廓的左侧，这种切削方式又称为顺铣，如图 2-12 所示。在实际加工中，顺铣能得到更高的精度并延长刀具的使用寿命，所以应尽量采用顺铣。

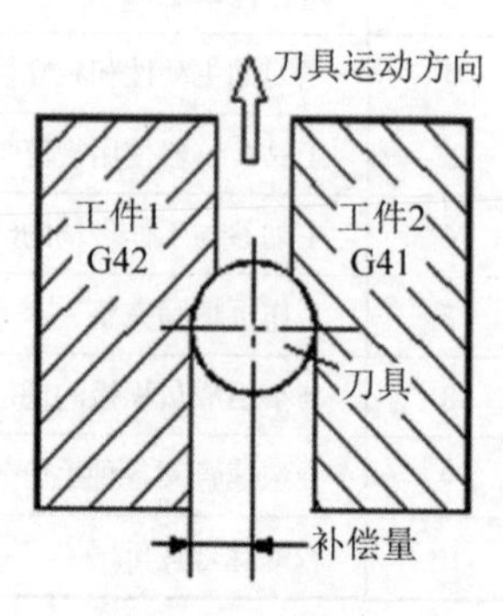

图2-12　刀补示意图

2. G42指令(右刀补)

右刀补是指顺着刀具的进给方向看，刀具位于轮廓的右侧，这种切削方式又称为逆铣，如图 2-12 所示。

3. G40指令

G40 指令用于取消刀具半径补偿。

应用刀具半径补偿指令进行加工时，刀具中心始终与工件轮廓相距一个刀具半径的距离。当刀具磨损或重磨后，刀具半径变小，只需要在刀具补偿值中输入改变后的刀具半径，而不必修改程序。采用同一把半径为 *R* 的刀具，并用同一个程序进行粗、精加工时，设精加工余量为△，则粗加工时设置的刀具半径补偿量为 *R*+△；若精加工时设置的刀具半径补偿量为 *R*，就能在粗加工后留下精加工余量△，然后在精加工时完成切削，如图 2-13 所示。

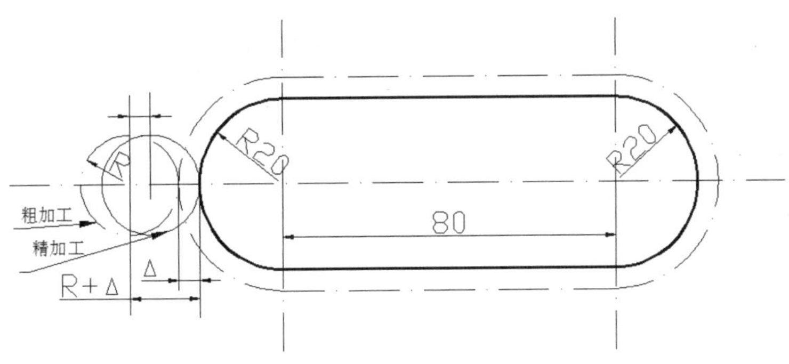

图2-13　运用刀具半径补偿功能进行粗、精加工

【想一想】

1. 如果希望得到更高的加工精度并延长刀具的使用寿命，应该选择_________的加工方式。

2. 采用一把半径为 5mm 的刀具，在工件上加工出一个直径为 10mm 的凸台，若加工时设置的刀具半径补偿量为 7mm，则加工后得到的凸台直径为___mm。

【引导问题】

进行正六边形外形加工前，需要确定各节点的坐标。那么，如何计算各节点的坐标？

二、正六边形各顶点坐标的计算

因为正六边形外接圆的半径为 30mm，所以正六边形的长为 30mm。如图 2-14 所示，AN=30/2mm =15mm，OA=30mm(外接圆半径)，根据勾股定理可得 $ON^2=OA^2-AN^2$，便可得到 A 的坐标(AN,ON)。通过同样的方法，可以计算出其他点的坐标。

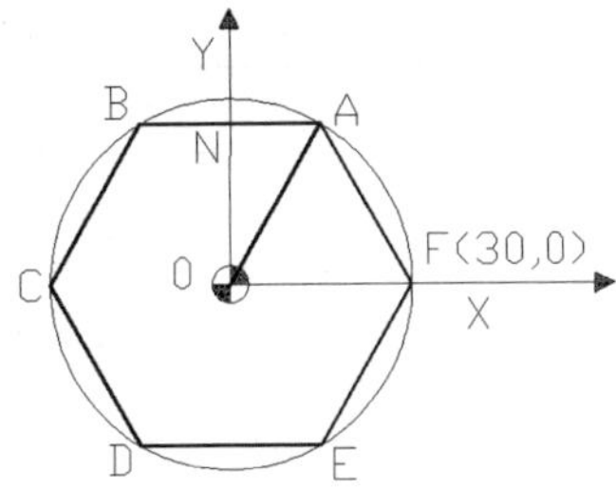

图2-14　正六边形各节点坐标的计算

【想一想】

完成图 2-14 中正六边形各点在坐标系中位置的计算，并填入括号内。

点 A 坐标(__,__)；点 B 坐标(__,__)；

点 C 坐标(__,__)；点 D 坐标(__,__)；

点 E 坐标(__,__)；点 F 坐标(30, 0)。

第二部分　计划与实施

【引导问题】

本任务是在数控铣床上完成正六边形外形的加工。在加工前，需要做哪些准备工作呢？

一、生产前的准备

1. 阅读零件图

阅读零件图，完成表 2-12。

表2-12　正六边形外形零件图分析

分析项目	分析内容
标题栏信息	零件名称： 零件材料： 毛坯规格：
零件形体	描述零件的主要结构：
表面粗糙度	
其他技术要求	

2. 工具、量具准备

夹具：________________

刀具：________________

量具：________________

其他工具或辅件：________________

3. 填写工序卡

填写工序卡，如表 2-13 所示。

表2-13　正六边形外形加工工序卡

单位名称		数控加工工序卡片			零件名称	零件图号		材料牌号	材料硬度	
工序名称	工序号	加工车间		设备名称	设备型号			夹具名称		
		数控生产车间		数控铣床						
工步	工步内容	程序名	量具	刀具		切削用量			进给次数	备注
				名称	直径/mm	主轴转速$/(r\cdot min^{-1})$	进给量$/(mm\cdot min^{-1})$	背吃刀量/mm		
编制			审核		批准			共　页		第　页

二、手工编程

根据填写的加工工序卡，手工编写正六边形外形的数控加工程序，在表 2-14 中的下画线处填写合适的数值，完成程序的编写。

表2-14　正六边形外形加工数控程序单

程序内容	备　注
O2002	程序名
G90 G54　M03　S______;	绝对坐标编程，选G54工件坐标，主轴正转
G00 X50 Y0	刀具*X*、*Y*方向快速定位
Z100	刀具*Z*方向到安全高度
Z5	刀具*Z*方向到进给位置
G01　Z-5　F______;	刀具*Z*方向下刀进给切削
G42 G01　X_____　Y_____　D_____F_____;	刀具半径补偿至第一节点*F*
G01　X_____　Y_______　;	切削加工第二节点*A*

(续表)

程序内容	备　注
G01 X_____ Y_______ ;	切削加工第三节点*B*
G01 X_____ Y_______ ;	切削加工第四节点*C*
G01 X_____ Y_______ ;	切削加工第五节点*D*
G01 X_____ Y_______ ;	切削加工第六节点*E*
G01 X_____ Y_______ ;	切削加工第一节点*F*
G40 X50 Y0	取消刀具半径补偿，刀具移动至进给位置
G00 Z100	刀具*Z*方向抬到安全高度
M05	主轴停止
M30	程序结束，返回程序开始位置

三、零件的加工

1. 开机

开电源，手动回参考点，具体操作见表 1-3 和表 1-4。

2. 装夹毛坯

将毛坯装夹在机用平口钳上，将已经加工好的夹位作为夹持位，夹好后要保证钳口上表面与毛坯夹位底面贴紧。

3. 选刀、装刀

选刀、装刀操作，如表 1-5 所示。

4. MDI状态启动主轴

MDI 状态启动操作，如表 1-6 所示。

5. 分中对刀

分中对刀操作，如表 2-6 所示。

6. 录入并校验程序

录入并校验程序操作，如表 2-7 所示。

7. 自动运行加工操作

自动运行加工操作，如表 2-8 所示。

8. 清理机床、整理工具

清理机床、整理工具操作，如表 1-8 所示。

第三部分 评价与反馈

一、自我评价

自我评价如表 2-15 所示。

表2-15 正六边形外形加工自我评价表

班级： 姓名： 学习任务名称：

序号	评价项目	是	否
1	是否能正确分析零件形体		
2	前置作业是否全部完成		
3	是否完成了小组分配的任务		
4	是否认为自己在小组中不可或缺		
5	是否严格遵守课堂纪律		
6	在学习过程中，是否主动帮助其他同学		
7	对自己的表现是否满意		

二、小组评价

小组评价如表 2-16 所示。

表2-16 正六边形外形加工小组评价表

序号	评价项目	评分(1～10)
1	有团队合作意识，注重沟通	
2	能自主学习并相互协作，尊重他人	
3	学习态度积极主动，能参加安排的活动	
4	服从教师的教学安排，遵守学习场所的管理规定，遵守纪律	
5	能正确领会他人提出的学习问题	
6	工作岗位的责任心	
7	能正确对待肯定和否定的意见	
8	团队学习中主动与合作的情况	

评价人： 年 月 日

三、教师评价

教师评价如表 2-17 所示。

表2-17　正六边形外形加工教师评价表

序号	评价项目	教师评价			
		优	良	中	差
1	按时上、下课				
2	着装符合要求				
3	遵守课堂纪律				
4	学习的主动性和独立性				
5	工具、仪器使用规范				
6	主动参与工作现场的6S工作				
7	工作页填写完整				
8	与小组成员积极沟通，并协助其他成员共同完成学习任务				
9	会快速查阅各种手册等资料				
10	教师综合评价				

第四部分　拓展

要完成 50 件图 2-15 所示外形轮廓件的加工，相对于前面制订的单件生产工艺，在夹具、刀具、工艺流程、程序等方面应进行哪些修改？

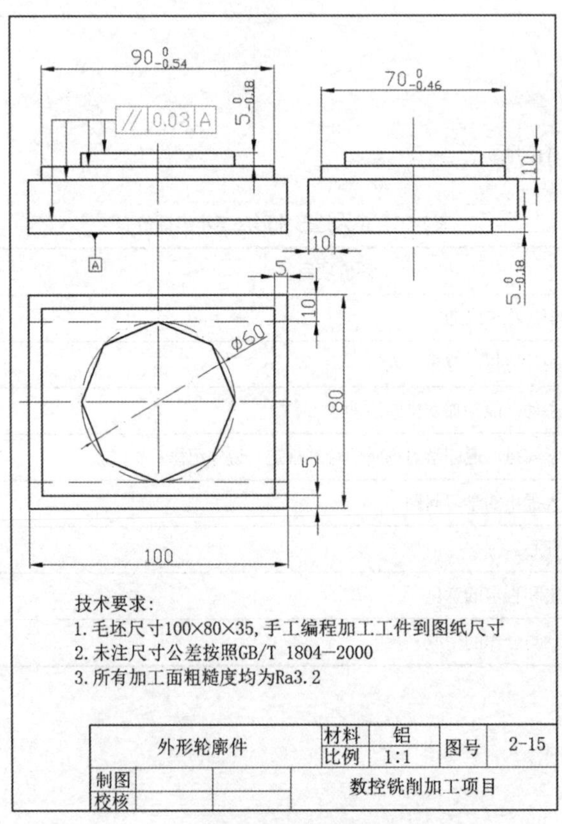

图2-15　外形轮廓件

项目三 键槽件加工

学习目标

通过键槽件(见图3-1)加工的学习，学生能够:

1. 叙述G02、G03等指令的含义及格式，能用G02、G03指令进行全圆铣削。
2. 编写斜线进给的键槽加工程序。
3. 以小组工作的形式，制订使用立铣刀加工键槽件的加工工艺，并填写工序卡。
4. 使用寻边器对工件进行分中对刀。
5. 在单段模式下，完成键槽的加工，控制加工尺寸。

建议学时

12学时。

学习结构

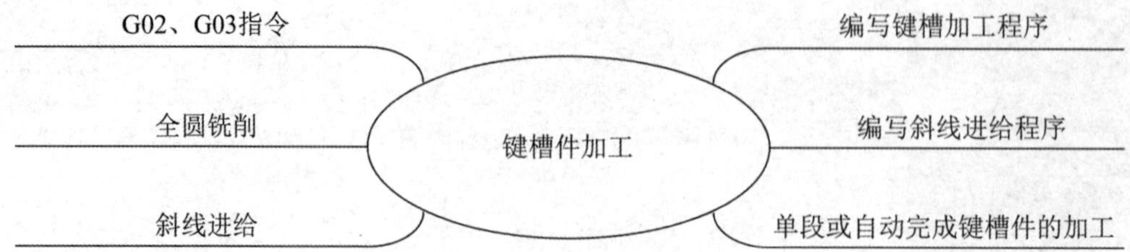

学习任务描述

某公司委托加工键槽件样件(见图3-1)，要求在3天内完成加工。生产管理部门下达加工任务，工期为3天，任务完成后提交成品及检测报告。

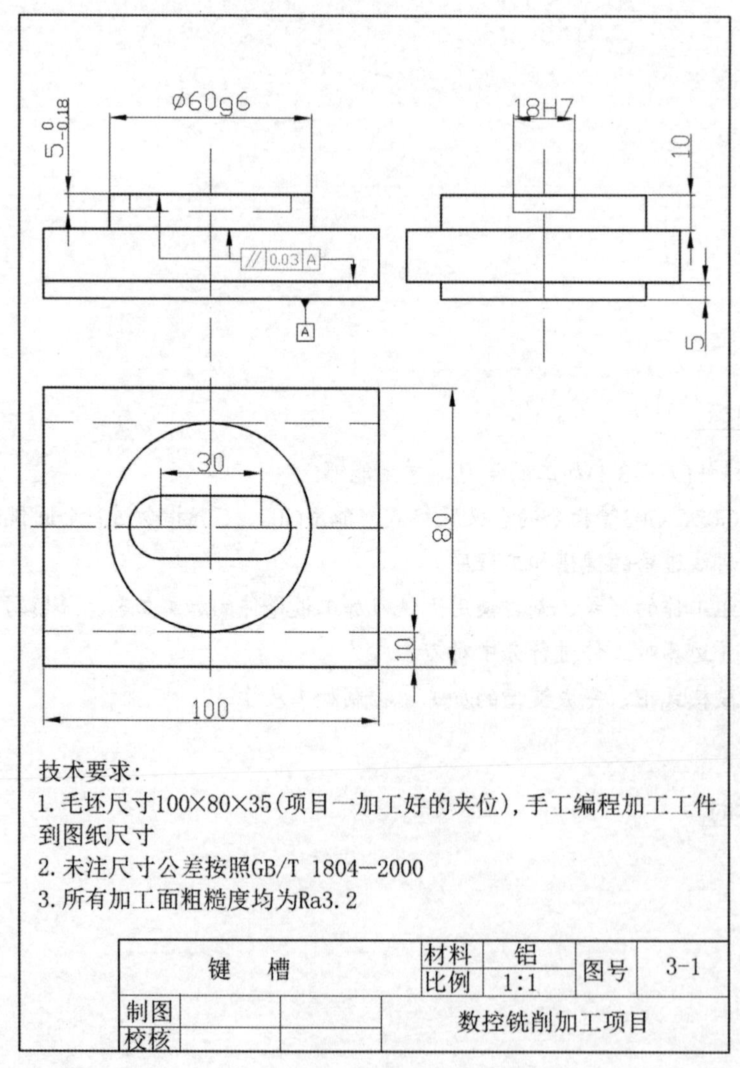

图3-1 键槽件

第一部分　学习准备

【引导问题】

在数控加工中，除了直线方向的编程，还会遇到圆及圆弧形状的工件。遇到这类工件时，应如何编写程序？

一、圆弧插补指令G02和G03

G02 表示按指定速度进给的顺时针圆弧插补指令，G03 表示按指定速度进给的逆时针圆弧插补指令。顺时针圆弧和逆时针圆弧的判别方法是：沿着不在圆弧平面内的坐标轴由正方向向负方向看，如图 3-2 所示。

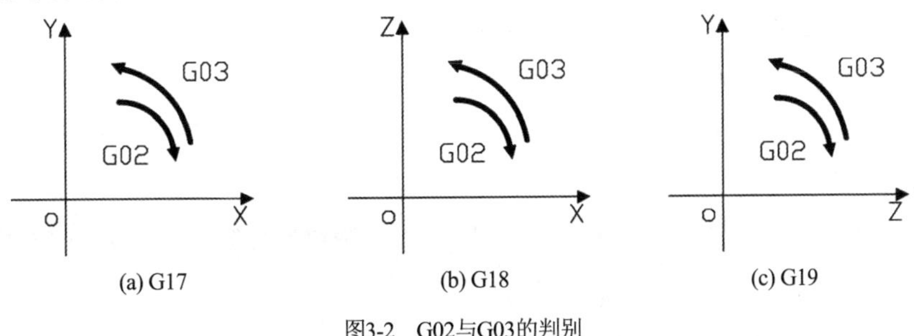

图3-2　G02与G03的判别

1. 程序格式

1) *XY* 平面

G17　G02　X__　Y__　I__　J__　（R__）F__

G17　G03　X__　Y__　I__　J__　（R__）F__

2) *ZY* 平面

G18　G02　X__　Y__　I__　K__　（R__）F__

G18　G03　X__　Y__　I__　K__　（R__）F__

3) *YZ* 平面

G19　G02　X__　Y__　J__　K__　（R__）F__

G19　G03　X__　Y__　J__　K__　（R__）F__

其中，X、Y、Z 为圆弧终点坐标值，可以用绝对值，也可以用相对值，由 G90 或 G91 决定。用 I、J、K 方式编写圆弧加工程序时，I、J、K 表示圆心相当于圆弧起点在 *X*、*Y*、*Z* 轴方向上的相对值。若采用半径方式编程，则 R 是圆弧半径，当圆弧对应的圆心角为 0°～180°（不含 180°）时，R 取正值；当圆心角为 180°～360°（不含 180°）时，R 取负值；当圆心角为 180°时，R 可取正值也可取负值。

2. 注意事项

(1) 整圆只能用 I、J、K 编程；若采用半径方式以两个半圆相接，则圆度误差会增大。

(2) 一般数控铣床开机后设定为 G17，故在 *XY* 平面铣削圆弧时，可省略 G17。

(3) 同一程序同时出现 I、J 和 R 时，以 R 优先。

(4) 当 I=0、J=0 或 K=0 时，可省略不写。

【例 3-1】 如图 3-3 所示，设刀具起点在原点，加工路线为 O→A→B，则数控加工程序为

N10 G90 G00 X40 Y60;

N20 G02 X120 R40; 绝对坐标编程，用 R 指令圆心

或

N20 G02 X120 I40 J0; 绝对坐标编程，用 I、J 指令圆心

如果刀具从 B 到 A，则数控加工程序为

N10 G90 G00 X__ Y__;

N20 G__ X__ R__; 绝对坐标编程，用 R 指令圆心

或

N20 G__ X__ I__ J__; 绝对坐标编程，用 I、J 指令圆心

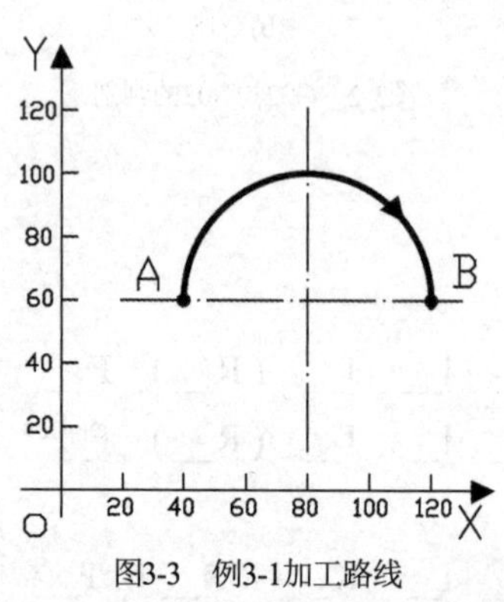

图3-3 例3-1加工路线

【例 3-2】 如图 3-4 所示，设刀具起点在 A 点，加工路线为 A→B→C，则数控加工程序为

G__ X__ Y__ R__;

设刀具起点在 A 点，加工路线为 A→C，则数控加工程序为

G__ X__ Y__ R__;

【例 3-3】 采用顺铣(左刀补)方式加工图 3-5 所示的整圆，则数控加工程序为

G__ X__ Y__ I__ J__;

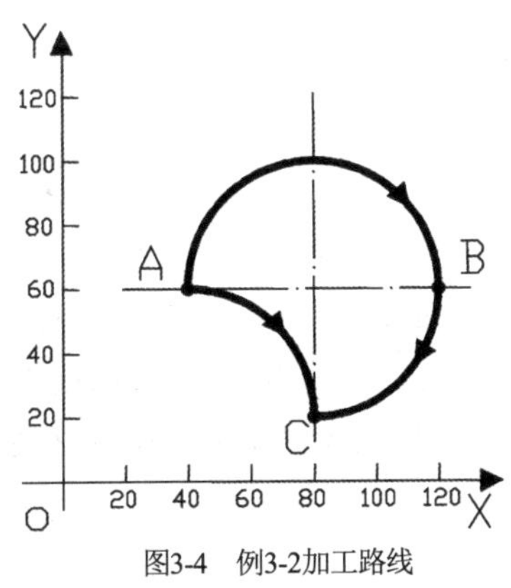

图3-4　例3-2加工路线

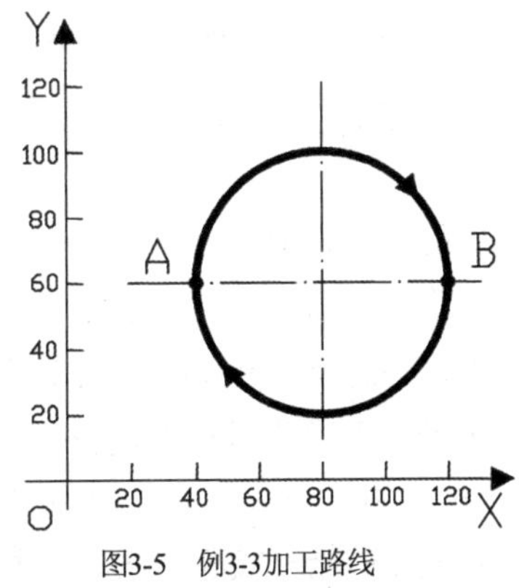

图3-5　例3-3加工路线

【引导问题】

使用试切对刀法会有较大的误差。因此，通常只在工件精度要求不高时使用试切法。那么，当工件对精度有较高要求时，采用什么方法对刀比较好？该如何操作？

二、对刀方法

1. 寻边器对刀(X、Y方向)

采用寻边器对刀和采用刀具试切对刀相似，只是将刀具换成了寻边器。寻边器分为机械式和光电式两种，如图 3-6 所示。机械式寻边器是采用离心力的原理进行对刀的，其对刀精度较高。

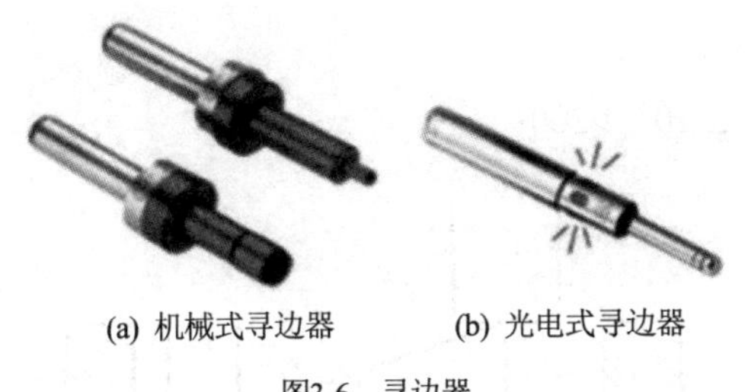
(a) 机械式寻边器　　(b) 光电式寻边器

图3-6　寻边器

将寻边器夹持在机床主轴，测量端处于下方，主轴转速设定为 400～600r/min，使测量端保持偏心 0.5mm 左右。将测量端与工件端面相接触且逐渐逼近工作端面(手动与手轮交替进行)，测量端由摆动逐步变为相对静止，此时调整倍率，采用微动进给，直到测量端重新产生偏心为止，然后重复操作几次。键入数值时应考虑测量端的半径，之后即可设定工件原点。光电式寻边器的测量头一般为 SΦ10mm 的钢球，用弹簧拉紧在光电式寻边器的测量杆末端，碰到工件时可以退让，并将电路接通，发出光信号。根据光电式寻边器的指示和机床坐标位置，可以得到被测量表面的坐标位置。

使用寻边器时，主轴转速不宜过高，当主轴转速过高时，受寻边器自身结构的影响，对刀误差较大。同时，被测工件端面应有较小的表面粗糙度值，以确保对刀精度；若工件端面没有经过加工或比较粗糙，则不宜使用寻边器对刀。

2. 量块对刀法

设量块的厚度为10mm，对刀过程与试切对刀过程相似，但刀具不能旋转。当刀具接近工件后，将量块插入刀具与工件之间，若太松或插不进去，则降低倍率，转动手轮，再将量块插入，如此反复操作，当感觉量块移动有微弱阻力时，即可认为刀具切削刃所在平面与工件表面的距离为量块厚度值。进入坐标系界面，将光标移动到G54的Z处，键入“Z10”，按“测量”软件，则工件表面即为Z轴零点。

量块对刀法的精度较高，适用于表面经过加工的工件。

【引导问题】

加工键槽时，刀具要从工件上表面切入。如果刀具垂直切入，则切削阻力会非常大，并可能损坏刀具，应怎样解决这个问题?

三、斜线进给

铣削键槽的刀具可以用立铣刀或键槽铣刀，由于制造工艺的原因，键槽铣刀可以直接进给，因为刀具中心可以切削；而立铣刀在磨削时采用一夹一顶的装夹方式，刀体中心没有切削刃，直线进给只能铣到四周，中间会有材料顶住而造成崩刀。所以，采用立铣刀加工内轮廓时，应采用斜线进给的方法(见图3-7)，使用铣刀刀尖就不会崩刀。两个Z值不同的点用G01走刀就是一条斜线。

例如，G00　X0　Y0　Z0；

　　　G01　X50　Z-10　F200；

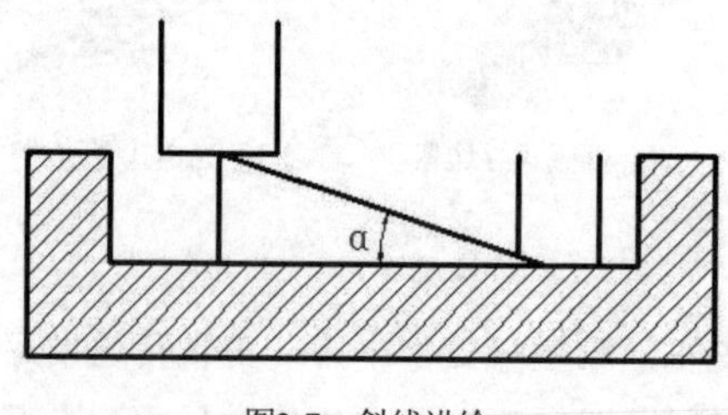

图3-7　斜线进给

注意：进给时，要求进给路线与工作平面的夹角α越小越好。

第二部分　计划与实施

【引导问题】

本任务是在数控铣床上加工键槽件。在加工前，需要做哪些准备工作呢?

一、生产前的准备

1. 阅读零件图

阅读零件图，完成表 3-1。

表3-1　键槽件图分析

分析项目	分析内容
标题栏信息	零件名称： 零件材料： 毛坯规格：
零件形体	描述零件的主要结构：
表面粗糙度	
其他技术要求	

2. 工具、量具准备

夹具：________________

刀具：________________

量具：________________

其他工具或辅件：________________

3. 填写工序卡

填写工序卡，如表 3-2 所示。

表3-2　键槽件加工工序卡

<table>
<tr><td rowspan="2">单位名称</td><td rowspan="2"></td><td colspan="4" rowspan="2">数控加工工序卡片</td><td>零件名称</td><td>零件图号</td><td>材料牌号</td><td colspan="2">材料硬度</td></tr>
<tr><td></td><td></td><td></td><td colspan="2"></td></tr>
<tr><td>工序名称</td><td>工序号</td><td colspan="2">加工车间</td><td colspan="2">设备名称</td><td colspan="2">设备型号</td><td colspan="3">夹具名称</td></tr>
<tr><td></td><td></td><td colspan="2">数控生产车间</td><td colspan="2">数控铣床</td><td colspan="2"></td><td colspan="3"></td></tr>
<tr><td rowspan="2">工步</td><td rowspan="2">工步内容</td><td rowspan="2">程序名</td><td rowspan="2">量具</td><td colspan="2">刀具</td><td colspan="3">切削用量</td><td rowspan="2">进给次数</td><td rowspan="2">备注</td></tr>
<tr><td>名称</td><td>直径/mm</td><td>主轴转速 $/(r\cdot min^{-1})$</td><td>进给量 $/(mm\cdot min^{-1})$</td><td>背吃刀量/mm</td></tr>
<tr><td></td><td></td><td></td><td></td><td></td><td></td><td></td><td></td><td></td><td></td><td></td></tr>
<tr><td></td><td></td><td></td><td></td><td></td><td></td><td></td><td></td><td></td><td></td><td></td></tr>
<tr><td></td><td></td><td></td><td></td><td></td><td></td><td></td><td></td><td></td><td></td><td></td></tr>
<tr><td></td><td></td><td></td><td></td><td></td><td></td><td></td><td></td><td></td><td></td><td></td></tr>
<tr><td></td><td></td><td></td><td></td><td></td><td></td><td></td><td></td><td></td><td></td><td></td></tr>
<tr><td></td><td></td><td></td><td></td><td></td><td></td><td></td><td></td><td></td><td></td><td></td></tr>
<tr><td></td><td></td><td></td><td></td><td></td><td></td><td></td><td></td><td></td><td></td><td></td></tr>
</table>

(续表)

工步	工步内容	程序名	量具	刀具		切削用量			进给次数	备注
				名称	直径/mm	主轴转速/$(r \cdot min^{-1})$	进给量/$(mm \cdot min^{-1})$	背吃刀量/mm		
编制			审核		批准			共　页		第　页

【引导问题】

键槽件加工程序应如何编写？

二、手工编程

根据填写的工序卡，手工编写键槽件的数控加工程序，并将其填入数控程序单(见表3-3)。

表3-3　键槽件加工数控程序单

序号	程序内容	备　注

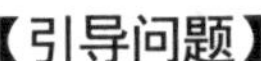
如何启动数控铣床？按照怎样的步骤才能安全地将合格的零件加工出来？

三、零件的加工

分步完成零件的加工，填写表 3-4。

表3-4　键槽件加工生产流程表

序号	生产内容	结果记录
1	装夹工件、刀具，对刀，设定工作坐标系	
2	铣削工件的顶平面，切削深度为0.5mm	
3	加工键槽零件	
4	测量尺寸，并记录测量值	
5	拆下清洗工件，去毛刺	
6	测量并记录零件全部尺寸	

第三部分　评价与反馈

一、自我评价

自我评价如表 3-5 所示。

表3-5　键槽件加工自我评价表

班级：　　　　　　　　　姓名：　　　　　　　　　学习任务名称：

序号	评价项目	是	否
1	是否能正确分析零件形体		
2	前置作业是否全部完成		
3	是否完成了小组分配的任务		
4	是否认为自己在小组中不可或缺		
5	是否严格遵守课堂纪律		
6	在学习过程中，是否主动帮助其他同学		
7	对自己的表现是否满意		

二、小组评价

小组评价如表 3-6 所示。

表3-6 键槽件加工小组评价表

序号	评价项目	评分(1～10)
1	有团队合作意识，注重沟通	
2	能自主学习并相互协作，尊重他人	
3	学习态度积极主动，能参加安排的活动	
4	服从教师的教学安排，遵守学习场所的管理规定，遵守纪律	
5	能正确地领会他人提出的学习问题	
6	工作岗位的责任心	
7	能正确对待肯定和否定的意见	
8	团队学习中主动与合作的情况	

评价人： 年 月 日

三、教师评价

教师评价如表 3-7 所示。

表3-7 键槽件加工教师评价表

序号	评价项目	教师评价			
		优	良	中	差
1	按时上、下课				
2	着装符合要求				
3	遵守课堂纪律				
4	学习的主动性和独立性				
5	工具、仪器使用规范				
6	主动参与工作现场的6S工作				
7	工作页填写完整				
8	与小组成员积极沟通，并协助其他成员共同完成学习任务				
9	会快速查阅各种手册等资料				
10	教师综合评价				

第四部分　拓展

要完成 100 件图 3-8 所示凸圆台的加工，与前面制订的单件生产工艺相比，在夹具、刀具、工艺流程、程序等方面应进行哪些修改？

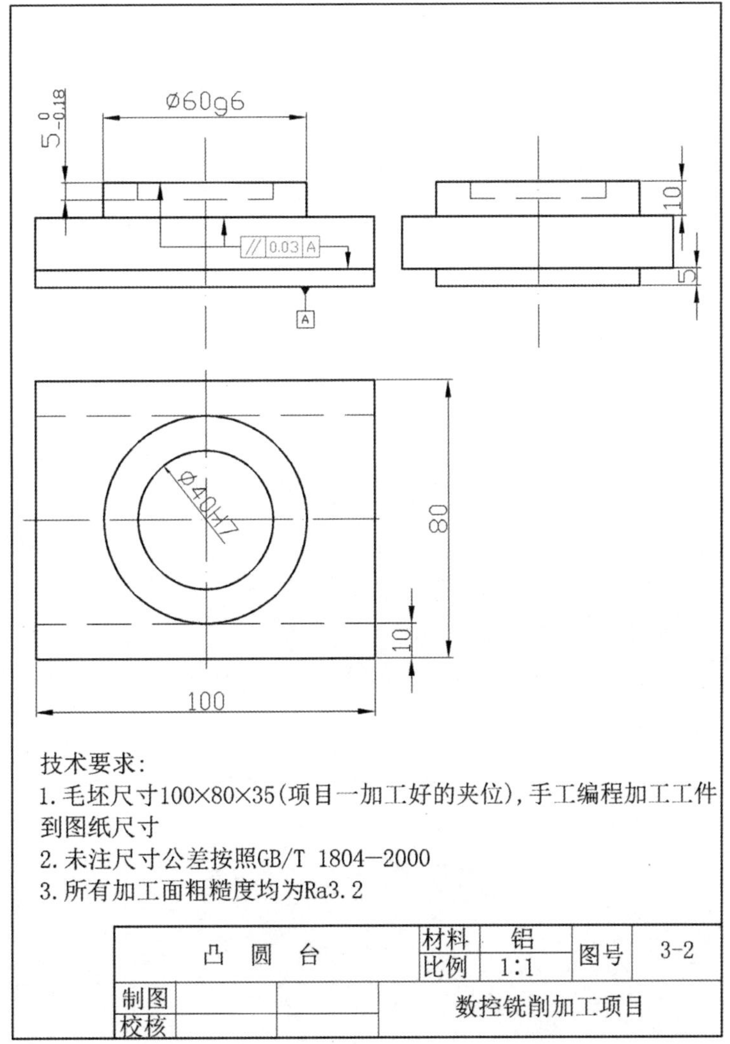

图3-8　凸圆台

读书笔记

模块二

典型零件的 UG 软件编程加工模块

项目四 平面凹槽零件的加工

学习目标

通过平面凹槽零件(见图4-1)加工的学习，学生能够:

1. 熟悉UG加工编程命令和加工流程操作。
2. 理解平面铣的加工特点，理解平面铣各参数的作用和设置方法。
3. 学会UG平面铣编程方法，对模型进行编程加工操作。
4. 学会UG程序后处理。
5. 学会程序传输操作。
6. 按照企业的生产要求，根据零件图样，以小组工作的形式，制订平面零件的加工工艺。
7. 严格按照安全操作规程，在自动模式下完成工件的加工。

建议学时

16学时。

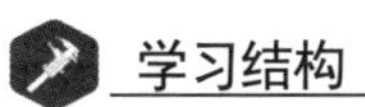

学习结构

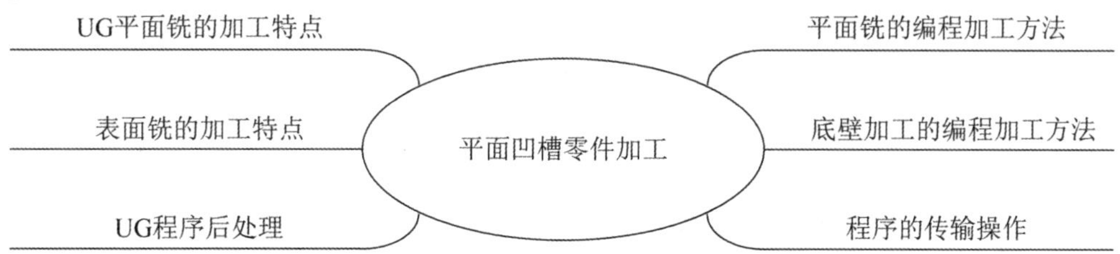

学习任务描述

某公司委托加工平面凹槽零件(见图4-1)，要求在1天内完成加工。生产管理部门下达加工任务，工期为1天，任务完成后提交成品及检测报告。

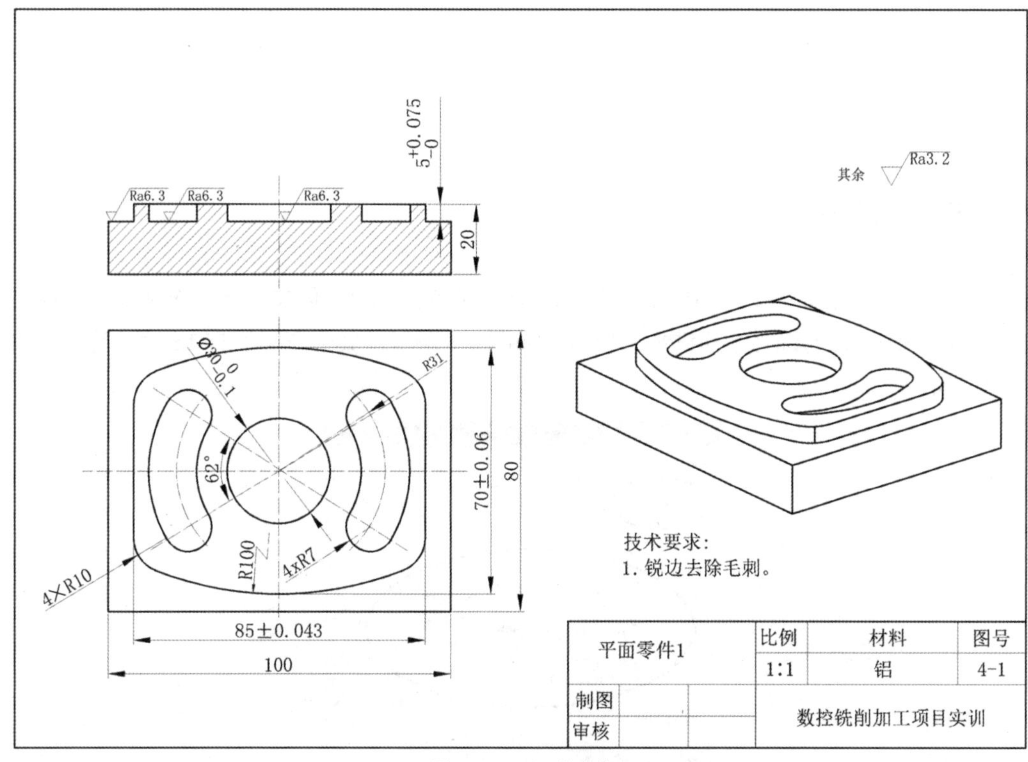

图4-1　平面凹槽零件

第一部分　学习准备

UG 常用编程加工方法如图 4-2 所示。

(1) 平面铣加工。

(2) 型腔铣加工。

图4-2　UG常用编程加工方法

(3) 型腔铣二次开粗。

(4) 等高轮廓铣加工。

(5) 固定轴区域轮廓铣加工。

(6) 钻孔。

一、平面铣的子类型

在加工工具条中单击“创建工序”按钮，系统会弹出“创建工序”对话框，选择类型为mill_planar，即选择平面铣加工模板，如图4-3所示，其中子类型有15种，其说明如表4-1所示。

图4-3　“创建工序”平面铣子类型

表4-1　平面铣各子类型说明

图标	英文	中文	说明
	FACE_MILLING_AREA	底壁加工	以面定义切削区域，切削底面和壁
	IPW FACE _MILLING	IPW面铣	带IPW的底壁加工
	FACE_MILLING	表面铣	用于加工表面几何
	FACE_MILLING_AREA	表面手动铣	与表面铣基本相同，但切削方式默认设置为手动
	PLANER_MILL	平面铣	用平面边界定义切削区域，切削到底平面
	PLANAR_PROFILE	平面轮廓铣	与平面铣基本相同，切削方式默认设置为轮廓铣削
	CLEANUP_CORNERS	清铣拐角	与平面铣基本相同，主要用来清铣拐角
	FINISH_WALLS	精加工侧壁	与平面铣基本相同，主要用来精加工侧壁
	FINISH_FLOOOR	精加工底面	与平面铣基本相同，主要用来精加工底面
	GROOVE_MILLING	槽型铣	铣削槽型
	HOLE_ MILLING	孔铣	铣削孔
	THREAD_MILLING	螺纹铣	建立加工螺纹的操作
	PLANAR_TEXT	文本铣削	对文字曲线进行雕刻加工
	MILL_CONTROL	机床控制	建立机床控制操作
	MILL_USER	自定义方式	用自定义参数来建立操作

在平面铣的 15 种子类型中，软件常用的是表面铣和平面铣。

二、平面铣的加工特点

平面铣用于平面轮廓、平面区域或平面孤岛的粗、精加工，平行于底面进行多层切削。平面铣应用 2.5 轴的加工方法，加工时，刀轴固定。其加工对象的底面是平面，各侧面和底面垂直，所以常用来加工平面、直壁、内腔底面、外轮廓等。

平面铣无须做出完整的造型，可依照 2D 图形直接进行刀轨的生成。表面铣仅是平面铣的一种特殊加工方法，它是以平面来定义约束加工参数，并且当加工对象是面时，可优选表面铣的方式进行加工。

三、平面铣子类型“平面铣”基本参数设置

进入加工模块后，弹出如图 4-4 所示的平面铣参数设置对话框。

1. 平面铣几何体设置

(1) “部件边界”用于表示加工零件的几何对象，它控制刀具运动范围，是系统计算刀轨的重要依据，可以通过选择面、曲面和点来定义。

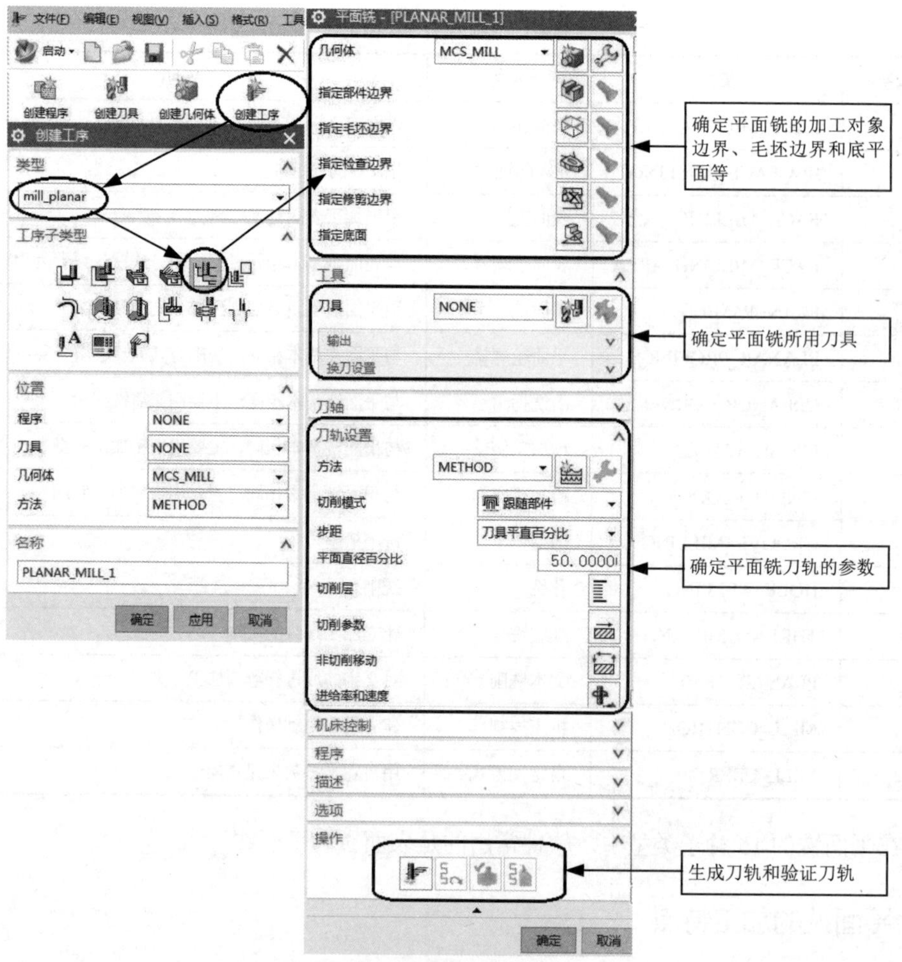

图4-4　平面铣参数设置

用面定义零件边界时，选择对象面后，自动生成面的边界作为加工范围，如图 4-5 所示。

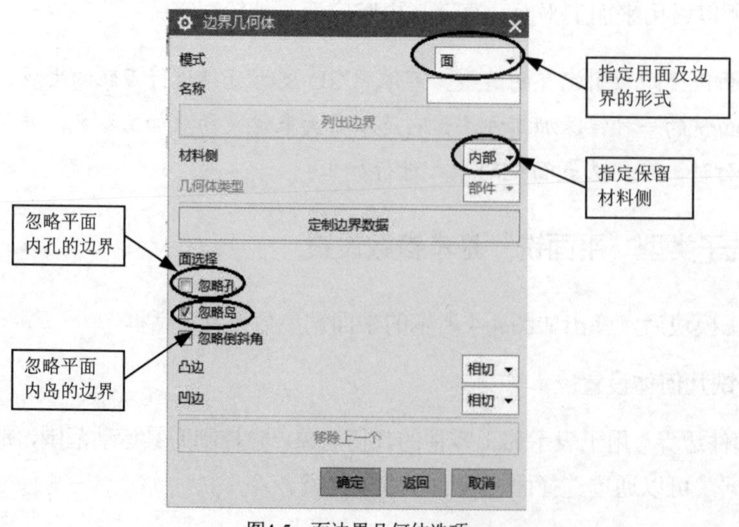

图4-5　面边界几何体选项一

用曲线或点定义零件边界时，可分为开放和封闭两种边界。当边界是封闭边界时，材料侧为内部保留或外部保留；当边界是开放边界时，材料侧为左侧保留或右侧保留，如图 4-6 所示。

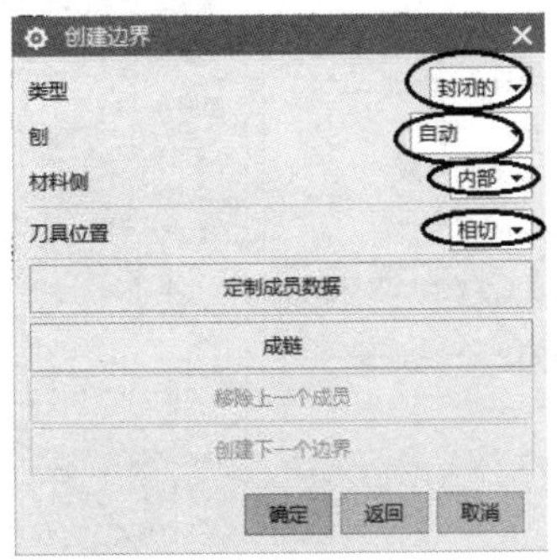

图4-6　面边界几何体选项二

图 4-6 所示对话框中各参数的含义如下。

① “类型”分为“封闭的”和“开放的”两种。指定一个平面，让所选曲线或点投影到所指定的平面上，从而决定加工的起始平面。

② “刨”分为“自动”和“自定义”两项。“自动”表示系统根据选取的两个几何对象决定边界平面，平面取决于选择几何体所处的平面。“自定义”表示利用平面构造器，可以由用户以多种方式指定加工边界平面。

③ “材料侧”指定保留材料侧。

(2) “毛坯边界”用于表示被加工毛坯的几何对象，也就是用于描述被加工毛坯的材料范围，可以通过选择面、曲线和点来定义。其定义方式与“部件边界”的定义方式相似，只是毛坯边界没有敞开的边界，只有封闭的边界。

(3) “检查边界”用于描述刀具不能碰撞的区域，即不允许切削的部位，如压板和夹具的位置，其定义方式与毛坯边界的定义方式相似，只是毛坯边界没有敞开的边界，只有封闭的边界。

(4) “修剪边界”用于进一步控制刀具的运动范围。修剪边界与部件边界同时使用，对由部件边界生成的刀轨修剪，例如当操作的整个刀轨的某一区域不希望被切削时，可以定义修剪边界将这部分的刀轨去除。修剪边界的材料侧可以是内部的、外部的，或者是左侧的、右侧的。

(5) “指定底面”用于指定平面铣加工的最低高度，每一个操作中仅能有一个底平面。可以直接在工件上选取水平的面作为底平面，也可以将选取的平面补偿一定的距离后作为底平面或使用平面构造器构建底平面。

至少要定义部件几何体与毛坯几何体中的一个作为驱动刀具切削的区域。

2. 平面铣刀具的设置

可根据加工零件和加工条件选用刀具或建立新“刀具”，其参数设置如图 4-7 所示。

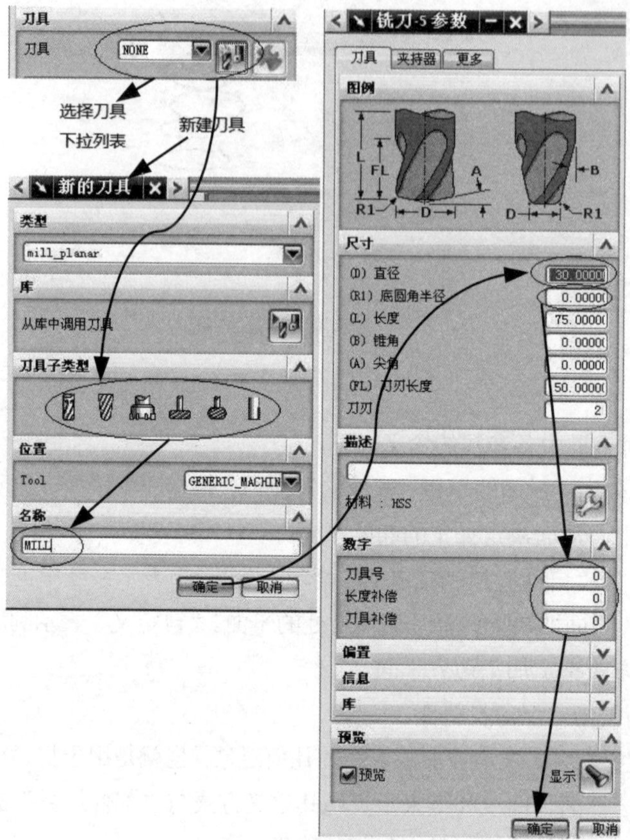

图4-7　刀具的创建过程

3. 平面铣刀轨参数的设置

(1) “切削模式”是指刀轨在切削过程中的切削路线规律，可根据加工零件的要求选择不同的切削模式，共有 8 种模式可选择，如图 4-8 所示。

(2) “步距”用于描述刀具路径之间的关系，是指被切削面上设置刀轨疏密程度的一个参数量。其中，“恒定”指定切削刀轨之间的固定距离；“残余高度”指定切削刀轨之间余留的材料高度；“%刀具直径”指定切削刀轨之间的固定距离，以有效刀具直径的百分比表示；“多个”允许根据刀具值的百分比指派刀轨数和距离。

(3) “切削层”用来定义刀具 Z 轴方向的切削深度，指定平面铣的每刀切削层的深度，其选项如图 4-9 所示。

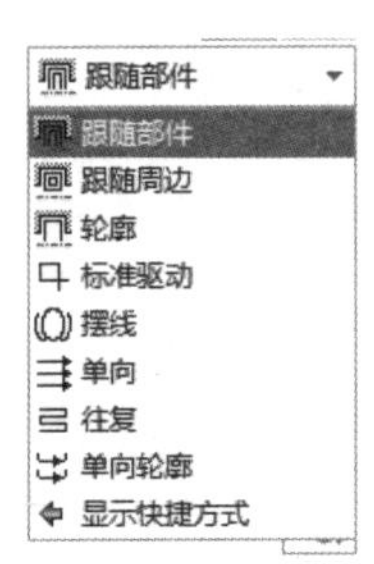

图4-8　切削模式

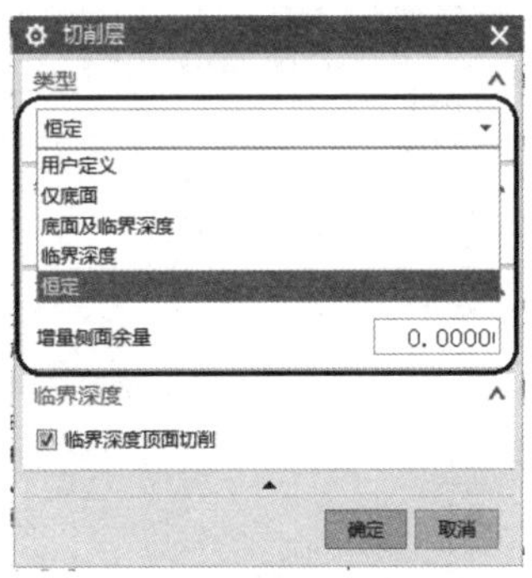

图4-9　“切削层”参数

图 4-9 所示对话框中各参数的含义如下。

用户定义：允许用户自定义最大切深和最小切深等。

仅底面：在底面创建一个唯一的切削层，刀具直接深入底面切削。

底面及临界深度：多层切削，此时切削层的位置岛的顶面和底平面。

临界深度：多层切削，此时切削层的位置顶面到底面的范围。

恒定：多层切削，输入一个最大的切削深度，除最后一层小于最大深度值外，其余层都等于最大深度值。

(4) “切削参数”对话框包括“策略”“余量”“拐角”“连接”“未切削”和“更多”6 个选项卡，如图 4-10 所示。常用的 4 个选项卡简述如下。

“策略”选项卡，主要定义切削方向和切削顺序，设置是否添加精加工刀轨。

“余量”选项卡，主要定义切削中各余量的设置和加工公差的大小。

“拐角”选项卡，主要定义刀具在切削拐角时的刀轨处理方法。

“连接”选项卡，主要用来定义区域间切削顺序和优化刀轨。

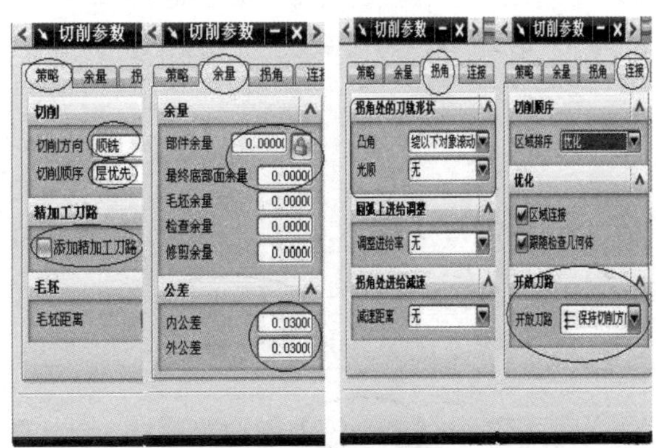

图4-10　设置切削参数

(5) “非切削移动”参数主要设置进、退刀方法，设定进、退刀点和安全地在区域之间移动刀具等参数。正确地设置非切削参数是加工操作的重要环节，对避免刀具与工件、夹具的干涉、碰撞，减轻刀具对工件的接触冲击力，避免工件表面出现冲击力刀痕，提高表面质量等有重要的影响。常用的非切削参数设置如图 4-11 所示。

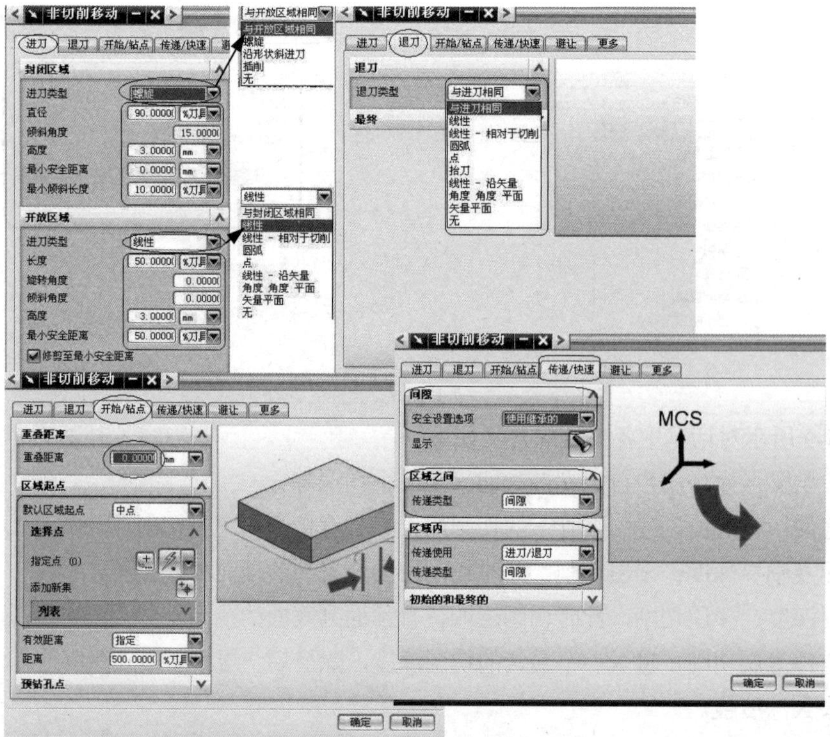

图4-11　非切削参数设置

4. 平面铣进给率和速度的设置

“进给率和速度”对话框中可以设置刀轨运动时的主轴转速和进给切削速度，具体参数需要根据所用的机床性能特点、工件材料、加工要求、刀具材料和几何参数等综合条件而设定，如图 4-12 所示。

图4-12　进给率和速度的设置

5. 平面铣刀轨生成、播放和仿真

平面铣几何体、刀具、加工参数、进给和速度都设置完成后，便可以计算生成刀轨，并对刀轨进行播放、仿真等，检验加工程序的正确性，如图 4-13 所示。

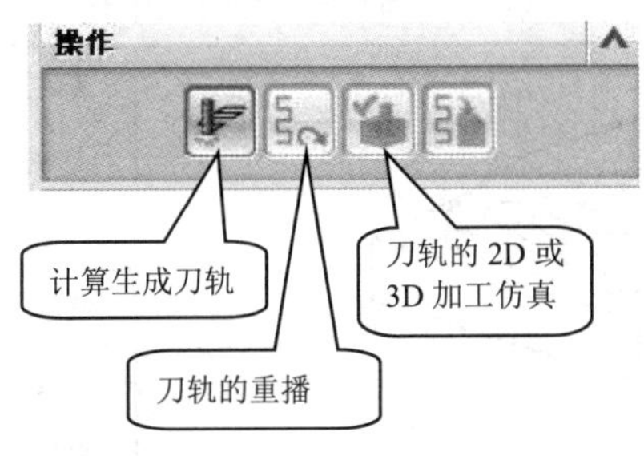

图4-13　刀轨生成、播放和仿真

第二部分　计划与实施

一、生产前的准备

1. 阅读零件图

阅读零件图，完成表 4-2。

表4-2　平面凹槽零件图分析

分析项目	分析内容
标题栏信息	零件名称： 零件材料： 毛坯规格：
零件形体	描述零件的主要结构：
尺寸公差	图样上标注公差的尺寸有：
几何公差	零件有无几何公差要求：
表面粗糙度	
其他技术要求	

2. 工具、量具准备

夹具：________________

刀具：________________

量具：________________

其他工具或辅件：________________

3. 填写工序卡

完成工序卡的填写，如表 4-3 所示。

表4-3 平面凹槽零件加工工序卡

工序简图	零件图号	
	工序名称	
	车间	
	使用设备	
	夹具名称	
	夹具编号	

工步	工步内容	程序名	刀具名称	切削用量			余量/mm		备注（程序号）
				主轴转速 /$(r \cdot min^{-1})$	进给量 /$(mm \cdot min^{-1})$	切削深度 /mm	侧面	底面	
1	精加工工件顶面	JDM	D16	3000	800	1			O4001
2	精加工工件侧面	JCM	D16	3000	800	2			
3	粗加工工件阶梯外形	CWC	D10	4000	800	1	0.5	0.5	
4	粗加工三个圆形槽	CCX	D10	4000	800	1	0.5	0.5	
5	精加工三个圆形槽	JCX	D10	4000	1500	5			
6	精加工工件阶梯外形	JWX	D10	4000	1500	5			
编制			审核		批准		共	页	第 页

二、自动编程

根据填写的加工工序卡，使用 CAD/CAM 软件绘制零件的三维模型，生成加工刀具路径，并将刀具路径处理为数控加工程序，程序名与加工工序卡里的程序名一致。

1. 加工机床几何体处理

(1) 毛坯体准备。启动NX10.0，打开3D图档04.prt，读图得知工件的坐标系原点在四面中的顶平面上。单击______按钮，自动弹出操作对话框，选择________的类型，选择对象，根据图纸，输入间隙值_______，设置 *Z* 轴正向间隙值_______，改变 *Z* 轴负向间隙值_______，单击“确定”按钮，完成毛坯体创建，如图4-14所示。单击__________按钮，自动弹出对话框，选择刚建立的毛坯体，按______键确定，在“编辑对象显示”对话框中拖动“透明度”滑条，使毛坯体显示为透明状态，如图4-15所示。

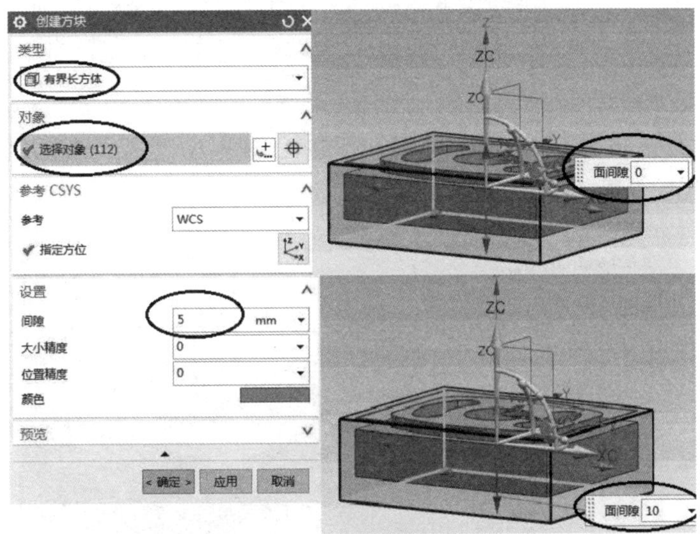

图4-14　建立毛坯体

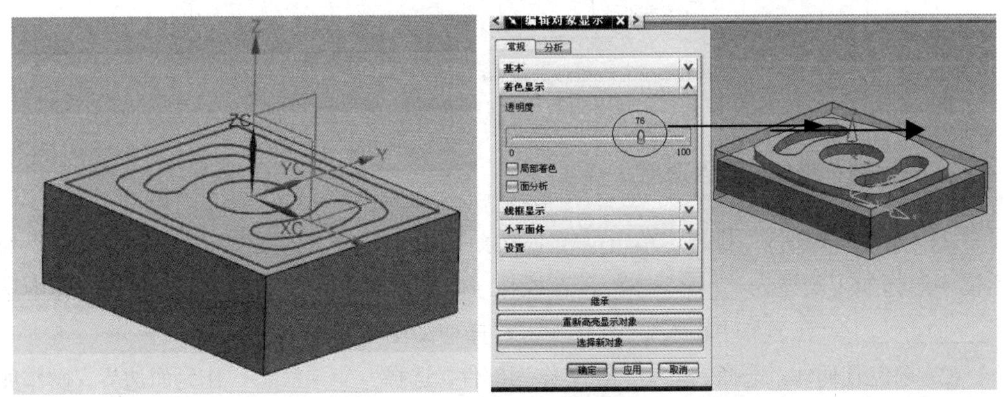

图4-15　设定毛坯体为透明状态

(2) 加工坐标准备。单击_____按钮 开始，在下拉列表中选择________，进入加工模块，在弹出的“加工环境”对话框中单击“确定”按钮。在侧边栏中单击___________按钮，展开加工操作导航器。在操作导航器空白处右击，在下拉菜单中选择_____视图，双击 MCS_MILL，进入加工坐标设定对话框，此时，工作坐标系与加工坐标系重合，在“间隙”选项中指定加工“安全平面”高度，操作如图4-16所示。

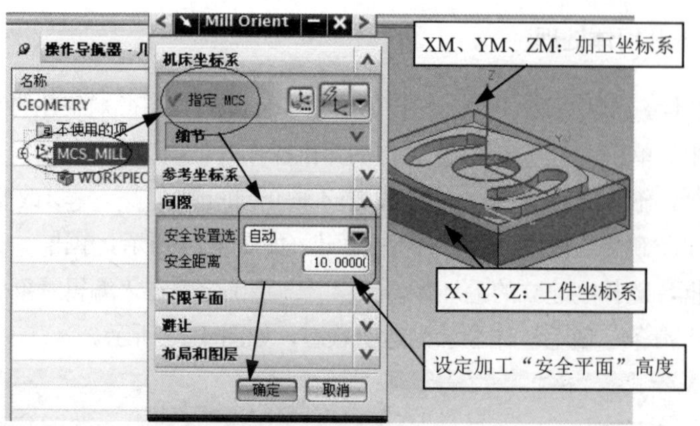

图4-16　加工坐标系设定

(3) 加工几何体准备。双击 MCS_MILL 下的 WORKPIECE，进入“铣削几何体”对话框，完成部件与毛坯的设置，操作如图 4-17 所示。

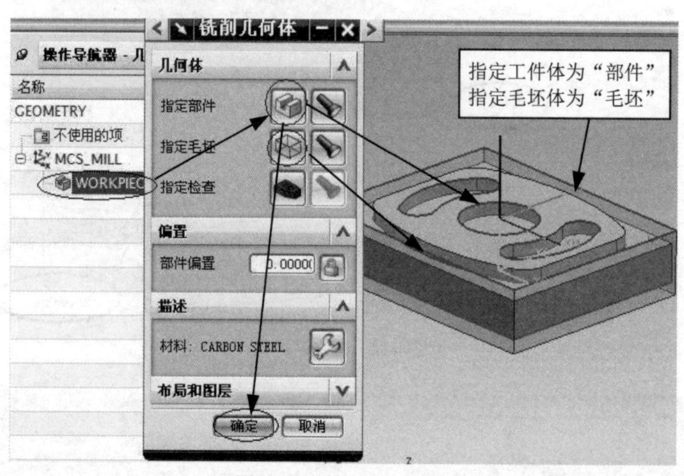

图4-17　设定加工几何体

2. 表面铣：精加工工件顶面

(1) 创建“表面铣”操作。单击操作工具条中的________按钮，在“创建工序”对话框中选择加工类型为__________，在操作子类型中选择__________，在几何体中选择__________，在名称中输入__________，操作如图 4-18 所示。

(2) 选定几何体。选择__________作为部件，选择__________作为面边界，操作如图 4-19 所示。

(3) 创建 D16 刀具。单击__________按钮，在刀具子类型中选定________，在名称中输入________。在刀具参数中，输入刀具直径为________，底圆角半径为_______，刀具号和补偿号分别为_______和_______，操作如图 4-20 所示。

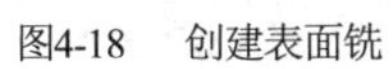
图4-18　创建表面铣

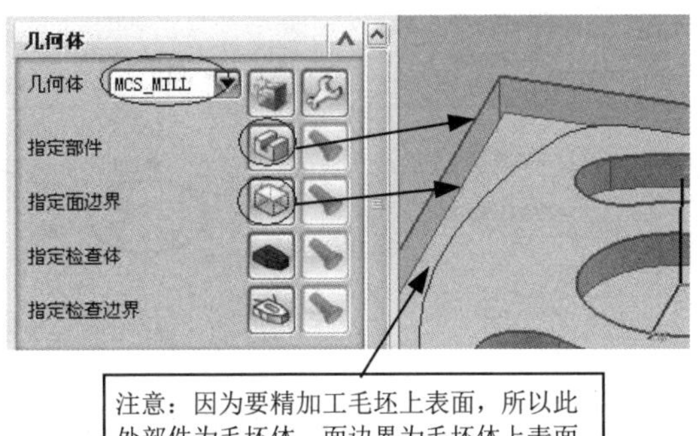

图4-19　设定几何体

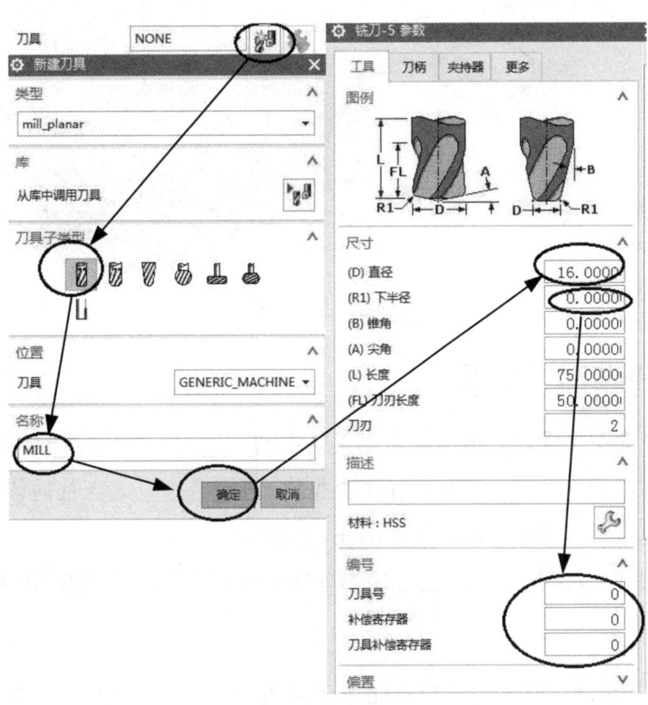

图4-20　刀具创建

(4) 设置刀轨参数。采用__________的切削模式，平面直径百分比为_______，最终底面余量为_______。若毛坯上表面余量不多，采用一层刀轨精加工到位的方法，操作如图 4-21 所示。

(5) 设定进给速度，单击________按钮，勾选对话框中的“主轴速度”复选框，输入转速为________，切削速度为________，操作如图 4-21 所示。

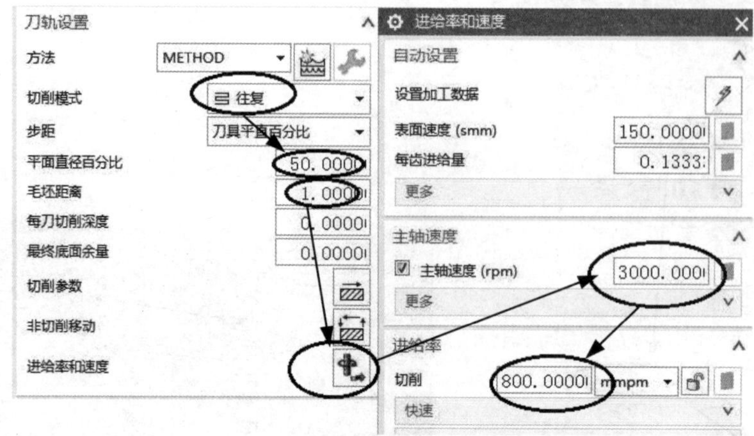

图4-21　设定切削参数及进给速度

(6) 单击________按钮，计算生成刀轨，操作如图 4-22 所示。

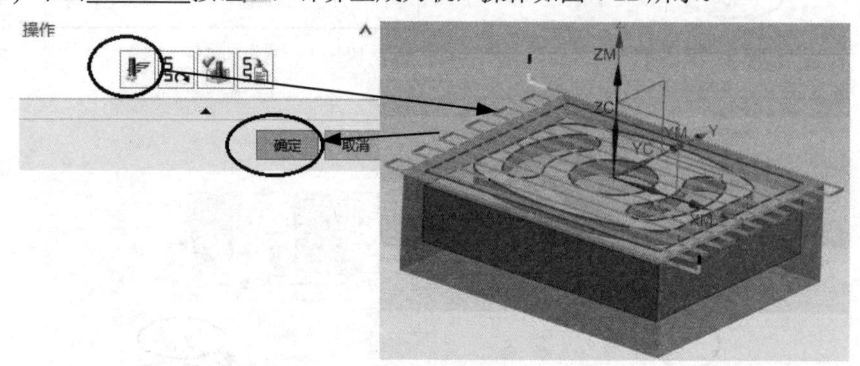

图4-22　生成刀轨

3. 平面铣：精加工工件侧面

(1) 创建“平面铣”操作。单击操作工具条中的________按钮，在“创建工序”对话框中选择加工类型为________，在操作子类型中选择________，在几何体中选择________，在名称中输入________，操作如图 4-23 所示。

(2) 选定几何体。选择__________作为部件边界，选择毛坯上顶面作为面边界，操作如图 4-24 所示。

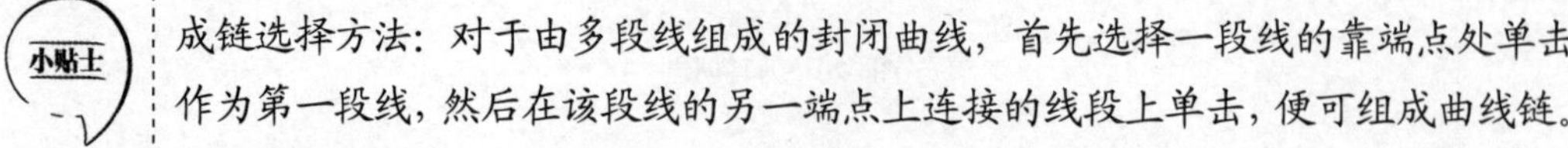
小贴士

成链选择方法：对于由多段线组成的封闭曲线，首先选择一段线的靠端点处单击作为第一段线，然后在该段线的另一端点上连接的线段上单击，便可组成曲线链。

(3) 设定加工底面。单击__________按钮，在对话框中设置对 *XY* 平面偏置距离为_________，操作如图 4-25 所示。

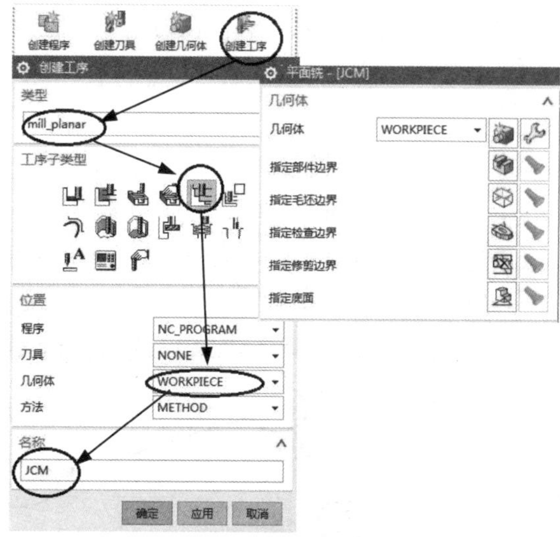

图4-23　创建平面铣操作

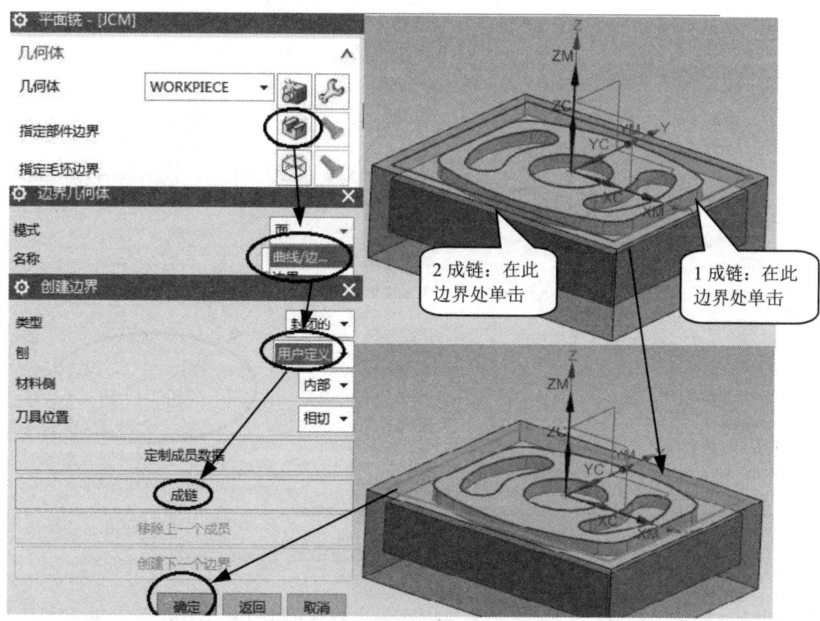

图4-24　选择部件边界操作

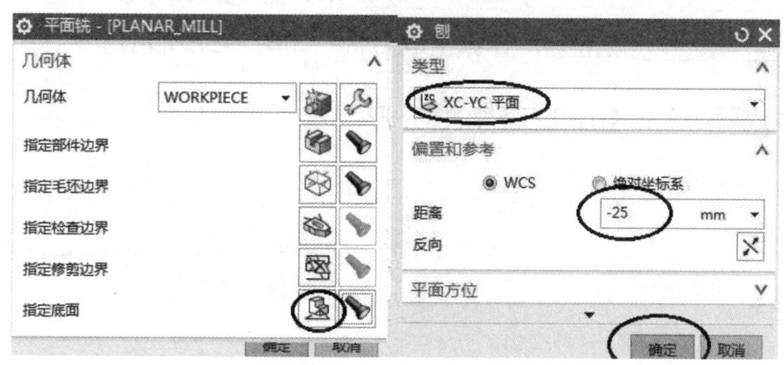

图4-25　设定加工底面

(4) 创建 D16 刀具。单击__________按钮，在刀具子类型中选定________，在名称中输入________。在刀具参数中，输入刀具直径为________，底圆角半径为________，刀具号和补偿号分别为________和________。

(5) 设置刀轨参数。采用_______切削模式，平面直径百分比为_______，单击_______按钮，设置每层加工深度固定为_____ mm。单击_____按钮，进入切削参数设置的“余量”选项卡，设置部件余量为_____。单击_____按钮，进入非切削参数设置的“进刀”选项卡，在“开放区域”设置形式为圆弧，半径为_____，角度为_____，操作如图 4-26 所示。

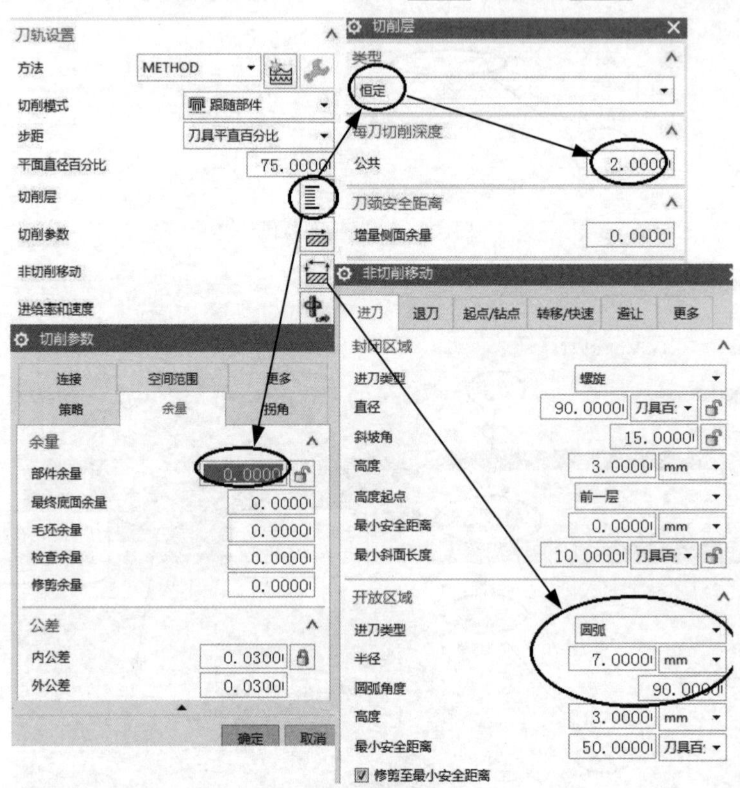

图4-26　设定切削参数及进给速度

(6) 设定进给速度。单击__________按钮，勾选对话框中的“主轴速度”复选框，输入转速为________，切削速度为________，操作如图 4-26 所示。

(7) 单击__________按钮，计算生成刀轨，如图 4-27 所示。

4. 平面铣底壁加工：粗加工工件阶梯外形

(1) 创建“底壁加工”操作。单击操作工具条中的__________按钮，在“创建工序”对话框中选择加工类型为__________，选择工序子类型为__________，在几何体中选择__________，在名称中输入__________，操作如图 4-28 所示。

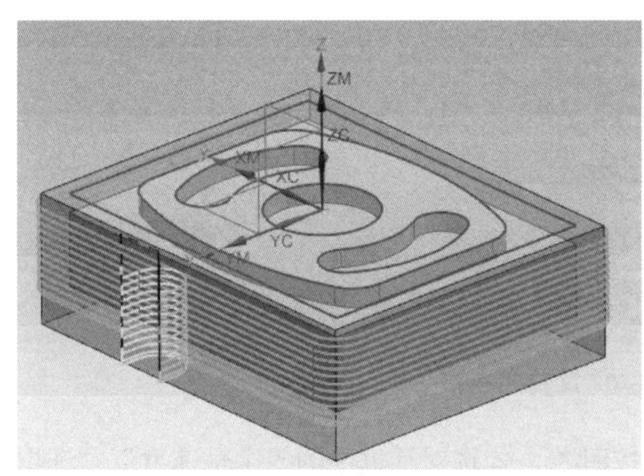

图4-27　生成刀轨

图4-28　创建底壁加工

(2) 设定切削区底面，操作如图4-29所示。

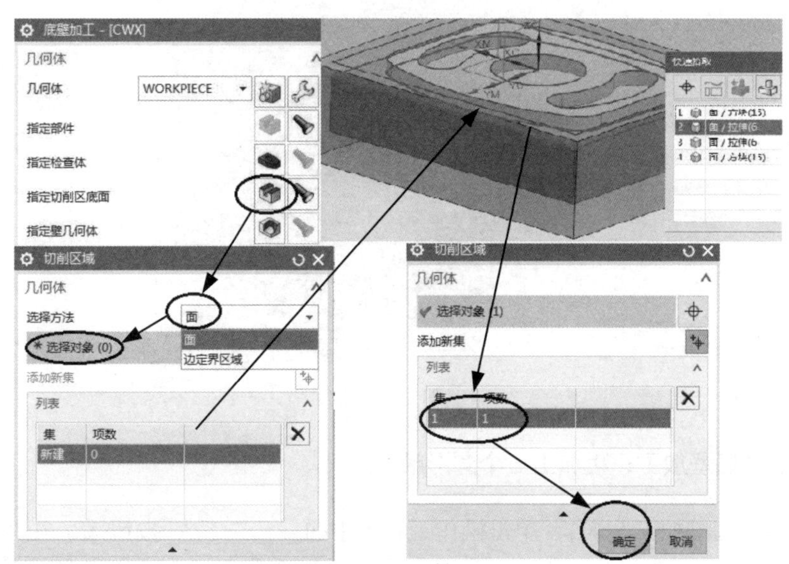

图4-29　设定切削区底面

(3) 创建D10刀具。单击__________按钮，在刀具子类型中选定________，在名称中输入________。在刀具参数中，输入刀具直径为________，底圆角半径为________，刀具号和补偿号分别为________和________。

(4) 设置刀轨参数。切削区域空间范围为__________，采用__________的切削模式，平面直径百分比为________，每刀切削深度为________，部件余量为________，操作如图4-30所示。

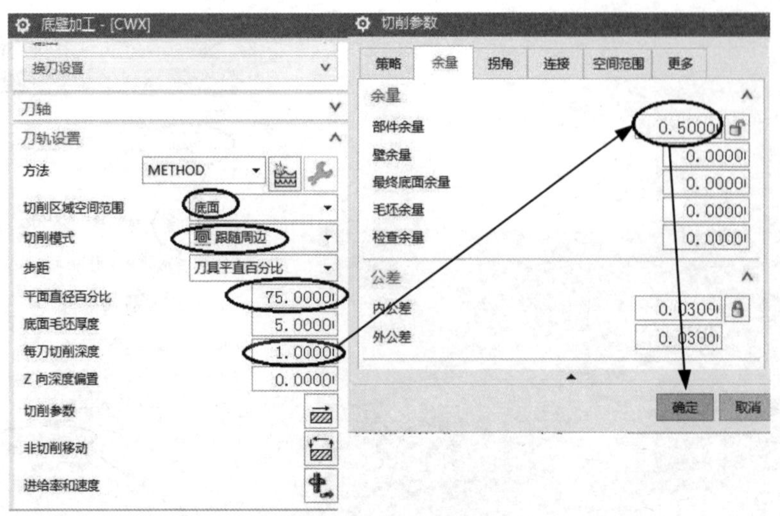

图4-30　设定切削参数

(5) 设定进给速度。单击________按钮，勾选对话框中的“主轴速度”复选框，输入转速为________，切削速度为________。

(6) 单击________按钮，计算生成刀轨，如图 4-31 所示。

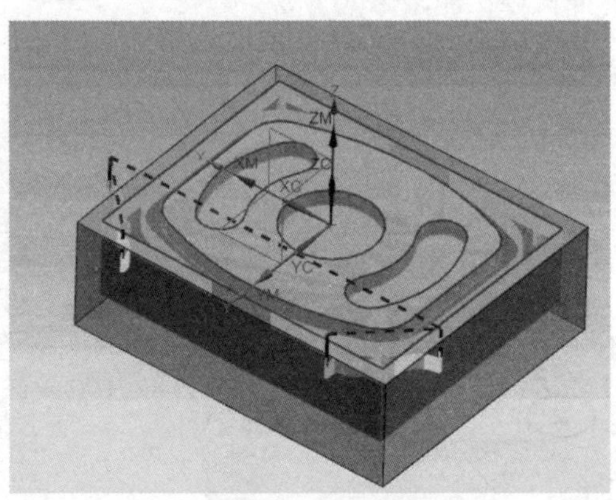

图4-31　生成刀轨

5. 平面铣底壁加工：粗加工三个圆形槽

(1) 创建“底壁加工”操作。单击操作工具条中的___________按钮，在“创建工序”对话框中选择加工类型为__________，在操作子类型中选择___________，在几何体中选择___________，在名称中输入______________，操作如图 4-28 所示。

(2) 设定切削区底面，操作如图 4-32 所示。

(3) 创建 D10 刀具。单击___________按钮，在刀具子类型中选定_________，在名称中输入________。在刀具参数中，输入刀具直径为________，底圆角半径为________，刀具号和补偿号分别为________和________。

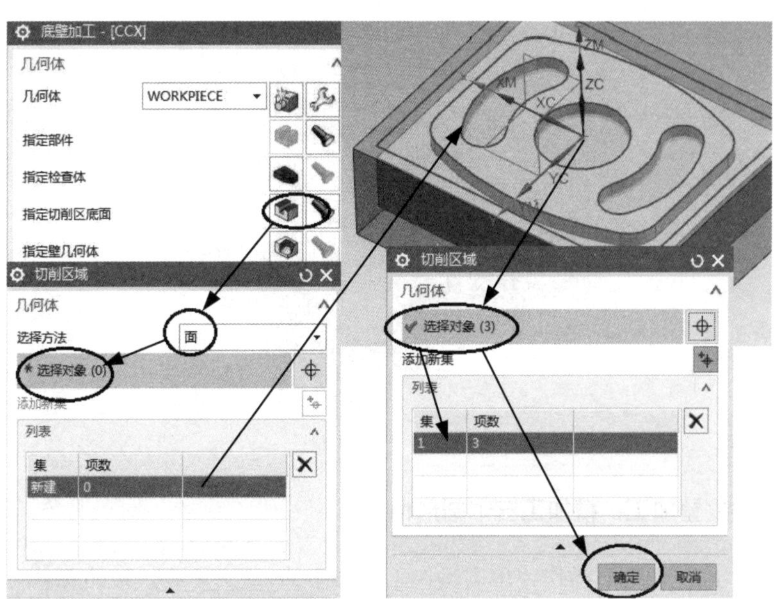

图4-32　设定切削区底面

(4) 设置刀轨参数。切削区域空间范围为__________，采用__________的切削模式，平面直径百分比为________，每刀切削深度为________，部件余量为________，操作如图 4-33 所示。

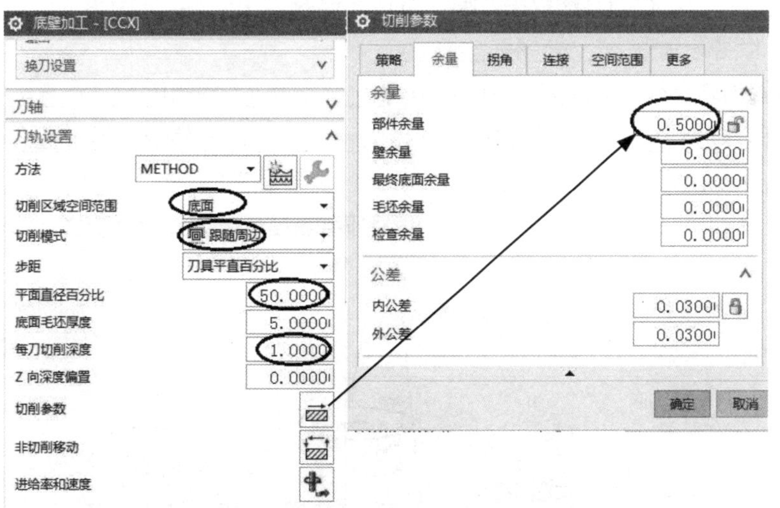

图4-33　设定切削参数

(5) 设定进给速度。单击________按钮，勾选对话框中的“主轴速度”复选框，输入转速为________，切削速度为________。

(6) 单击________按钮，计算生成刀轨，如图 4-34 所示。

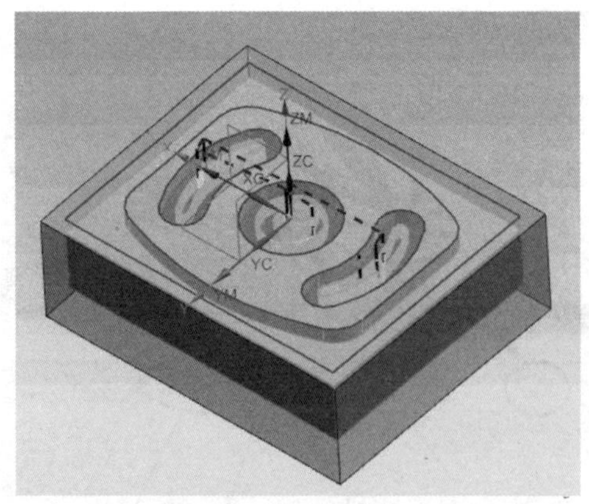

图4-34 生成刀轨

6. 平面铣底壁加工：精加工三个圆形槽

(1) 创建“底壁加工”操作。单击操作工具条中的__________按钮，在“创建工序”对话框中选择加工类型为__________，在操作子类型中选择__________，在几何体中选择__________，在名称中输入___________，操作如图 4-28 所示。

(2) 设定切削区底面，操作如图 4-32 所示。

(3) 创建 D10 刀具。单击__________按钮，在刀具子类型中选定________，在名称中输入________。在刀具参数中，输入刀具直径为________，底圆角半径为________，刀具号和补偿号分别为________和________。

(4) 设置刀轨参数。切削区域空间范围为__________，采用__________的切削模式，平面直径百分比为________，每刀切削深度为________，部件余量为________，操作如图 4-35 所示。

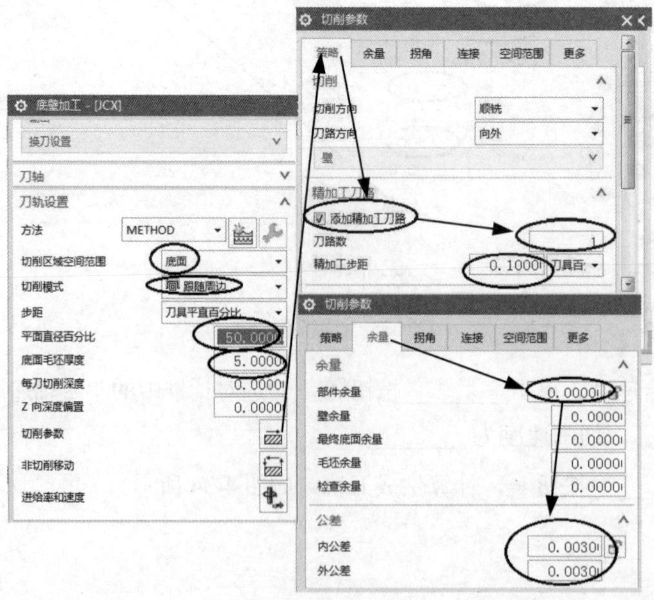

图4-35 设定切削参数

(5) 设定进给速度。单击________按钮，勾选对话框中的“主轴速度”复选框，输入转速为________，切削速度为________。

(6) 单击________按钮，计算生成刀轨，如图 4-36 所示。

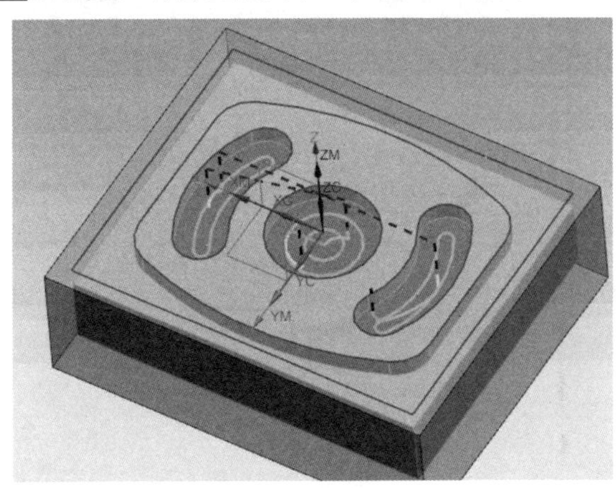

图4-36　生成刀轨

7. 平面铣底壁加工：精加工工件阶梯外形

(1) 复制 CWX 工序并粘贴(第 4 步)，更改名称为__________，设置刀轨参数：切削区域空间范围为________，采用__________的切削模式，平面直径百分比为________，每刀切削深度为________，部件余量为________，操作如图 4-37 所示。

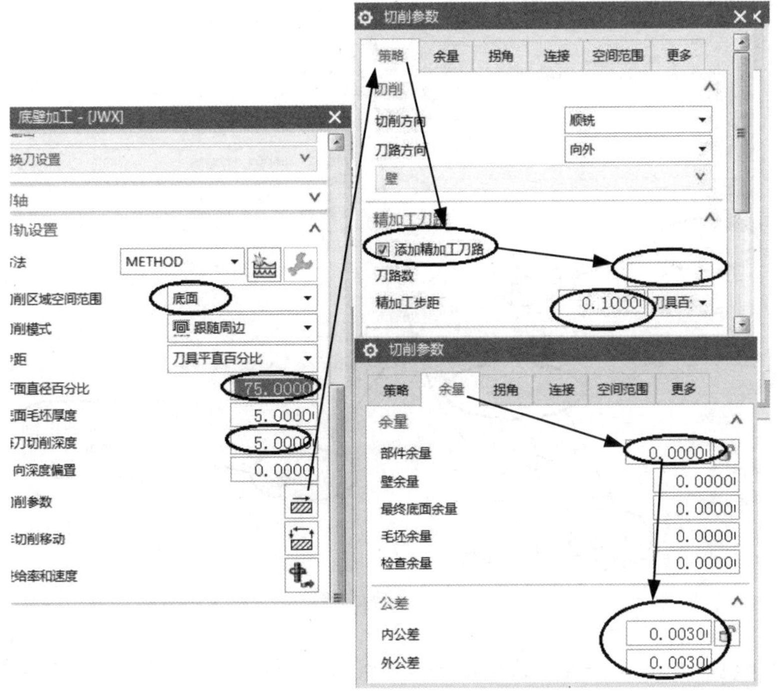

图4-37　设置刀轨参数

(2) 单击________按钮，计算生成刀轨，如图 4-38 所示。

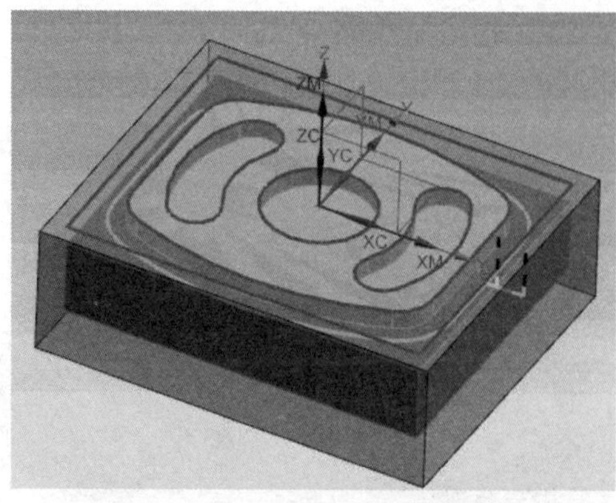

图4-38　生成刀轨

三、程序后处理

选择相应的工序，单击操作工具条中的________按钮，在“后处理”对话框中选择________相应机床的后处理器，文件名为________，文件扩展名为________，单位为________，操作如图 4-39 所示。

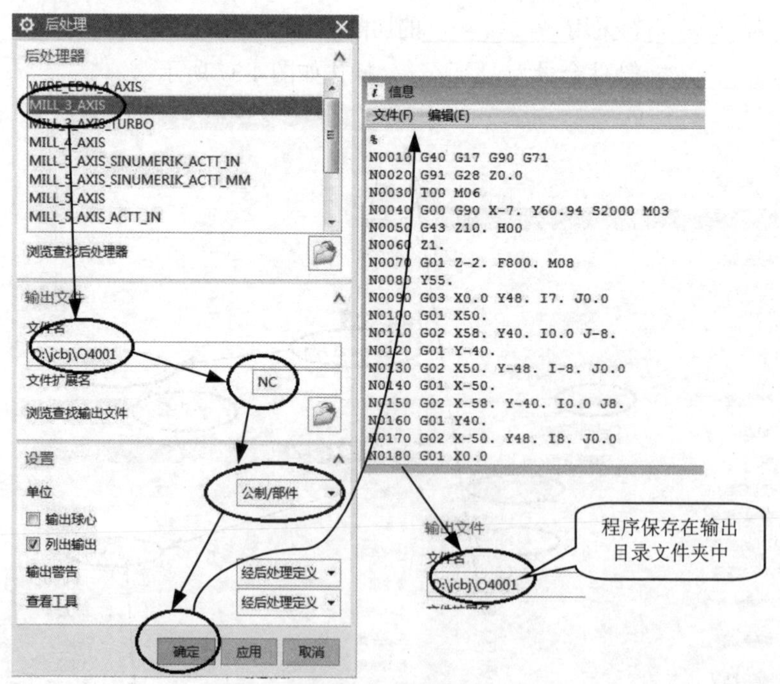

图4-39　程序后处理

要根据机床来选择相应的后处理器，机床的数控系统不同，处理器也不相同，有些程序生产后还要用记事本打开，需要稍微进行手工改动。

四、程序的传输

用华中数控通讯软件-Interface 传输程序步骤。

(1) 在机床操作面板上，先按________，后按________，再按________，进入等待传输界面，如图 4-40 所示。

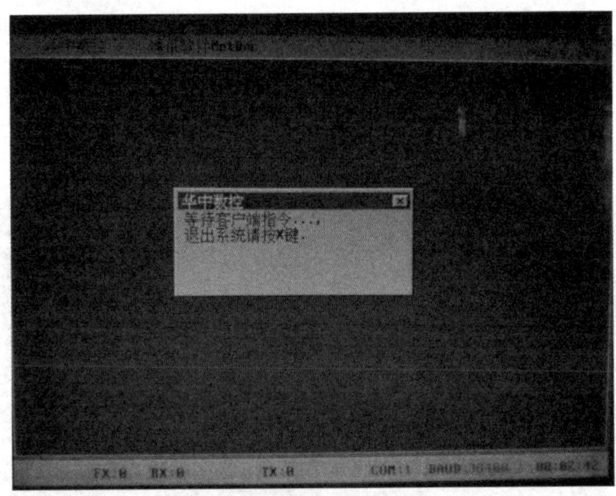

图4-40　等待传输界面

(2) 打开华中数控通讯软件- Interface，单击串口通讯按钮________，单击串口设置按钮________，串口为________，波特率为________，校验位为________，数据位为________，停止位为________，客服端类型为________，普传方式为________，单击“确定”按钮，操作如图 4-41 所示。

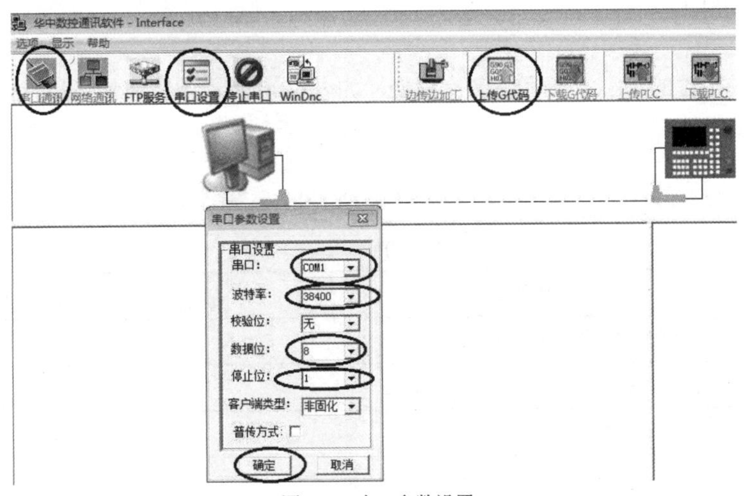

图4-41　串口参数设置

(3) 单击________，找到相应的程序并打开，操作如图 4-42 所示。

(4) 当计算机上显示文件发送完毕后，在机床上按 X 键退出传输界面，按 F1 键，在电子盘上找到程序，按“确定”按钮调入传输程序，操作如图 4-43 所示。

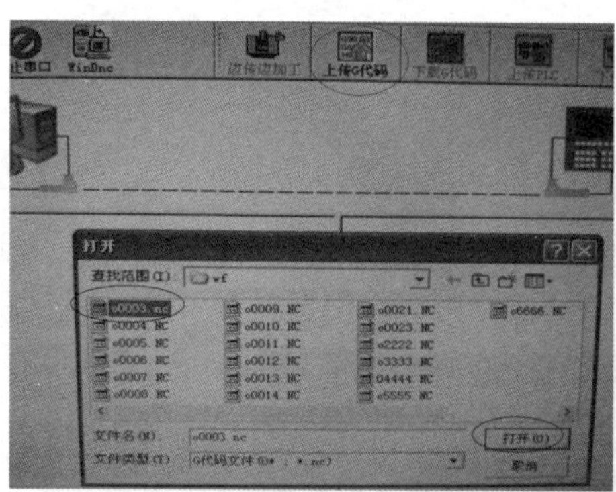

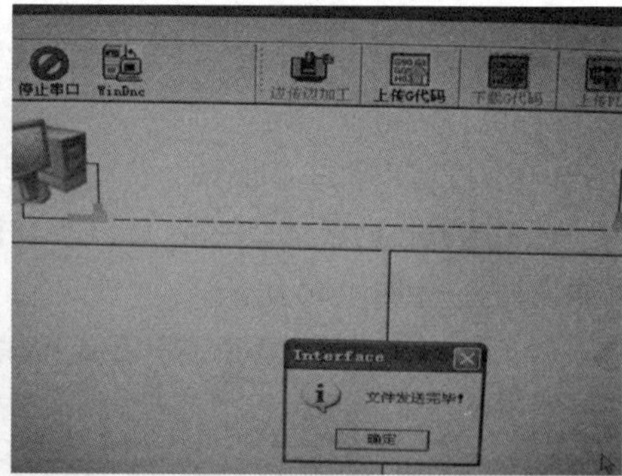

图4-42　选择传输程序

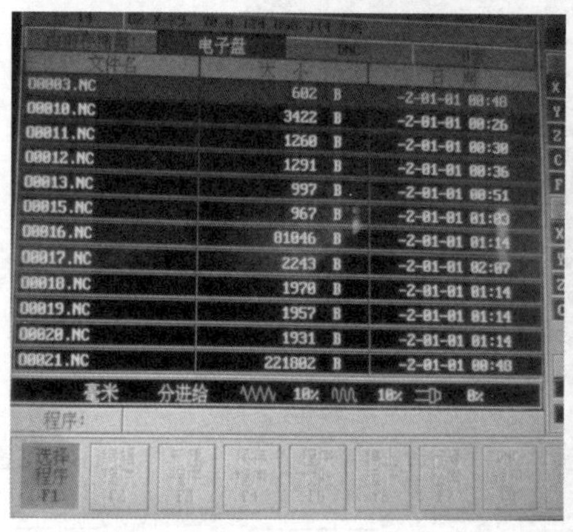

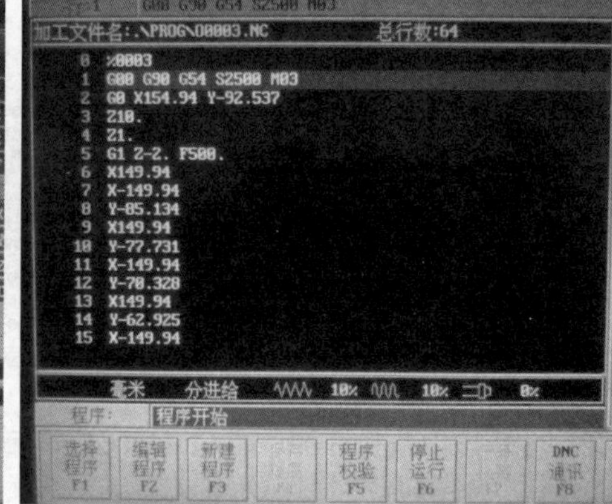

图4-43　调入传输程序

五、零件的加工

分步完成零件的加工，填写生产流程表，如表 4-4 所示，完成加工后，测量工件尺寸并填写表 4-5。

表4-4　平面凹槽零件加工生产流程表

序号	生产内容	结果记录
1	装夹工件、刀具，对刀，建立工作坐标系	
2	铣削工件的顶平面，切削深度为0.5mm	
3	加工键槽零件	
4	测量尺寸，并记录测量值	
5	拆下清洗工件，去毛刺	
6	测量并记录零件全部尺寸	
7		
8		

表4-5　平面凹槽零件加工尺寸测量评价表

序号	考核内容	考核要求	配分	评分标准	自检	互检	得分
1	100×80×20	±0.1	10	超差不得分			
2	85±0.043		10	超差不得分			
3	70±0.06		10	超差不得分			
4	5	+0.075	10	超差不得分			
5	4×*R*10	±0.1	10	超差不得分			
6	*R*100	±0.1	10	超差不得分			
7	4×*R*7	±0.1	10	超差不得分			
8	*R*31	±0.1	10	超差不得分			
9	ϕ30	−0.01	10	超差不得分			
10	*R*a6.3		10	超差不得分			

第三部分　评价与反馈

一、自我评价

自我评价如表 4-6 所示。

表4-6　平面凹槽零件加工自我评价表

班级：　　　　　　　　　姓名：　　　　　　　　　学习任务名称：

序号	评价项目	是	否
1	是否能正确分析零件形体		
2	前置作业是否全部完成		
3	是否完成了小组分配的任务		
4	是否认为自己在小组中不可或缺		
5	是否严格遵守课堂纪律		
6	在学习过程中，是否主动帮助其他同学		
7	对自己的表现是否满意		

二、小组评价

小组评价如表 4-7 所示。

表4-7 平面凹槽零件加工小组评价表

序号	评价项目	评分(1～10)
1	有团队合作意识，注重沟通	
2	能自主学习并相互协作，尊重他人	
3	学习态度积极主动，能参加安排的活动	
4	服从教师的教学安排，遵守学习场所的管理规定，遵守纪律	
5	能正确地领会他人提出的学习问题	
6	对工作岗位的责任心	
7	能正确对待肯定和否定的意见	
8	团队学习中主动与合作的情况	

评价人：　　　　　　　　年　月　日

三、教师评价

教师评价如表 4-8 所示。

表4-8 平面凹槽零件加工教师评价表

序号	评价项目	教师评价			
		优	良	中	差
1	按时上、下课				
2	着装符合要求				
3	遵守课堂纪律				
4	学习的主动性和独立性				
5	工具、仪器使用规范				
6	主动参与工作现场的6S工作				
7	工作页填写完整				
8	与小组成员积极沟通，并协助其他成员共同完成学习任务				
9	快速查阅各种手册等资料				
10	教师综合评价				

第四部分　拓展

要完成 100 件图 4-44 所示凸圆台的加工，与前面制订的单件生产工艺相比，在夹具、刀具、工艺流程、程序等方面应进行哪些修改？

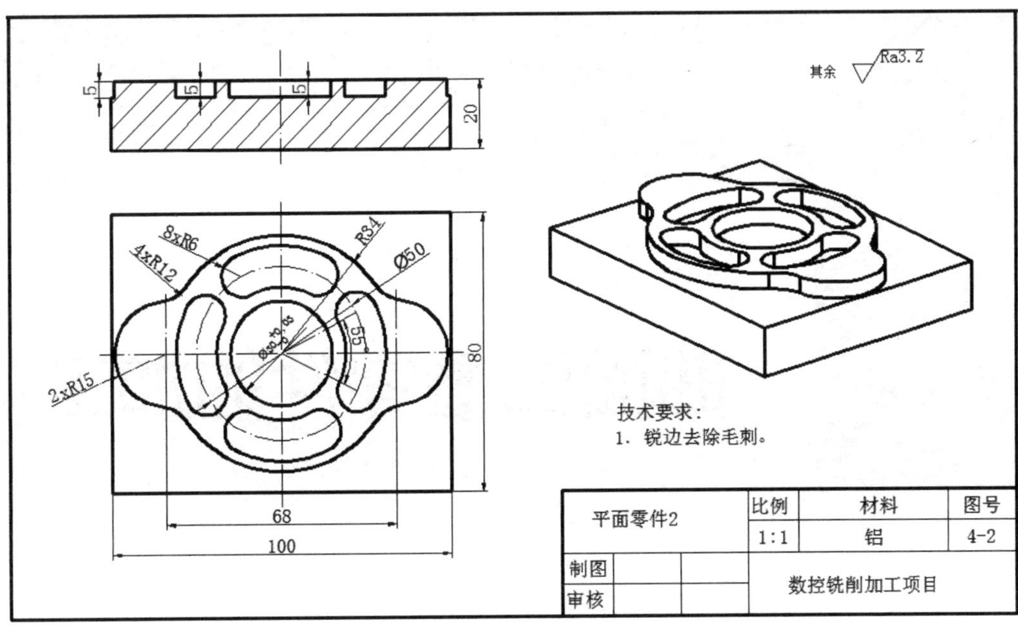

其余 Ra3.2
5
5
5
20
8xR6
4xR12
R34
Ø50
55
80
2xR15
68
100
技术要求：
1. 锐边去除毛刺。
平面零件2
比例
材料
图号
1:1
铝
4-2
制图
审核
数控铣削加工项目

图4-44　凸圆台

项目五 曲面凹槽零件的加工

学习目标

通过曲面凹槽零件(见图5-1)加工的学习，学生能够:

1. 熟悉UG加工编程命令和加工流程操作。

2. 理解型腔铣的加工特点，理解型腔铣各参数的作用和设置方法。

3. 学会UG型腔铣编程方法，对模型进行编程加工操作。

4. 按照企业的生产要求，根据零件图样，以小组工作的形式，制订平面零件的加工工艺。

5. 严格按照安全操作规程，在自动模式下完成工件的加工。

6. 学会用MasterCAM软件传输程序。

建议学时

16学时。

学习结构

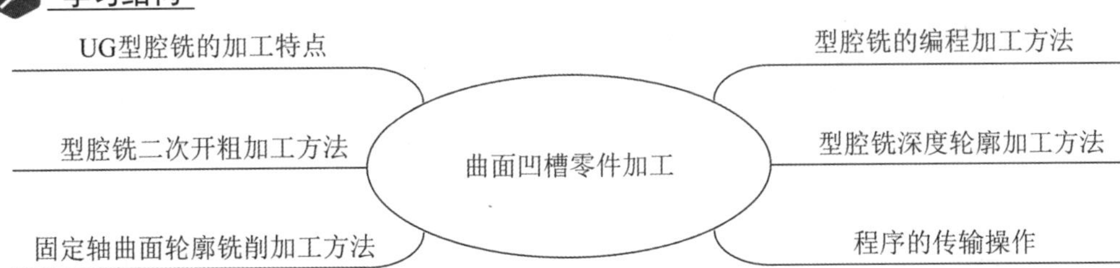

学习任务描述

某公司委托加工曲面凹槽零件(见图5-1)，要求在1天内完成加工。生产管理部门下达加工任务，工期为1天，任务完成后提交成品及检测报告。

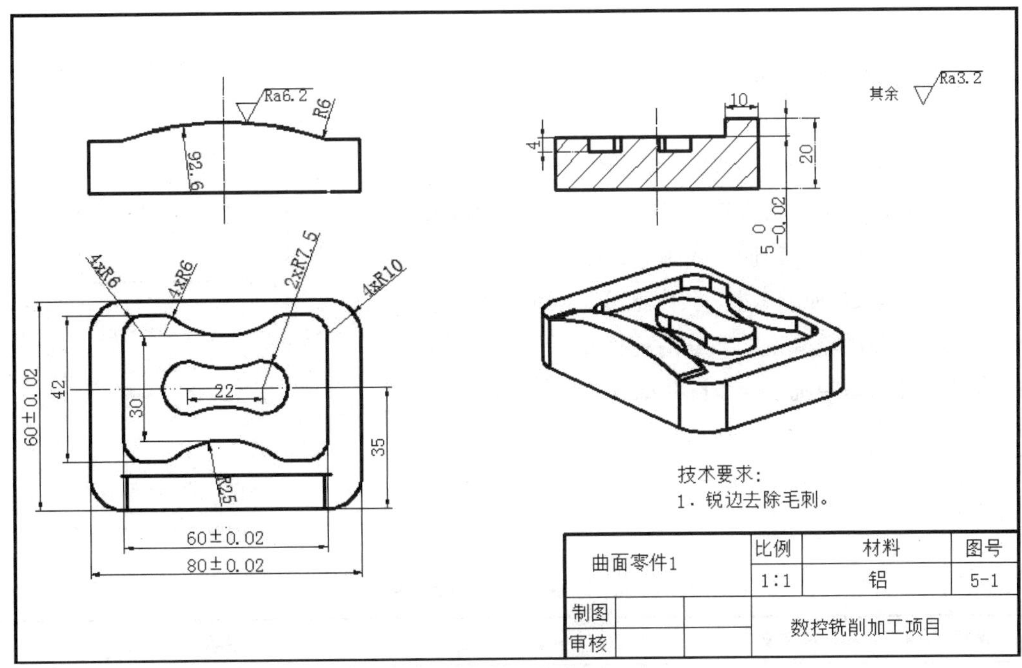

图5-1　曲面凹槽零件

任务一　型腔铣

学习目标

通过曲面凹槽零件(见图5-1)加工的学习，学生能够：

1. 熟悉UG加工编程命令和加工流程操作。
2. 理解型腔铣的加工特点，理解型腔铣各参数的作用和设置方法。
3. 学会UG型腔铣编程方法，对模型进行编程加工操作。

4. 学会型腔铣二次开粗加工方法。
5. 学会型腔铣深度轮廓加工方法。
6. 按照企业的生产要求，根据零件图样，以小组工作的形式，制订平面零件的加工工艺。
7. 严格按照安全操作规程，在自动模式下完成工件的加工。

建议学时

12学时。

第一部分　学习准备

一、型腔铣的子类型

在加工工具条中单击“创建工序”按钮，系统会弹出“创建工序”对话框，选择类型为mill_contour，即选择了型腔铣加工模板，如图5-2所示。

型腔铣有20种子类型，其中部分是固定轴曲面轮廓铣，固定轴曲面轮廓铣的详细情况将在项目五的任务二中介绍。常用型腔铣子类型说明如表5-1所示。

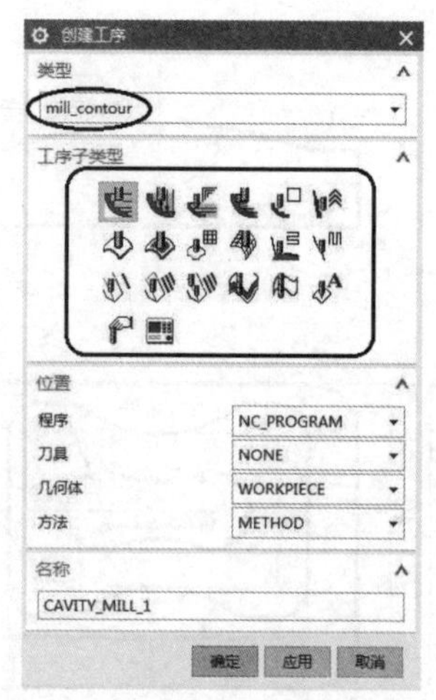

图5-2　“创建工序”型腔铣子类型

表5-1　常用型腔铣子类型说明

图标	英文	中文	说明
	CAVITY_MILL	型腔铣	刀具路径在同一高度内完成一层的切削，当遇到曲面时将会绕过，再下降一个高度进行下一层的切削。型腔铣常用于粗加工
	PLUNGE_MILLING	插铣加工	每刀加工只有轴向进给
	CORNER_ROUGH	拐角粗加工	清根粗加工，主要对角落进行粗加工
	REST_MILLING	剩余铣	使用型腔铣移除之前工序所遗留下来的材料，切削区域由基于层的IPW定义
	ZLEVEL_PROFILE	深度轮廓铣	等高轮廓铣是一种固定轴铣操作，通过切削多个切削层来加工零件实体轮廓和表面轮廓
	ZLEVEL_CORNER	深度加工拐角	角落等高轮廓铣，以等高方式清角加工

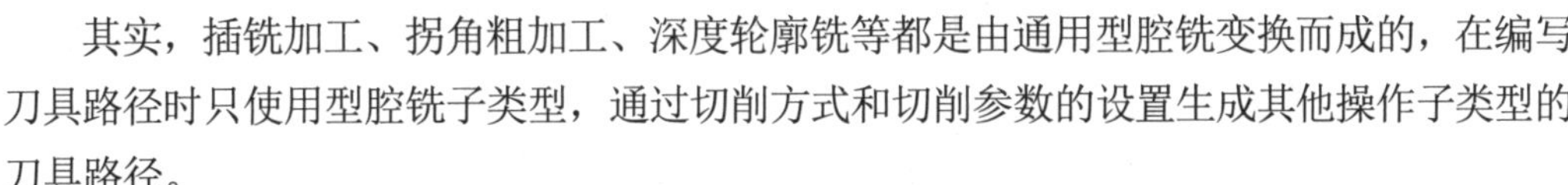

其实，插铣加工、拐角粗加工、深度轮廓铣等都是由通用型腔铣变换而成的，在编写刀具路径时只使用型腔铣子类型，通过切削方式和切削参数的设置生成其他操作子类型的刀具路径。

二、型腔铣的加工特点

型腔铣是 3 轴加工，适用于非直壁的、岛屿的顶面和槽腔的底面为平面的加工或曲面零件加工，尤其适用于模具型腔或型芯及其他带有复杂曲面零件的粗加工。

型腔铣加工的特征是刀轨在同一个高度内完成一层的切削，遇到曲面将绕过，下降到下一个高度进行下一层切削。系统会根据零件在不同深度的截面形状计算各层的刀轨。型腔铣主要用于从毛坯上去除大量材料，切削效率高，但会在零件表面留下层状余料，因此，型腔铣在数控加工中应用最为广泛，用于大部分的粗加工及直壁或斜度不大侧壁的精加工。通过限定加工高度值，只做一层切削，型腔铣也可用于平面的精加工及清角加工等。

型腔铣与平面铣比较，在操作参数方面主要体现在定义几何体方面有重大差别，指定切削深度的方法也不同，其他参数基本相同。

三、型腔铣子类型“型腔铣”基本参数的设置

进入加工模块后，打开“型腔铣”参数设置对话框，如图 5-3 所示。

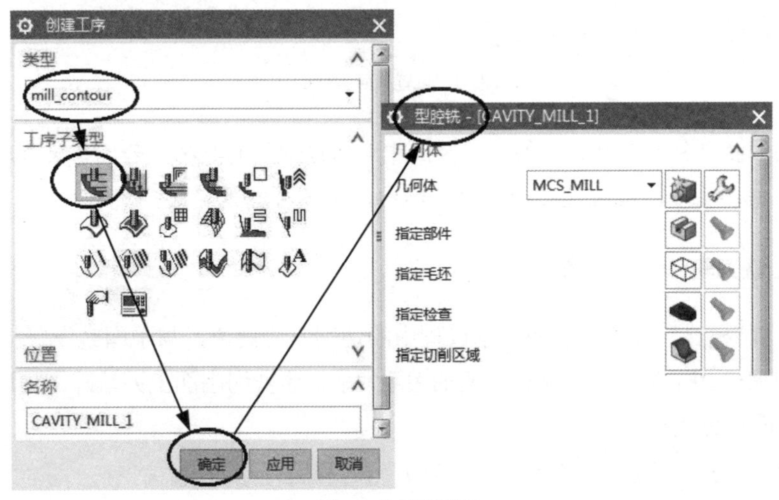

图5-3　创建型腔铣

1. 型腔铣几何体设置

(1) “部件”用于表示加工零件的几何对象，也就是描述完成的零件，它控制刀具运动范围，是系统计算刀轨的重要依据，可以通过选择特征、几何体(实体、面、曲面)和小面模型来指定部件。在实际加工过程中，一般指定一个零件实体作为加工的部件。

(2) “毛坯”是指将要加工的原材料。“毛坯”参数可以通过选择特征、几何体(实体、面、曲面)来定义。

(3) “检查体”用于描述不允许刀具切削的部位，如压板和夹具的位置。与平面铣不同的是，可以用实心体等几何对象定义任何形状的检查体。

(4) “切削区域”可以指定部件的某一区域作为加工的区域，从而限制刀轨的加工范围，它可以是部件几何体的一部分，也可以是部件几何体的整体。

(5) “修剪边界”用于进一步控制刀具的运动范围，其定义方式与平面铣的基本相同。

各参数说明如图 5-4 所示。

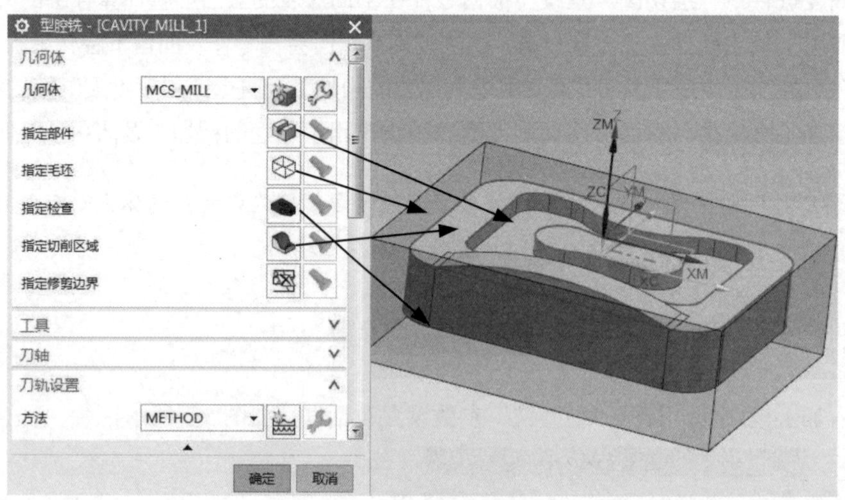

图5-4　设置几何体参数

型腔铣部件与毛坯可以共享父节点中几何体设置的数据，若已在父节点中设置好部件和毛坯，型腔铣对话腔中已继承，可不再选择定义。

2. 型腔铣刀轨参数的设置

(1) “切削模式”设置刀轨在切削过程中的切削路线规律，与平面铣设置相同。

(2) “步距”用于描述刀具路径之间的关系，是描述被切削面上刀轨疏密程度的一个参数量，与平面铣设置相同。

(3) “全局每刀深度”描述刀具在 *Z* 轴方向的每层背吃刀量。

(4) “切削层”用来定义刀具 *Z* 轴方向的切削深度，与平面铣的切削层有较大差别，它可以将总切削深度划分为多个切削范围，同一范围内的切削层深度相同，不同范围内的切削层深度可以不同，如图 5-5 所示。一般系统进入“切削层”对话框后就能产生默认的范围，它自动在部件几何体和毛坯几何体的最高点和最低点之间确定总切削深度，并作为一个范围，用平面三角符号表示切削层，用大三角形平面符号来显示切削范围，用较小的三角形平面符号来显示每层的背吃刀量，如图 5-6 所示。

在“型腔铣”对话框中，在没有指定部件几何体或毛坯几何体之前，切削层按钮不会出现。

(5)“切削参数”对话框中包括“策略”“余量”“拐角”“连接”“空间范围”和“更多”6个选项卡，如图5-7所示。

图5-5　“切削层”对话框

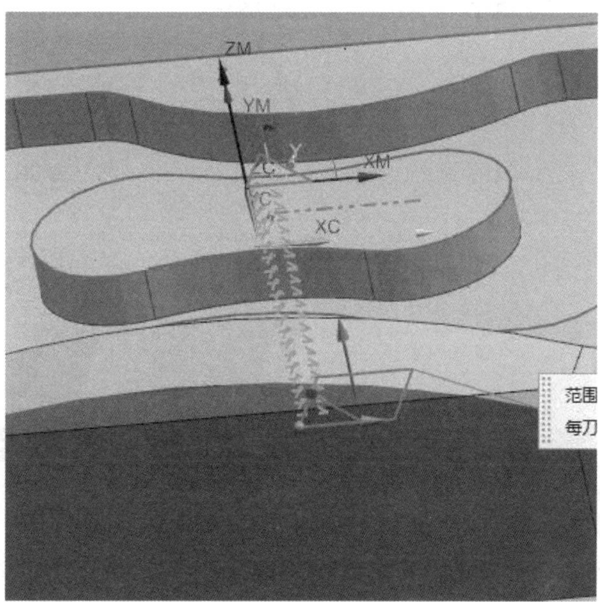

图5-6　生成切削层预览

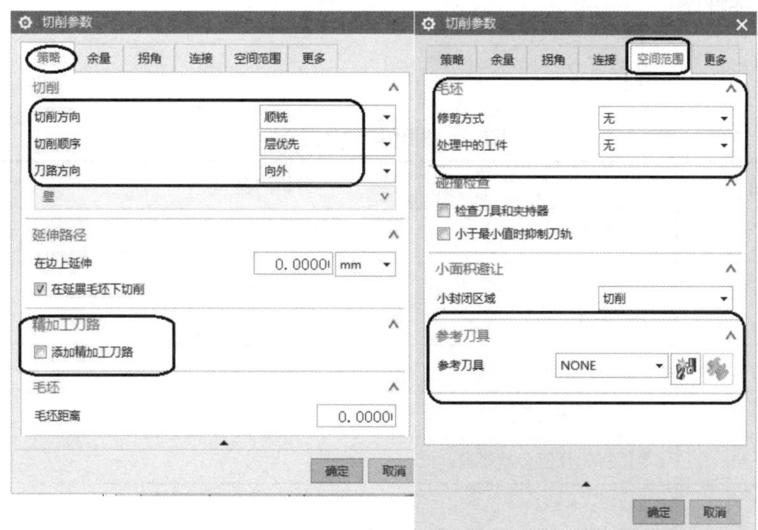

图5-7　“切削参数”对话框

“策略”选项卡主要定义切削方向和切削顺序，设置是否添加精加工刀轨，与平面铣不同的是，多一项“延伸刀轨”功能，可让刀轨延伸到加工轮廓外。

“余量”选项卡、“拐角”选项卡、“连接”选项卡参数设置与平面铣基本相同。

“空间范围”选项卡主要设置工件多次开粗的相关参数。

(6) “非切削移动”参数主要设置进、退刀方法，设定进、退刀点和安全地在区域之间移动刀具等参数，其设置与平面铣相同。在型腔铣中，封闭区域的进刀最好设置为“螺旋”或“沿形状斜进刀”，对于硬度较高的材料，倾斜角度值相对设置小些，以减轻刀具对工件的接触冲击力，如图 5-8 所示。

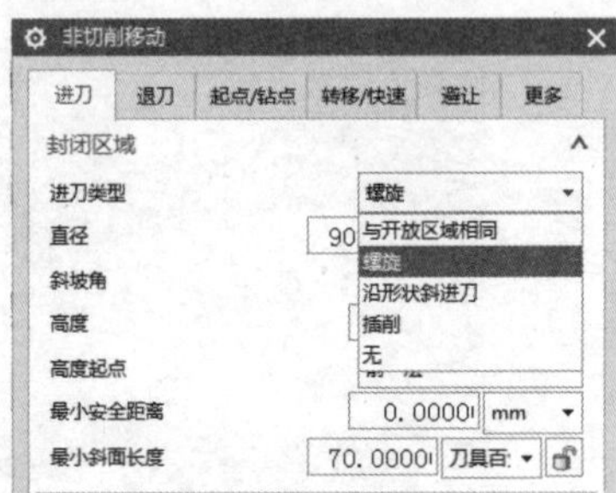

图5-8　封闭区域进刀

第二部分　计划与实施

一、生产前的准备

1. 阅读零件图

阅读零件图，完成表 5-2。

表5-2　曲面凹槽零件图分析

分析项目	分析内容
标题栏信息	零件名称： 零件材料： 毛坯规格：
零件形体	描述零件的主要结构：
尺寸公差	图样上标注公差的尺寸有：
几何公差	零件有无几何公差要求：
表面粗糙度	
其他技术要求	

2. 工具、量具准备

夹具：______________________________

刀具：______________________________

量具：______________________________

其他工具或辅件：______________________________

3.填写工序卡

完成工序卡的填写，如表 5-3 所示。

表5-3　曲面凹槽零件加工工序卡

<table>
<tr><td colspan="7" rowspan="6">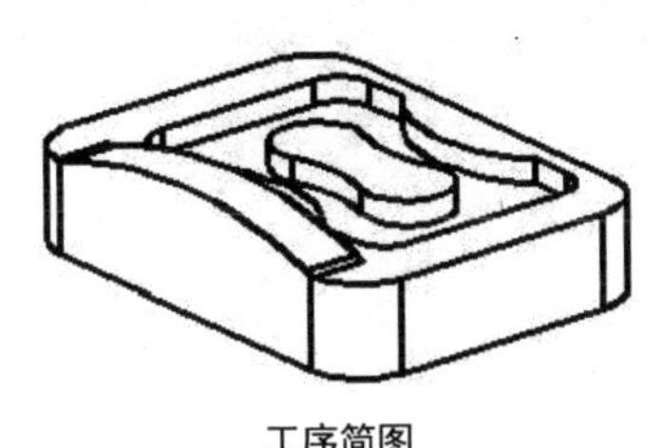
工序简图</td><td>零件图号</td><td colspan="2"></td></tr>
<tr><td>工序名称</td><td colspan="2"></td></tr>
<tr><td>车间</td><td colspan="2"></td></tr>
<tr><td>使用设备</td><td colspan="2"></td></tr>
<tr><td>夹具名称</td><td colspan="2"></td></tr>
<tr><td>夹具编号</td><td colspan="2"></td></tr>
<tr><td rowspan="2">工步</td><td rowspan="2">工步内容</td><td rowspan="2">程序名</td><td rowspan="2">刀具名称</td><td colspan="3">切削用量</td><td colspan="2">余量/mm</td><td rowspan="2">备注
(程序号)</td></tr>
<tr><td>主轴转速
/(r•min^{-1})</td><td>进给量
/(mm•min^{-1})</td><td>切削深度
/mm</td><td>侧面</td><td>底面</td></tr>
<tr><td>1</td><td>型腔铣：粗加工工件</td><td>KC1</td><td>D12</td><td>4000</td><td>1000</td><td>1</td><td></td><td></td><td>O5001</td></tr>
<tr><td>2</td><td>型腔铣：二次开粗</td><td>KC2</td><td>D8</td><td>4500</td><td>800</td><td>2</td><td>0.15</td><td>0.15</td><td></td></tr>
<tr><td>3</td><td>深度轮廓铣：精加工侧面</td><td></td><td>D8</td><td>4500</td><td>800</td><td>1</td><td></td><td></td><td></td></tr>
<tr><td>4</td><td>平面铣：精加工凹槽底面</td><td></td><td>D8</td><td>4500</td><td>800</td><td>5</td><td></td><td></td><td></td></tr>
<tr><td>5</td><td>曲面轮廓铣：流线精加工曲面</td><td></td><td>D10R5</td><td>4000</td><td>800</td><td></td><td></td><td></td><td></td></tr>
<tr><td></td><td></td><td></td><td></td><td></td><td></td><td></td><td></td><td></td><td></td></tr>
<tr><td></td><td></td><td></td><td></td><td></td><td></td><td></td><td></td><td></td><td></td></tr>
<tr><td>编制</td><td></td><td></td><td>审核</td><td></td><td>批准</td><td></td><td colspan="2">共　页</td><td>第　页</td></tr>
</table>

二、自动编程

根据填写的加工工序卡，使用 CAD/CAM 软件绘制零件的三维模型，生成加工刀具路径，并将刀具路径后处理为数控加工程序，程序名与加工工序卡里的程序名一致。

1. 加工机床几何体处理

(1) 毛坯体准备。启动 NX10.0，打开 3D 图档 05.prt，读图得知工件的坐标系原点在四面分中的顶平面上。单击______按钮创建方块，自动弹出操作对话框，选择________的类型，选择_______对象，根据图纸输入间隙值_______，设置 Z 轴正向间隙值________，改变 Z 轴负向间隙值_________，单击“确定”按钮，完成毛坯体创建，如图 5-9 所示。单击________按钮，自动弹出对话框，选择刚建立的毛坯体，按______键确定，在“编辑对象显示”对话框中拖动“透明度”滑条，使毛坯体显示为透明状态。

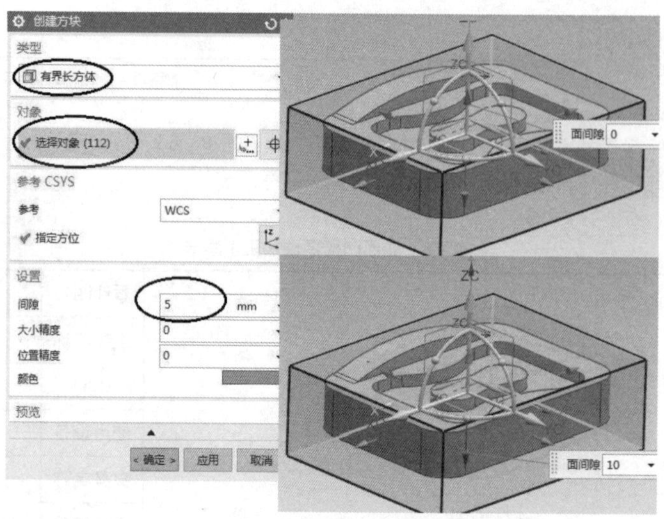

图5-9　建立毛坯体

(2) 加工坐标准备。单击_____按钮，在下拉列表中选择________，进入加工模块，在弹出的“加工环境”对话框中单击“确定”按钮。在侧边栏中单击___________按钮，展开加工操作导航器。在操作导航器空白处右击，在下拉菜单中选择_____视图，双击 MCS_MILL，进入加工坐标设定对话框，此时，工作坐标系与加工坐标系重合，在“间隙”选项中指定加工“安全平面”高度。

(3) 加工几何体准备。双击 MCS_MILL 下的 WORKPIECE，进入“工件”对话框，完成部件与毛坯的设置，操作如图 5-10 所示。

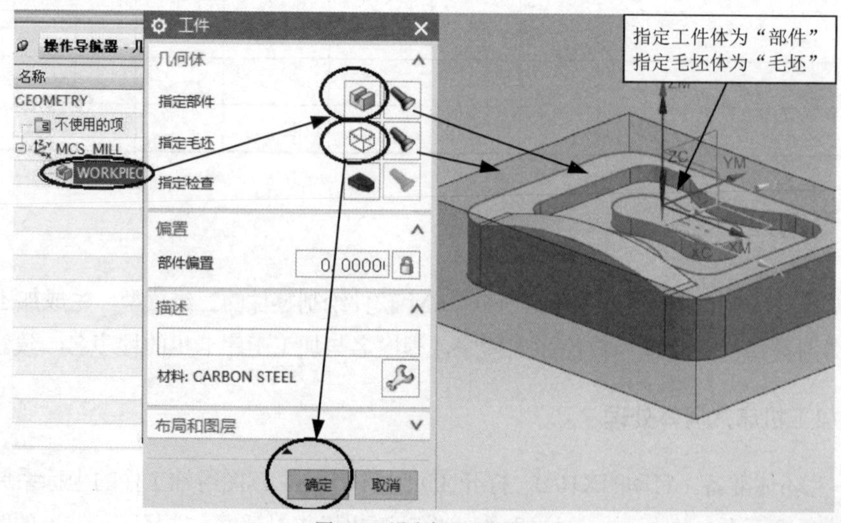

图5-10　设定加工几何体

2. 型腔铣：对工件进行第一次粗加工

(1) 创建“型腔铣”操作。单击操作工具条中的________按钮，在“创建工序”对话框中选择加工类型为________，在操作子类型中选择________，在几何体中选择__________，在名称中输入__________，操作如图 5-11 所示。

如果在父节点 WORKPIECE 中设置好了部件和毛坯，型腔铣会自动继承，此图标变灰并可浏览，所以不用再选择，如图 5-12 所示。

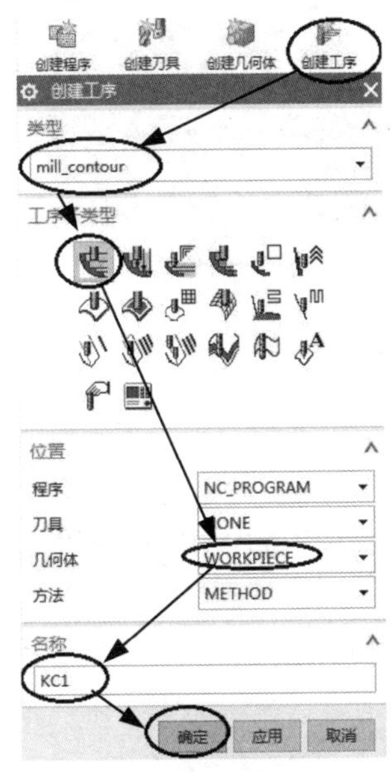

图5-11　创建型腔铣

图5-12　设定几何体

(2) 创建 D12 刀具。单击_____按钮，在刀具子类型中选定_____，在名称中输入________。在刀具参数中，输入刀具直径为________，底圆角半径为________，刀具号和补偿号分别为________和________。

(3) 设置刀轨参数。采用______的切削模式，平面直径百分比为______，设置范围类型为_____，切削层为______，公共每刀切削深度为______ 最大距离为______ mm，分别选中工件的上顶面和深度为 20mm 的平面作为切削范围，单击“确定”按钮完成切削层设置，如图 5-13 所示。单击____按钮，进入“策略” 选项卡，定义切削方向为______，切削顺序为________，在“余量”选项卡中，设置部件余量为_______。单击_______按钮，进入非切削参数设置的“进刀”选项卡，在“封闭区域”设置形式为螺旋，螺旋直径为______，倾斜角度为_______，高度为_______。在“开放区域”设置形式为圆弧，半径为_______，角度为_______。

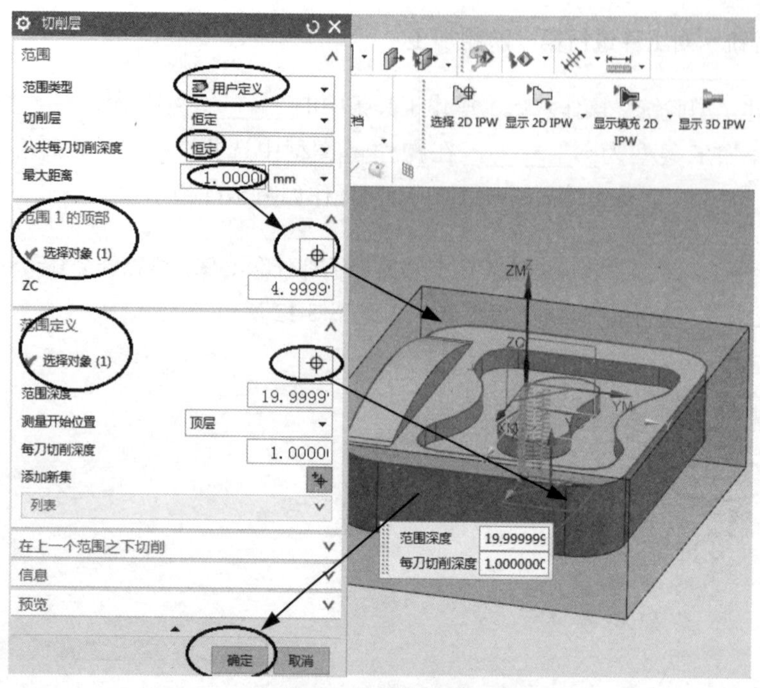

图5-13　设定切削参数

(4) 设定进给速度。单击________按钮，勾选对话框中的“主轴速度”复选框，输入转速为________，切削速度为________。

(5) 单击________按钮，计算生成刀轨，如图 5-14 所示。

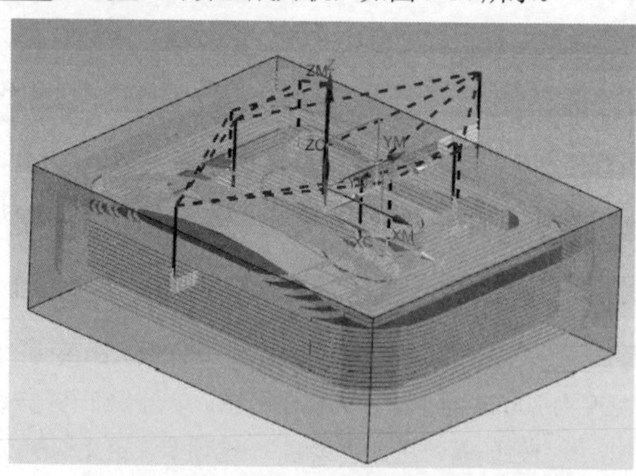

图5-14　生成刀轨

(6) 仿真加工。在操作导航器中选中 KCI，单击________按钮，进入“可视化刀轨”对话框，选择播放刀轨的形式(有重播、3D 动态、2D 动态三种)，按“播放”键即可模拟加工过程，操作和结果如图 5-15 所示。

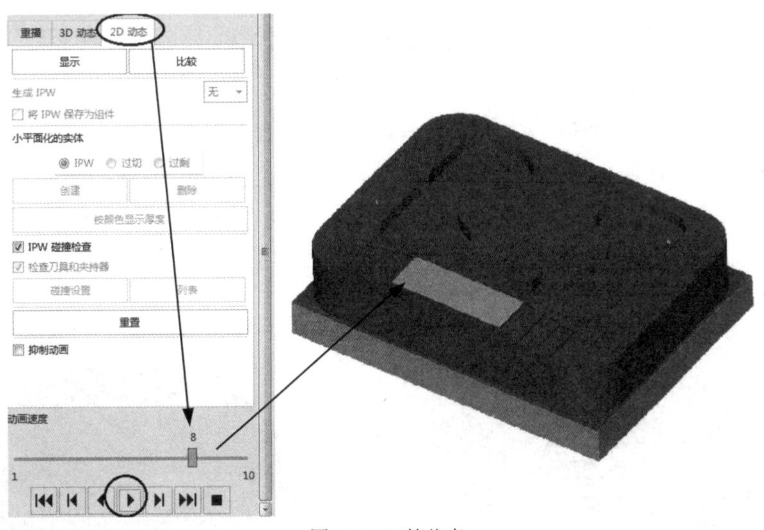

图5-15　刀轨仿真

3. 型腔铣：“使用3D”的IPW进行二次开粗

(1) 创建“型腔铣”二次开粗操作。在操作导航器中，选中上一步创建的型腔铣操作，右击，在弹出的快捷菜单中选择“复制”；再选中 KC1，右击，在弹出的快捷菜单中选择“粘贴”；在 KC1 下方便多一个操作 KC1-COPY，选中 KC1-COPY，右击，在弹出的快捷菜单中选择“重命名”，命名为 KC2。双击，打开型腔铣参数设置对话框。

(2) 创建 D8 刀具。单击______按钮，在刀具子类型中选定______，在名称中输入________。在刀具参数中，输入刀具直径为________，底圆角半径为________，刀具号和补偿号分别为________和________。

(3) 设置刀轨参数。采用______的切削模式，平面直径百分比为______，公共每刀切削深度为______ 最大距离为______ mm，单击____按钮，在“余量”选项卡中，设置部件余量为_______。在“空间范围”选项卡中定义“处理中的工件”为“使用 3D”，如图 5-16 所示。

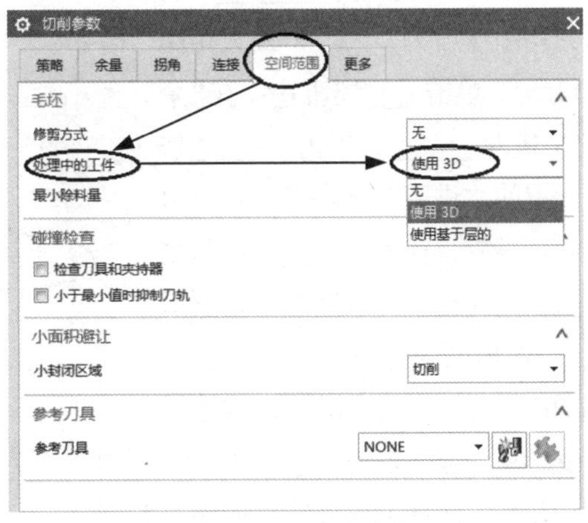

图5-16　设定切削参数

(4) 设定进给速度。单击________按钮，勾选对话框中的“主轴速度”复选框，输入转速为________，切削速度为________。

(5) 单击________按钮，计算生成刀轨，如图5-17所示。

(6) 仿真加工。在操作导航器中选中KC2，单击________按钮，进入“可视化刀轨”对话框，选择播放刀轨的形式(有重播、3D动态、2D动态三种)，按“播放”键即可模拟加工过程，结果如图5-18所示。

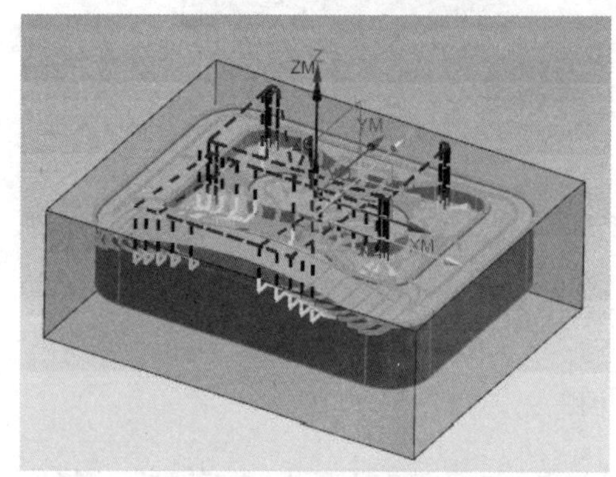

图5-17 生成刀轨

图5-18 仿真结果

4. 深度轮廓加工：精加工工件侧面

(1) 创建“型腔铣”操作。单击操作工具条中的___按钮，在“创建工序”对话框中选择加工类型为_______，在操作子类型中选择__________，在几何体中选择___________，在名称中输入___________，操作如图5-19所示。

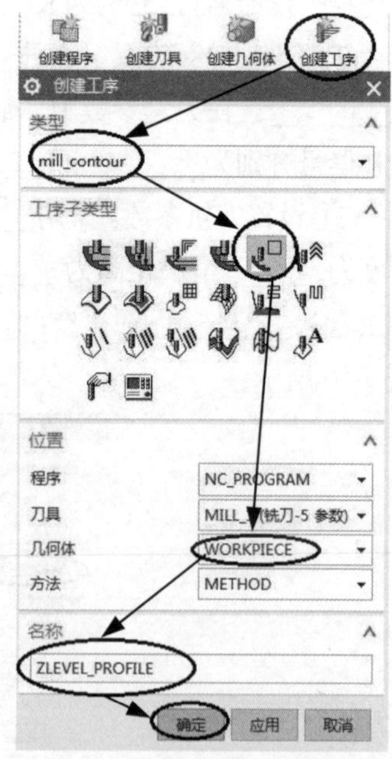

图5-19 创建型腔铣深度轮廓加工

(2) 选择D8刀具。

(3) 设置刀轨参数。采用______的切削模式，平面直径百分比为________，设置范围类型为_______，切削层为______，公共每刀切削深度为______，最大距离为______mm，如图5-20所示。单击____按钮，在“余量”选项卡中，设置部件余量为_______。单击_______按钮，进入非切削参数设置的“进刀”选项卡，在“封闭区域”设置形式为螺旋，螺旋直径为______，倾斜角度为_______，高度为_______。在“开放区域”设置形式为圆弧，半径为_______，角度为_______。

(4) 设定进给速度。单击________按钮，勾选对话框中的“主轴速度”复选框，输入转速为________，切削速度为________。

(5) 单击________按钮，计算生成刀轨，如图5-21所示。

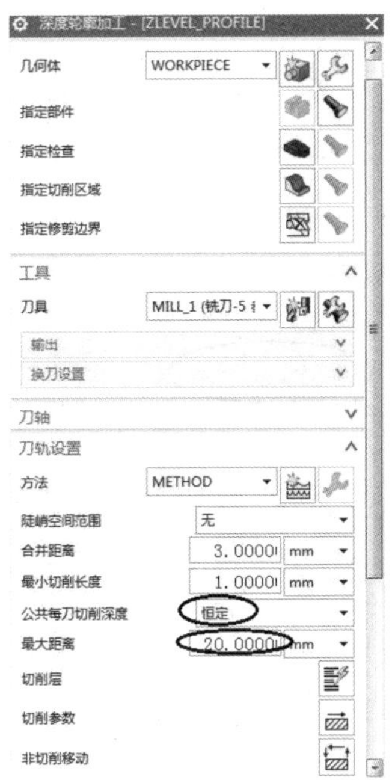

图5-20　设置刀轨参数

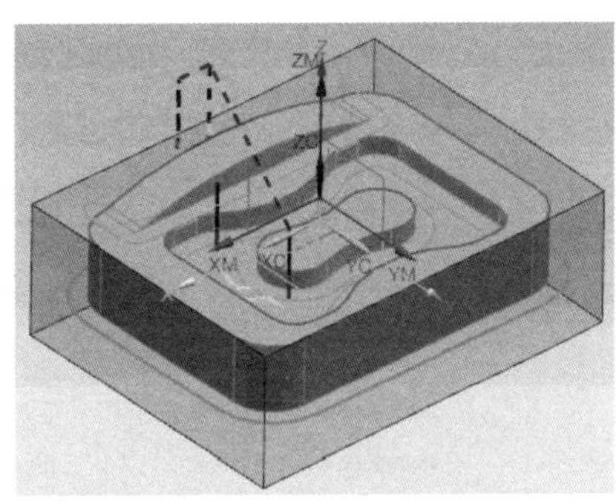

图5-21　生成刀轨

5. 平面铣底壁加工：精加工工件凹槽底面

(1) 创建“底壁加工”操作。单击操作工具条中的______按钮，在“创建工序”对话框中选择加工类型为__________，在操作子类型中选择__________，在几何体中选择__________，在名称中输入_________。

(2) 设定切削区底面。选择两个平面，操作如图5-22所示。

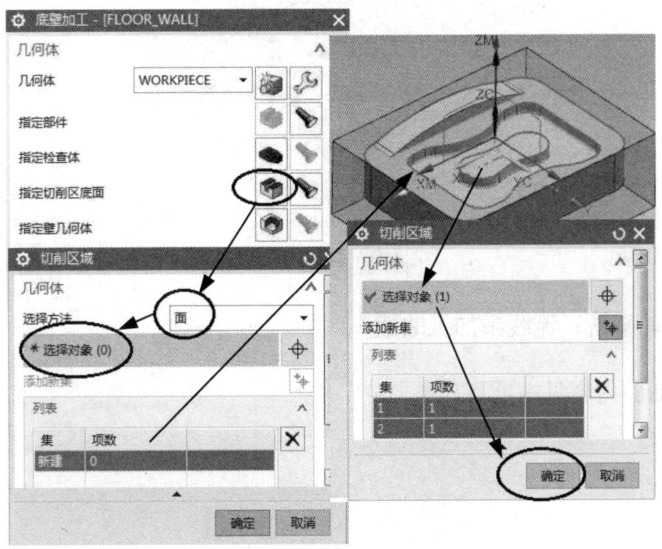

图5-22　设定切削区底面

(3) 选择 D8 铣刀。

(4) 设置刀轨参数。切削区域空间范围为__________，采用__________的切削模式，平面直径百分比为________，每刀切削深度为________，部件余量为________，操作如图 5-23 所示。

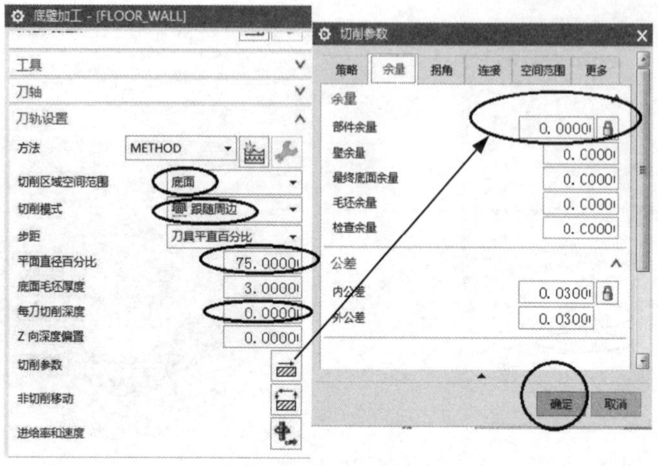

图5-23　设置刀轨参数

(5) 设定进给速度。单击________按钮，勾选对话框中的“主轴速度”复选框，输入转速为________，切削速度为______。

(6) 单击________按钮，计算生成刀轨，如图 5-24 所示。

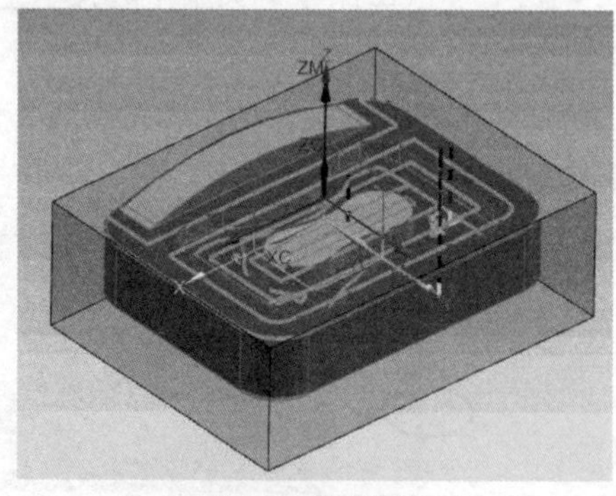

图5-24　生成刀轨

6. 固定曲面轮廓铣：流线精加工曲面

流线精加工曲面内容见本项目任务二。

三、零件的加工

1. 填写生产流程表

分步完成零件的加工，填写生产流程表，如表 5-4 所示。

表5-4　曲面凹槽零件加工生产流程表

序号	生产内容	结果记录
1	装夹工件、刀具，对刀，建立工作坐标系	
2		
3		
4		
5		
6		
7		
8		

2. 测量工件尺寸

完成加工后，测量工件尺寸，并填写表 5-5。

表5-5　曲面凹槽零件加工尺寸测量评价表

序号	考核内容	考核要求	配分	评分标准	自检	互检	得分
1	20	±0.1	10	超差不得分			
2	80±0.02		10	超差不得分			
3	60±0.02		10	超差不得分			
4	60±0.02		10	超差不得分			
5	42	±0.1	10	超差不得分			
6	4×*R*10	±0.1	10	超差不得分			
7	2×*R*7.5	±0.1	10	超差不得分			
8	4×*R*6	±0.1	10	超差不得分			
9	35	±0.1	10	超差不得分			
10	30	±0.1	10	超差不得分			

第三部分　评价与反馈

一、自我评价

自我评价如表 5-6 所示。

表5-6　曲面凹槽零件加工自我评价表

班级：　　　　　　　　姓名：　　　　　　　　学习任务名称：

序号	评价项目	是	否
1	是否能正确分析零件形体		
2	前置作业是否全部完成		
3	是否完成了小组分配的任务		
4	是否认为自己在小组中不可或缺		
5	是否严格遵守课堂纪律		
6	在学习过程中，是否主动帮助其他同学		
7	对自己的表现是否满意		

二、小组评价

小组评价如表 5-7 所示。

表5-7　曲面凹槽零件加工小组评价表

序号	评价项目	评分(1～10)
1	有团队合作意识，注重沟通	
2	能自主学习并相互协作，尊重他人	
3	学习态度积极主动，能参加安排的活动	
4	服从教师的教学安排，遵守学习场所的管理规定，遵守纪律	
5	能正确地领会他人提出的学习问题	
6	对工作岗位的责任心	
7	能正确对待肯定和否定的意见	
8	团队学习中主动与合作的情况	

评价人：　　　　　　　　　　　　　　　　　　　　年　月　日

三、教师评价

教师评价如表 5-8 所示。

表5-8　曲面凹槽零件加工教师评价表

序号	评价项目	教师评价			
		优	良	中	差
1	按时上、下课				
2	着装符合要求				

(续表)

序号	评价项目	教师评价			
		优	良	中	差
3	遵守课堂纪律				
4	学习的主动性和独立性				
5	工具、仪器使用规范				
6	主动参与工作现场的6S工作				
7	工作页填写完整				
8	与小组成员积极沟通，并协助其他成员共同完成学习任务				
9	快速查阅各种手册等资料				
10	教师综合评价				

任务二　固定轴曲面轮廓铣

学习目标

通过曲面凹槽零件(见图5-1)加工的学习，学生能够:

1. 熟悉UG加工编程命令和加工流程操作。
2. 理解型腔铣的加工特点，理解型腔铣各参数的作用和设置方法。
3. 学会UG型腔铣编程方法，对模型进行编程加工操作。
4. 学会固定轴曲面轮廓铣削加工方法。
5. 学会用MasterCAM软件传输程序。

建议学时

4学时。

第一部分　学习准备

一、型腔铣的子类型

在加工工具条中单击“创建工序”按钮，系统会弹出“创建工序”对话框，选择类型为 mill_contour，即选择了型腔铣加工模板。在此模板中，表 5-9 中的子类型属于固定轴曲面轮廓铣。

表5-9 常用型腔铣子类型说明

图标	英文	中文	说明
	FIXED_CONTOUR	固定轴曲面轮廓铣	基本用于以各种驱动方法、空间范围和切削模式对部件或切削区域进行轮廓铣。刀轴是+ZM
	CONTOUR_AREA	区域轮廓铣	与固定轴曲面轮廓铣基本相同，默认设置区域驱动方法
	CONTOUR_SURFACE_AREA	曲面区域轮廓铣	与固定轴曲面轮廓铣基本相同，默认设置曲面驱动方法
	STREAMLINE	曲面轮廓铣	与固定轴曲面轮廓铣基本相同，默认设置曲线、边缘、点和曲面驱动方法
	CONTOUR_AREA_NON_STEEP	非陡峭轮廓铣	与固定轴曲面轮廓铣基本相同，默认设置非陡峭约束，角度为65°的区域轮廓铣
	CONTOUR_AREA_DIR_STEEP	陡峭曲面轮廓铣	与固定轴曲面轮廓铣基本相同，默认设置陡峭约束，角度为65°的区域轮廓铣
	FLOWCUT_SINGLE	单路径清根铣	与固定轴曲面轮廓铣基本相同，默认的驱动方法是 FLOWCUT，只创建单一清根路径
	FLOWCUT_MULTIPLE	多路径清根铣	与固定轴曲面轮廓铣基本相同，默认的驱动方法是 FLOWCUT，可创建多道清根路径
	FLOWCUT_REF_TOOL	参考刀具清根铣	与固定轴曲面轮廓铣基本相同，默认的驱动方法是 FLOWCUT，可创建多道清根路径，清根方法可选择参考刀具
	SOLID_PROFILE_3D	实体轮廓3D	用于精加工需要3D轮廓边(如在修边模上发现的)的竖直壁
	PROFILE_3D	轮廓3D	用于线框模型
	CONTOUR_TEXT	轮廓文本	加工简单文本，如编识号
	MILL_USER	自定义方式	用自定义参数来建立操作
	MILL_CONTROL	机床控制	建立机床控制操作

表 5-9 所示子类型的主要区别是加工时的驱动方法不同，在通用子类型固定轴曲面轮廓铣里通过变换不同的驱动方法，便可得到不同的子类型，所以在实际应用中，固定轴曲面轮廓铣子类型最为常用。

二、固定轴曲面轮廓铣的加工特点

固定轴曲面轮廓铣简称固定轴铣，在加工过程中，刀轴与指定的方向始终平行，也就是刀轴固定。固定轴曲面轮廓铣提供多种驱动方法和走刀方式，指定零件几何体和驱动几何体，系统会将驱动几何体的点沿着刀轴方向投影到零件几何体上，然后再将加工刀具定位到零件几何体上以生成刀轨。固定轴曲面轮廓铣常用于由轮廓面区域构成的半精加工、

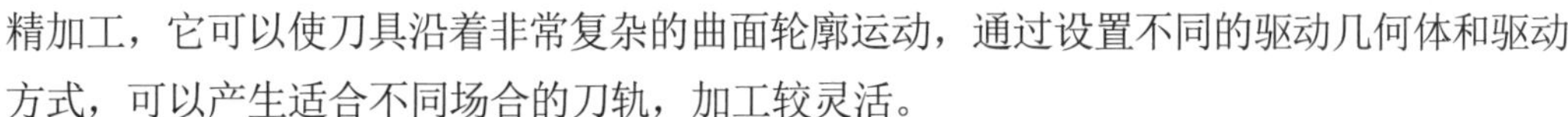

精加工，它可以使刀具沿着非常复杂的曲面轮廓运动，通过设置不同的驱动几何体和驱动方式，可以产生适合不同场合的刀轨，加工较灵活。

三、固定轴曲面轮廓铣基本参数的设置

进入加工模块后，打开“固定轮廓铣”参数设置对话框，如图 5-25 所示。

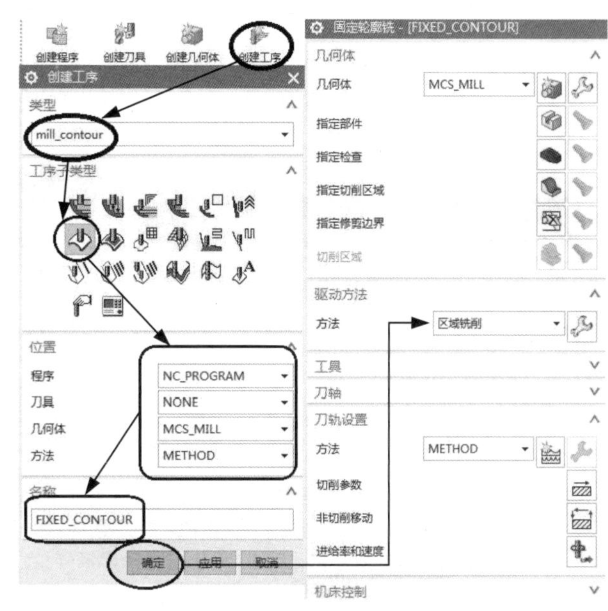

图5-25　创建固定轮廓铣

1. 固定轴曲面轮廓铣几何体设置

(1) “部件”用于表示加工零件的几何对象，也就是描述完成的零件，它控制刀具运动范围，是系统计算刀轨的重要依据，可以通过选择特征、几何体(实体、面、曲面)和小面模型来指定部件。在实际加工过程中，一般指定一个零件实体作为加工的部件。

(2) “检查体”用于描述不允许刀具切削的部位，如压板和夹具的位置。与平面铣不同的是，可以用实心体等几何对象定义任何形状的检查体。

(3) “切削区域”可以指定部件的某一区域作为加工的区域，从而限制刀轨的加工范围，它可以是部件几何体的一部分，也可以是整个部件几何体。

(4) “修剪边界”用于进一步控制刀具的运动范围，其定义方式与平面铣的定义方式基本相同。

2. 固定轴曲面轮廓铣驱动方法

驱动方法是定义生成刀轨所需要的驱动点的方法，它决定了能选择的驱动几何体类型。固定轴曲面轮廓铣提供了多种驱动方法，如图 5-26 所示，常用的有曲线/点、螺旋式、边界、区域铣削、曲面、流线等驱动方法。

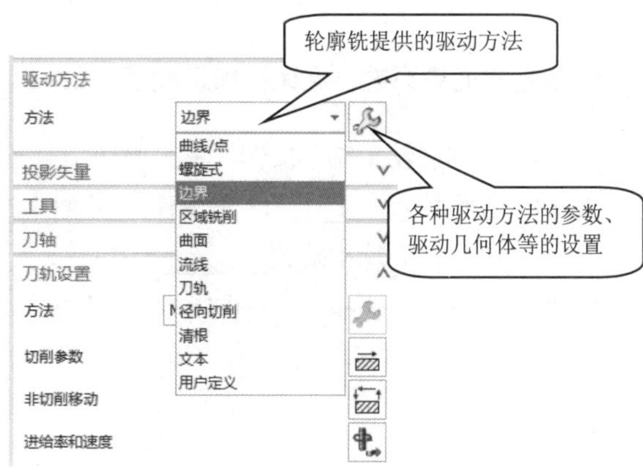

图5-26　固定轴曲面轮廓铣驱动方法

3. 固定轴曲面轮廓铣刀轨参数的设置

(1) “切削参数”与型腔铣的参数基本相同，包括“策略”“多刀路”“余量”“拐角”“连接”“安全设置”“空间范围”和“更多”等选项卡，比型腔铣多一个“多刀路” 的选项卡。当精加工的余量比较大、一层切削还不能完成精加工的情况下，可设置“部件余量偏置”值，采用“多重深度切削”的方法，逐层切除余量，如图 5-27 所示。

(2) “非切削移动”参数主要设置进、退刀方法，设定进、退刀点和安全地在区域之间移动刀具等参数，如图 5-28 所示。与型腔铣不同的是，在“进刀”选项中，只有开放区域的进、退刀设置。

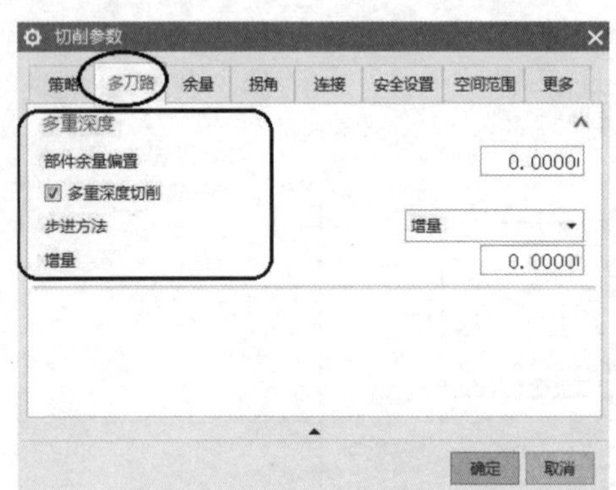

图5-27　固定轮廓铣切削参数

图5-28　固定轮廓铣非切削移动参数

第二部分　计划与实施

本项目任务一中固定曲面轮廓铣流线精加工曲面内容如下。

一、自动编程

1. 固定曲面轮廓铣：流线精加工曲面

(1) 创建“曲面轮廓铣”操作。单击操作工具条中的___按钮，在“创建工序”对话框中选择加工类型为________，在操作子类型中选择_________按钮，在几何体中选择___________，在名称中输入___________。

(2) 选定几何体。选择_____作为部件，选择_____作为切削区域，操作如图 5-29 所示。

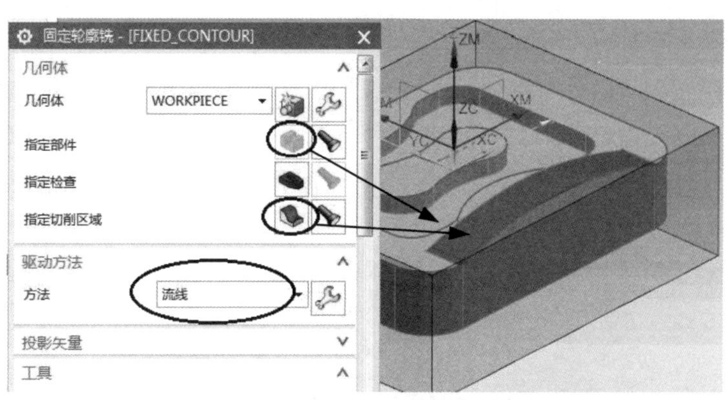

图5-29　选定几何体

(3) 选定驱动方法。选择流线作为本操作的驱动方法。选择步距为_____，步距数为_____，操作如图 5-30 所示。

(4) 创建 D10R5 刀具。单击_____按钮，刀具子类型中选定_____，在名称中输入________。在刀具参数中，输入刀具直径为________，底圆角半径为________，刀具号和补偿号分别为________和________。

(5) 设置刀轨参数。单击____按钮，在“余量”选项卡中，设置部件余量为_______，公差分别为________和________。单击________按钮，进入非切削参数设置的“进刀”选项卡，在“开放区域”设置形式为“圆弧-平行于刀轴”，如图 5-31 所示。

图5-30　驱动方法参数

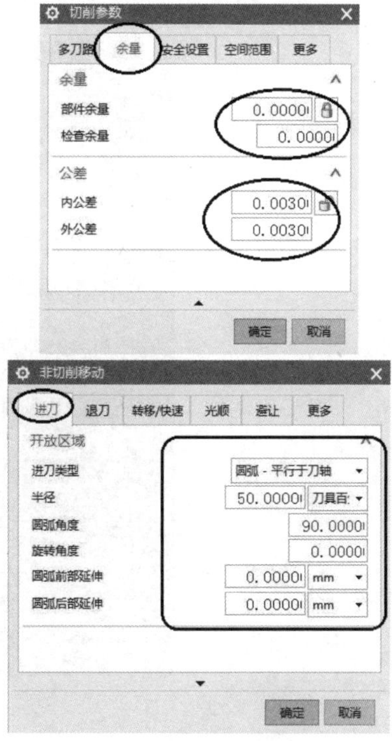

图5-31　设定切削参数

(6) 设定进给速度。单击________按钮，勾选对话框中的“主轴速度”复选框，输入转速为________，切削速度为________。

(7) 单击________按钮，计算生成刀轨，如图 5-32 所示。

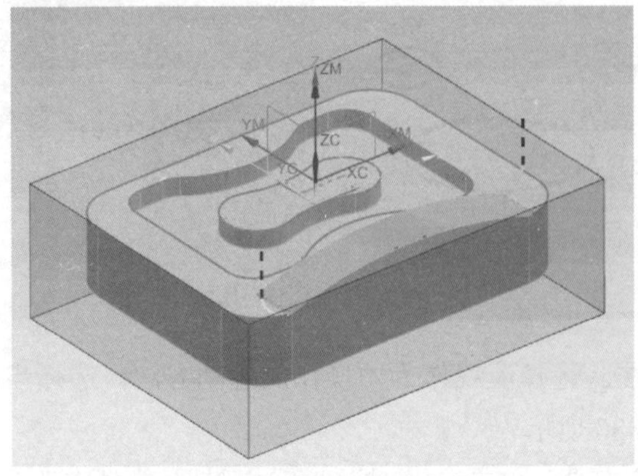

图5-32　生成刀轨

二、程序的传输

用 MasterCAM 软件传输程序的步骤如下。

(1) 在机床操作面板上，先按________，后按________，再按________，把进给调到零，转速调到 100%，按“循环启动”按钮，进入等待传输界面，如图 5-33 所示。

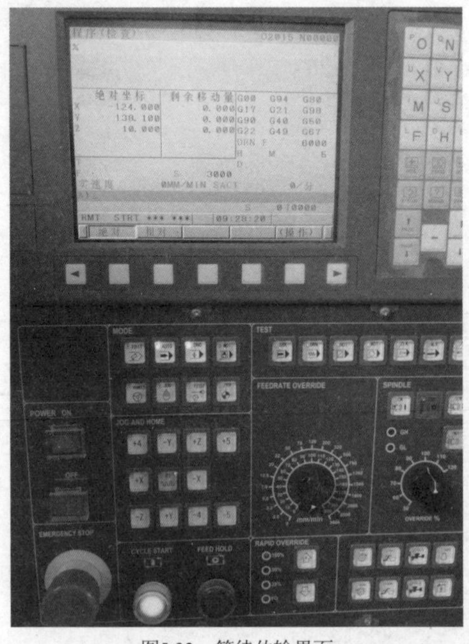

图5-33　等待传输界面

(3) 在计算机上打开 MasterCAM 软件，进入“传输参数”设置界面。格式为________，通讯设置为________，传输速率为________，同位检查为________，资料位元为________，停止位元为________，单击“传送”按钮，操作如图 5-34 所示。

(3) 单击________“传送”按钮，找到相应的程序并打开，操作如图 5-35 所示。

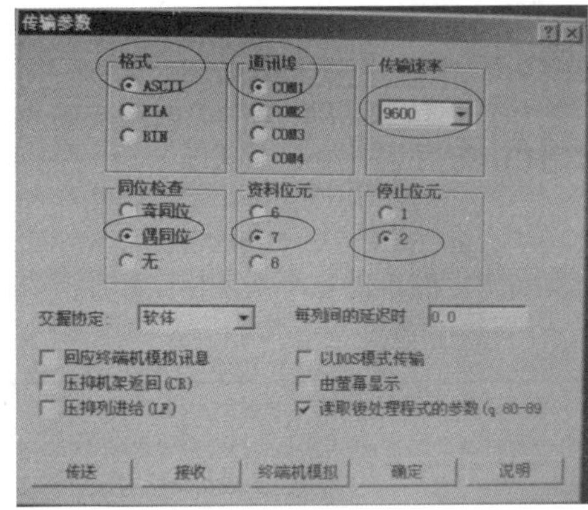

图5-34　传输参数设置

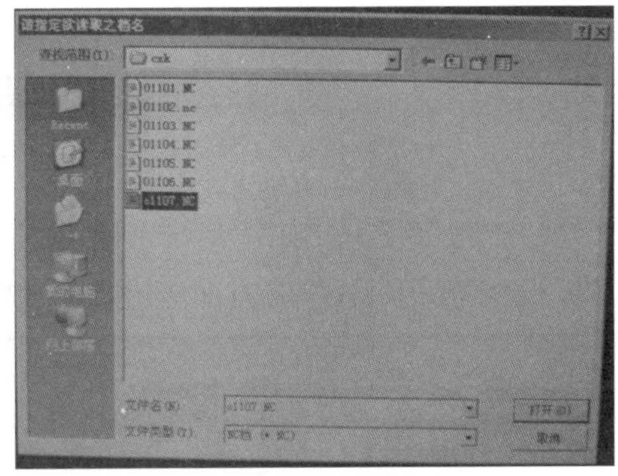

图5-35　选择传输程序

(4) 在机床显示屏上检查程序，确认无误后，把进给率调到 100%，运行程序，如图 5-36 所示。

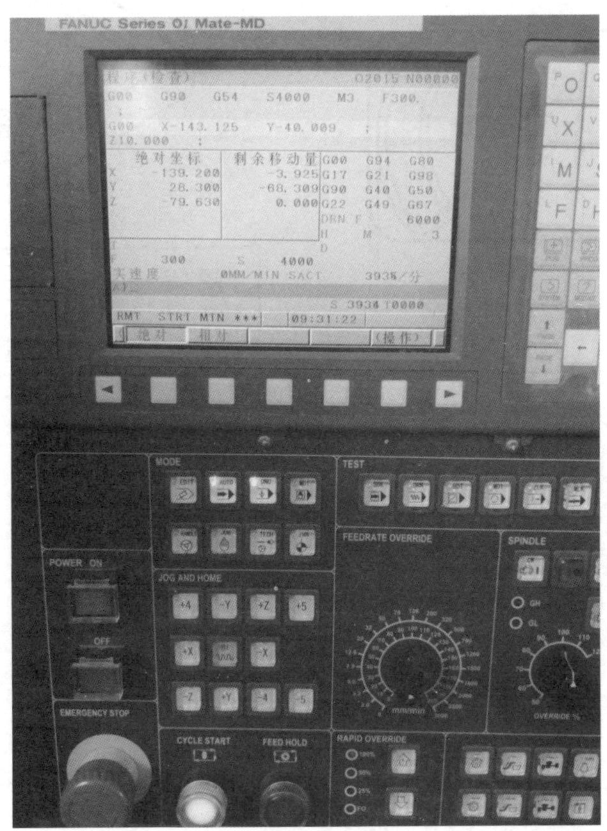

图5-36　运行程序

第三部分 评价与反馈

评价与反馈内容见本项目任务一中的评价和反馈。

第四部分 拓展

要完成 100 件图 5-37 所示凸圆台的加工，与前面制订的单件生产工艺相比，在夹具、刀具、工艺流程、程序等方面应进行哪些修改？

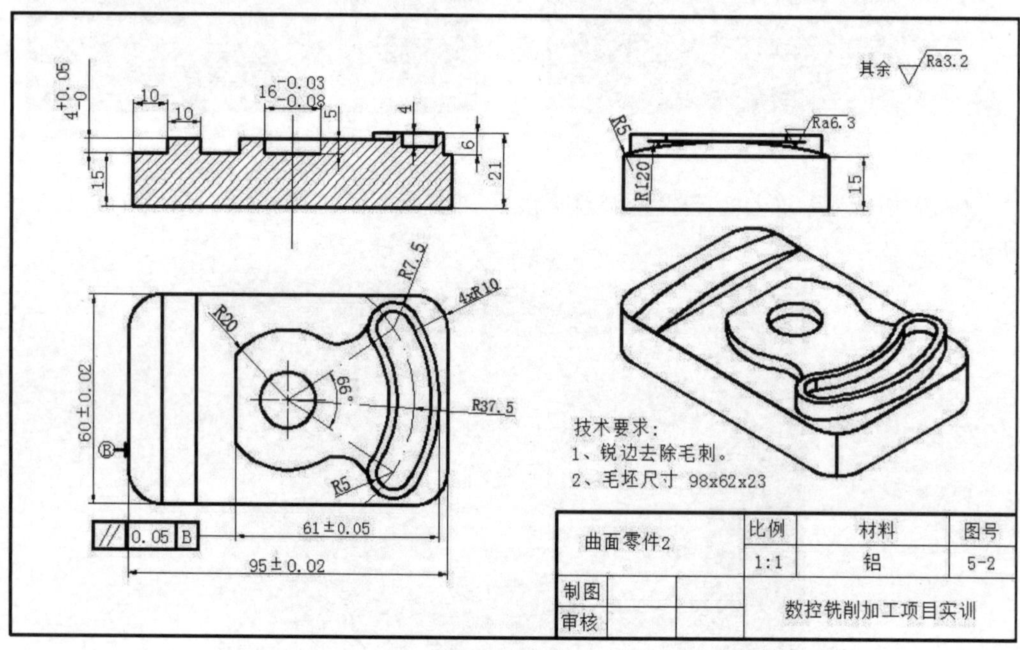

图5-37 凸圆台

模块三

模具零件的 UG 软件编程加工模块

项目六 模具型腔固定板的加工

学习目标

通过模具型腔固定板(见图6-1)加工的学习，学生能够:

1. 熟悉UG加工编程命令和加工流程操作。

2. 熟练运用UG型腔铣编程方法，对零件进行编程加工操作。

3. 学会UG孔的编程加工方法及加工孔的操作。

4. 按照企业的生产要求，根据零件图样，以小组工作的形式，制订平面零件的加工工艺。

5. 严格按照安全操作规程，在自动模式下完成工件的加工。

建议学时

16学时。

学习结构

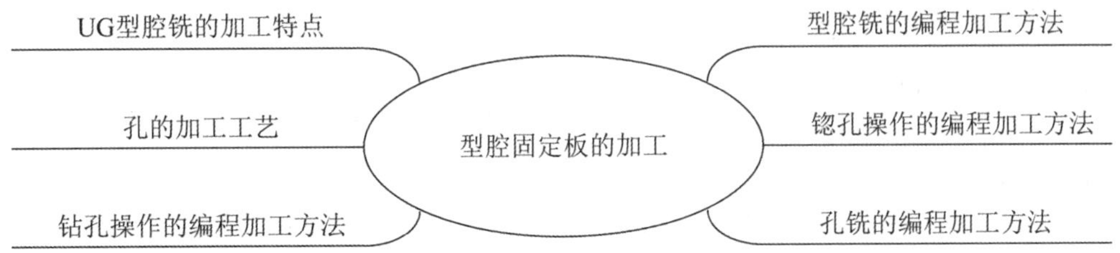

学习任务描述

某公司委托加工凳子模具型腔固定板(见图6-1)，要求在1天内完成加工。生产管理部门下达加工任务，工期为1天，任务完成后提交成品及检测报告。

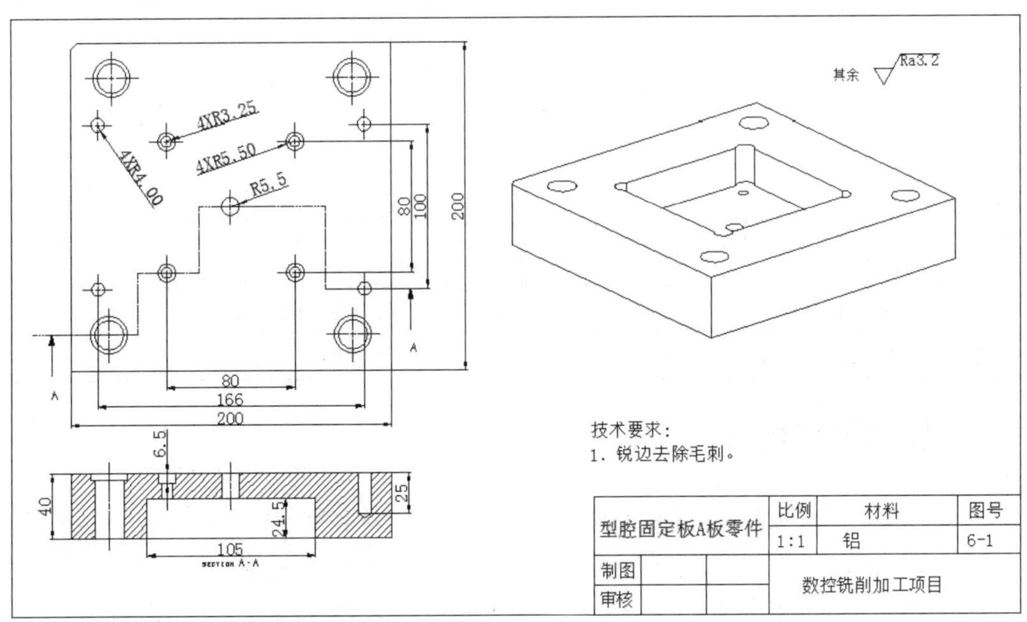

图6-1　型腔固定板

第一部分　学习准备

一、孔加工的子类型

在加工工具条中单击“创建工序”按钮，系统会弹出“创建工序”对话框，选择类型为 drill，即选择了孔加工模块。在此模块中，常用孔铣削加工子类型如表 6-1 所示。

表6-1　常用孔铣削加工子类型说明

图标	英文	中文	说明
	SPOT_FACING	锪孔	切削轮廓曲面上的圆形，平整面上点对点钻孔工序，创建面多安置螺栓头或垫圈
	SPOT_DRILLING	定心钻	准备钻孔工序时，切削到指定刀尖或刀肩深度的点对点钻孔工序
	DRILLING	钻孔	执行送入至深度在盲孔和通孔上快速退刀的基础点到点钻孔
	PECK_DRILLING	啄钻	送入增量以进行断屑后从孔完全退刀的点到点的钻孔工序，用于钻深孔
	BREAKCHIP_DRILLING	断屑钻	送入增量以进行断屑后轻微退刀的点到点的钻孔工序，用于钻深孔
	BORING	镗孔	用于扩大已预钻的孔
	REAMING	铰孔	增加预钻孔的大小和精确度
	COUNTERBORING	沉头孔加工	切削平整面上以扩大孔顶部点对点钻孔工序，创建面多安置螺栓头或垫圈
	COUNTERSINKING	钻埋头孔	切削圆锥面上以扩大孔顶部点对点钻孔工序
	TAPPING	攻丝	加工盲孔和通孔的螺纹
	HOLE_MILLING	孔铣	以螺纹铣方式加工盲孔和通孔或凸台
	THREAD_MILLING	螺纹铣	加工孔或凸台的螺纹

二、孔加工的加工特点

孔的加工方法一般是先中心钻定位，然后钻孔；根据精度和表面质量确定是否要铰孔，如果孔的直径较大，可以钻孔后扩孔或直接孔铣；孔边缘倒角采用锪孔。

常用孔的加工方法有钻孔、扩孔、铰孔、粗精镗孔及攻螺纹等，如表 6-2 所示。

表6-2　孔的加工方法推荐

单位：mm

孔的精度	有无预孔	孔尺寸				
		0～12	12～20	20～30	30～60	60～80
IT9-IT11	无	钻—铰	钻—扩		钻—扩—镗(或铰)	
	有	粗扩—精扩或粗镗—精镗(余量少，可一次性扩孔或镗孔)				
IT8	无	钻—铰—铰	钻—扩—精镗(或铰)		钻—扩—粗镗—精镗	
	有	粗镗—半精镗—精镗(或精铰)				
IT7	无	钻—粗铰—精铰	钻—扩—粗铰—精铰或钻—扩—粗镗—半精镗—精镗			
	有	粗镗—半精镗—精镗(如仍达不到精度，还可进一步采用精细镗)				

第二部分　计划与实施

一、生产前的准备

1. 阅读零件图

阅读零件图，完成表 6-3。

表6-3　固定板零件图分析

分析项目	分析内容
标题栏信息	零件名称： 零件材料： 模坯规格：
零件形体	描述零件的主要结构：
尺寸公差	图样上标注公差的尺寸有：
几何公差	零件有无几何公差要求：
表面粗糙度	
其他技术要求	

2. 工具、量具准备

夹具：________________

刀具：________________

量具：________________

其他工具或辅件：________________

3. 填写工序卡

完成工序卡的填写，如表 6-4 所示。

表6-4　固定板零件加工工序卡

<table>
<tr><td rowspan="6">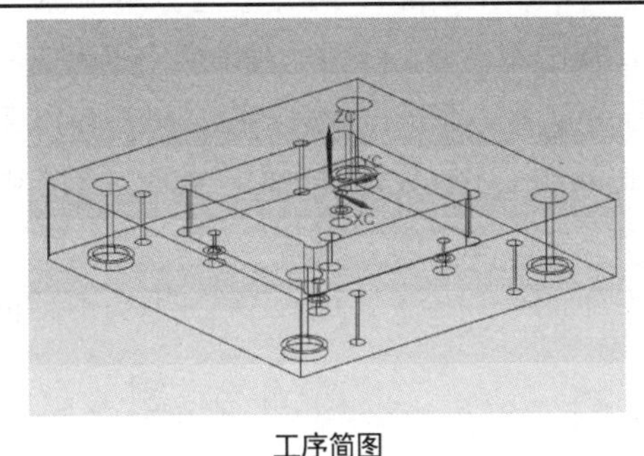
工序简图</td><td>零件图号</td><td></td></tr>
<tr><td>工序名称</td><td></td></tr>
<tr><td>车间</td><td></td></tr>
<tr><td>使用设备</td><td></td></tr>
<tr><td>夹具名称</td><td></td></tr>
<tr><td>夹具编号</td><td></td></tr>
</table>

(续表)

工步	工步内容	程序名	刀具名称	切削用量			余量/mm		备注(程序号)
				主轴转速/(r•min^{-1})	进给量/(mm•min^{-1})	切削深度/mm	侧面	底面	
1	锪孔：钻中心孔 $\phi3$		ZXZ3	1500	80				O6001
2	钻孔：加工艺孔 $\phi12$		ZT12	400	80				
3	型腔铣：粗加工型腔		D17R0.8	4000	500	0.4	0.3	0.1	
4	表面铣：精加工型腔底面		D17R0.8	4000	800				
5	平面铣：精加工倒角		D20×45	4000	500				
6	平面铣：精加工型腔侧面		D16	3000	800		0		
7	平面铣：精加工型腔侧面		D16	3000	800		−0.005		
8	平面铣：精加工型腔侧面		D16	3000	800		−0.01		
反面装夹，加工孔									
9	钻孔：钻中心孔 $\phi3$		ZXZ3	1500	80				5
10	钻孔：$\phi6.5$深15.5		ZT6.5	800	60				4
11	钻孔：$\phi11$深15.5		ZT11	600	60				1
12	平面铣：$\phi11$深6.5		D6	4500	400				4
编制			审核		批准		共　页		第　页

二、自动编程

根据填写的加工工序卡，使用CAD/CAM软件绘制零件的三维模型，生成加工刀具路径，并将刀具路径后处理为数控加工程序，程序名与加工工序卡里的程序名一致。

1. 加工机床几何体处理

(1) 加工坐标准备。启动NX10.0，打开3D图档06.prt，单击________按钮，在下拉列表中选择________，进入加工模块，在弹出的“加工环境”对话框中单击“确定”按钮。在侧边栏中单击按钮，展开加工操作导航器。在操作导航器空白处右击，在下拉菜单中选择________视图，双击MCS_MILL，进入加工坐标设定对话框，此时，工作坐标系与加工坐标系重合，在“间隙”选项中指定加工“安全平面”高度。

(2) 加工几何体准备。双击MCS_MILL下的WORKPIECE，进入“铣工件”对话框，完成部件的设置，操作如图6-2所示。

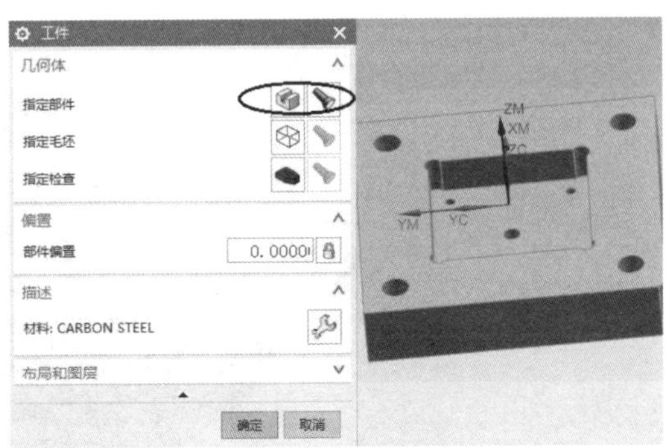

图6-2　几何体设置

2. 锪孔加工：钻中心孔 $\phi3$

(1) 创建“锪孔加工”操作。单击操作工具条中的________按钮，在“创建工序”对话框中选择加工类型为________，在操作子类型中选择_________，在几何体中选择___________，在名称中输入___________，操作如图 6-3 所示。

(2) 设置几何体，指定孔和顶面，操作如图 6-4 所示。

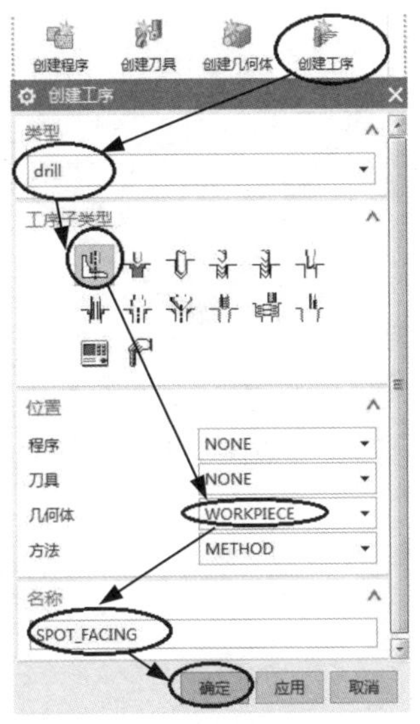

图6-3　创建锪孔加工

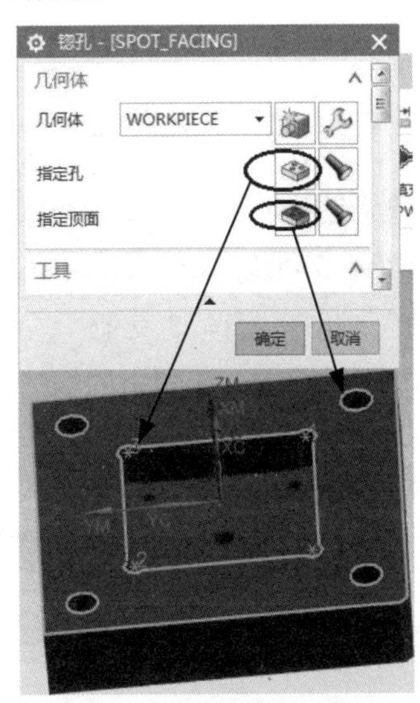

图6-4　指定孔和顶面

(3) 创建 D3 刀具。单击______按钮，在刀具子类型中选定______，在名称中输入________。在刀具参数中，输入刀具直径为________，底圆角半径为________，刀具号和补偿号分别为________和________。

(4) 设置循环类型，操作如图 6-5 所示。

(5) 设定进给速度。单击________按钮，勾选对话框中的“主轴速度”复选框，输入转速为________，切削速度为________。

(6) 单击________按钮，计算生成刀轨，如图 6-6 所示。

图6-5　设置循环类型

图6-6　生成刀轨

(7) 仿真加工。在操作导航器中选中SPOT_FACING，单击________按钮，进入“可视化刀轨”对话框，选择播放刀轨的形式(有重播、3D动态、2D动态三种)，按“播放”键即可模拟加工过程，结果如图6-7所示。

图6-7　刀轨仿真

3. 钻孔加工：加工艺孔 $\phi 12$

(1) 创建“钻孔加工”操作。在操作导航器中，选中上一步创建的锪孔操作，右击，在弹出的快捷菜单中选择“复制”；再选中SPOT_FACING，右击，在弹出的快捷菜单中选择“粘贴”；SPOT_FACING下方便多一个操作SPOT_FACING-COPY。双击，打开参数设置对话框，操作结果如图6-8所示。

图6-8　参数设置

(2) 创建 D12 刀具。单击______按钮，在刀具子类型中选定______，在名称中输入________。设置刀具参数，输入刀具直径为________，底圆角半径为________，刀具号和补偿号分别为________和________。

(3) 设置循环类型，操作如图 6-9 所示。

(4) 设定进给速度。单击________按钮，勾选对话框中的“主轴速度”复选框，输入转速为________，切削速度为________。

(5) 单击________按钮，计算生成刀轨，如图 6-9 所示。

(6) 仿真加工。在操作导航器中选中 SPOT_FACING-COPY，单击________按钮，进入“可视化刀轨”对话框，结果如图 6-10 所示。

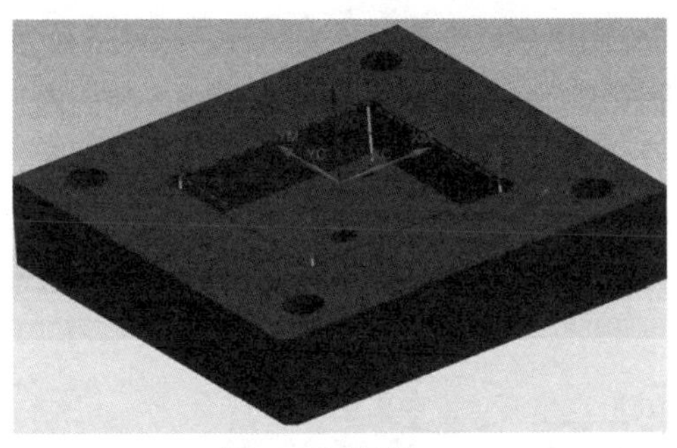

图6-9　生成刀轨

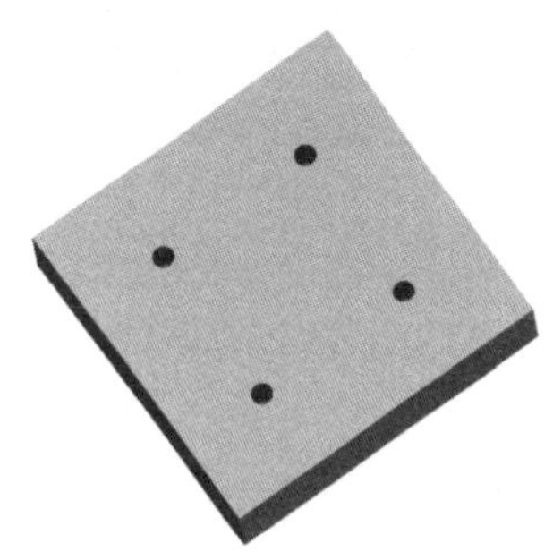

图6-10　刀轨仿真

4. 型腔铣：加工型腔

(1) 创建“型腔铣”操作。单击操作工具条中的________按钮，在“创建工序”对话框中选择加工类型为_________，在操作子类型中选择_________，在几何体中选择___________，在名称中输入________，操作如图 6-11 所示。

(2) 设定修剪边界，操作如图 6-12 所示。

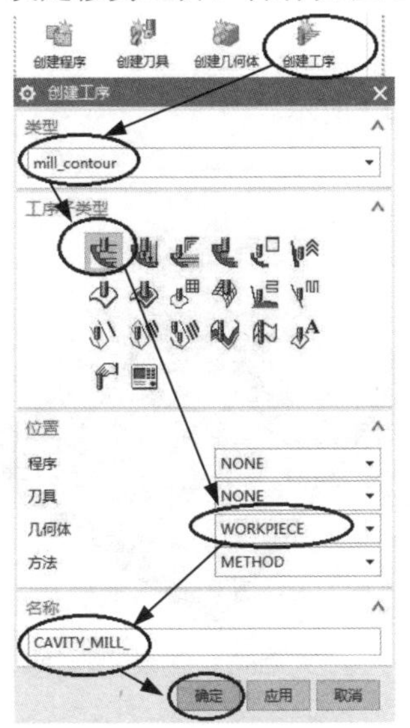

图6-11　创建型腔铣

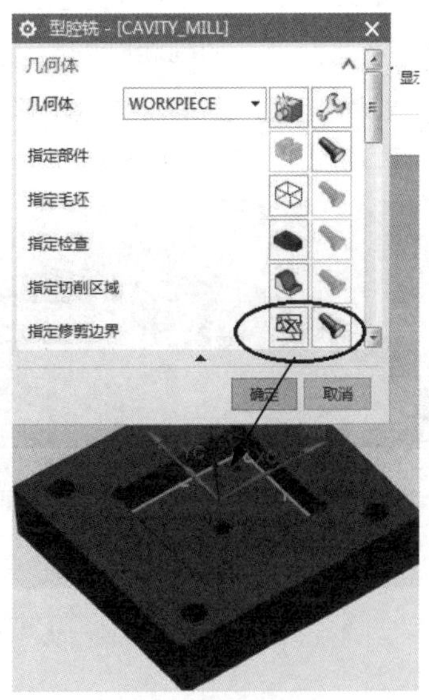

图6-12　设定修剪边界

(3) 创建 D17R0.8 刀具。单击_____按钮，在刀具子类型中选定_____，在名称中输入________。在刀具参数中，输入刀具直径为________，底圆角半径为________，刀具号和补偿号分别为________和________。

(4) 设置刀轨参数。采用______的切削模式，平面直径百分比为______，设置范围类型为_____，切削层为______，公共每刀切削深度为______，最大距离为______mm，分别选中工件的上顶面和深度为 20mm 的平面作为切削范围，单击“确定”完成切削层设置，如图 6-13 所示。单击____按钮，进入“策略”选项卡，定义切削方向为______，切削顺序为________，在“余量”选项卡中，设置部件余量为_______。单击_______按钮，进入非切削参数设置的“进刀”选项卡，在“封闭区域”设置形式为螺旋，螺旋直径为______，倾斜角度为_______，高度为_______。在“开放区域”设置形式为圆弧，半径为______，角度为_______。

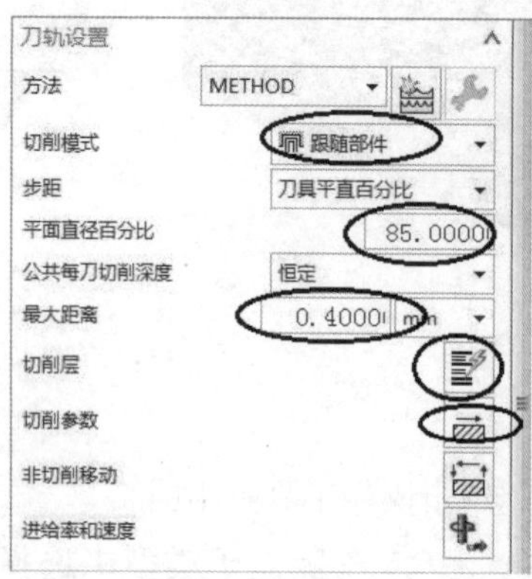

图6-13　设置刀轨参数

(5) 设定进给速度。单击________按钮，勾选对话框中的“主轴速度”复选框，输入转速为________，切削速度为________。

(6) 单击________按钮，计算生成刀轨，如图 6-14 所示。

(7) 仿真加工。结果如图 6-15 所示。

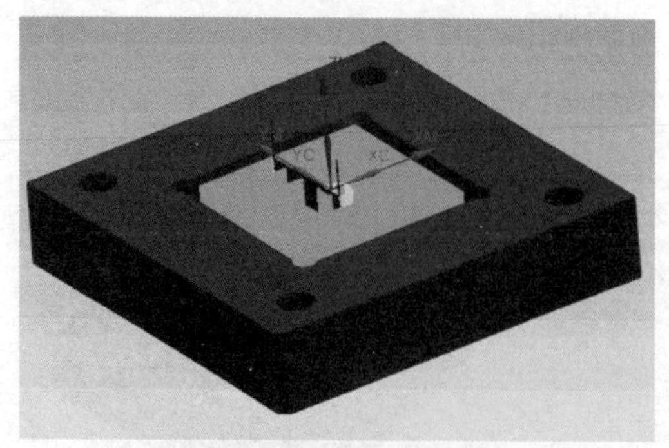

图6-14　生成刀轨

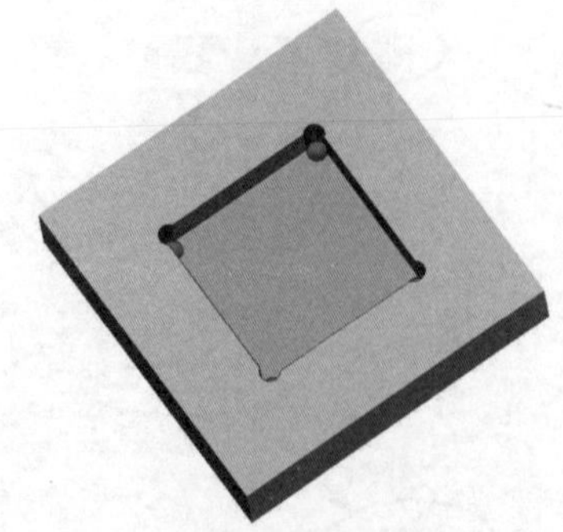

图6-15　刀轨仿真结果

5. 表面铣：精加工型腔底面

(1) 创建“表面铣”操作。单击操作工具条中的______按钮，在“创建工序”对话框中选择加工类型为__________，在操作子类型中选择__________，在几何体中选择__________，在名称中输入__________，操作如图 6-16 所示。

(2) 选定几何体。选择__________作为部件，选择__________作为面边界，操作如图 6-17 所示。

图6-16　创建表面铣

图6-17　设定几何体

(3) 选取 D17R0.8 刀具。

(4) 设置刀轨参数。采用__________的切削模式，平面直径百分比为_______，最终底面余量为_______。若毛坯上表面余量不多，采用一层刀轨精加工到位的方法，操作如图 6-18 所示。

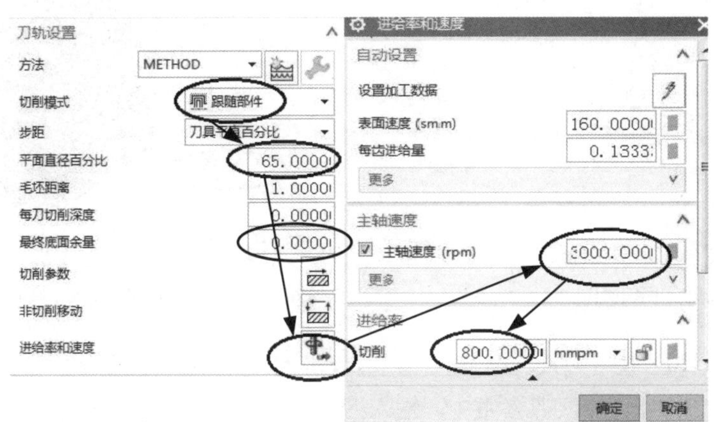

图6-18　设定切削参数及进给速度

(5) 设定进给速度。单击________按钮，勾选对话框中的“主轴速度”复选框，输入转速为________，切削速度为________，操作如图 6-18 所示。

(6) 单击________按钮，计算生成刀轨，如图 6-19 所示。

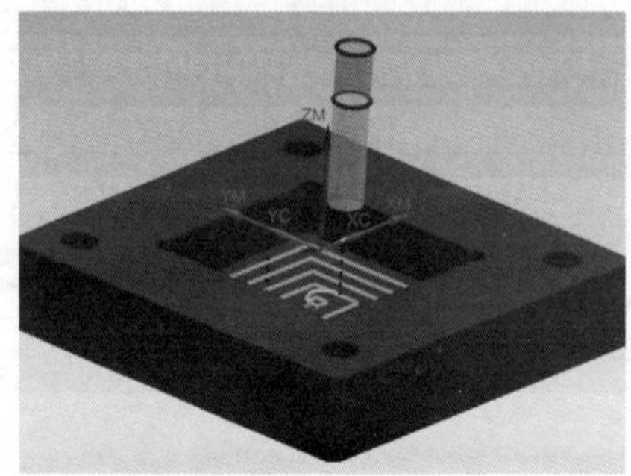

图6-19　生成刀轨

6. 平面铣：精加工倒角

(1) 创建“平面铣”操作。单击操作工具条中的______按钮，在“创建工序”对话框中选择加工类型为_____，在操作子类型中选择______，在几何体中选择_______，在名称中输入________，操作如图 6-20 所示。

(2) 选定几何体。选择___________作为部件边界，操作如图 6-21 所示。

(3) 设定加工底面。单击_________按钮，在对话框中设置对 *XY* 平面偏置距离为_________，操作如图 6-21 所示。

图6-20　创建平面铣操作

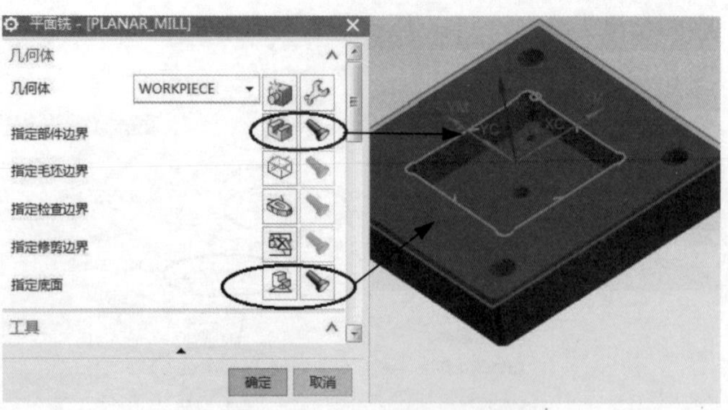

图6-21　选定几何体和设定加工底面

(4) 创建 D20×45° 刀具。单击________按钮，在刀具子类型中选定________，在名称中输入________。在刀具参数中，输入刀具直径为________，操作如图 6-22 所示。

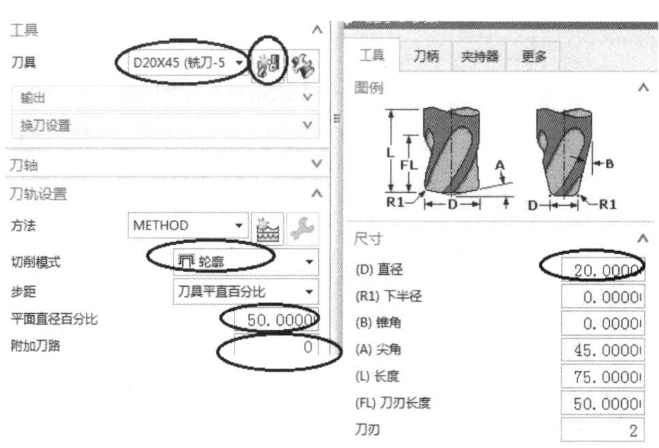

图6-22　创建刀具和刀轨设置

(5) 设置刀轨参数。采用________的切削模式，平面直径百分比为________，操作如图 6-22 所示。

(6) 设定进给速度。单击__________按钮，勾选对话框中的“主轴速度”复选框，输入转速为_______，切削速度为_______。

(7) 单击__________按钮，计算生成刀轨，如图 6-23 所示。

图6-23　生成刀轨

7. 平面铣：精加工型腔侧面

(1) 创建“平面铣”操作。在操作导航器中，选中第 5 步创建的表面铣操作，右击，在弹出的快捷菜单中选择“复制”；再选中 FACE_MILLING，右击，在弹出的快捷菜单中选择“粘贴”；FACE_MILLING 下方便多一个操作 FACE_MILLING_COPY。双击，打开参数设置对话框。

(2) 创建 D16 刀具。单击__________按钮，在刀具子类型中选定________，在名称中输入_______。在刀具参数中，输入刀具直径为_______，底圆角半径为_______，刀具号和补偿号分别为_______和_______。

(3) 设置刀轨参数。采用__________的切削模式，平面直径百分比为_______，最终底面余量为_______，操作如图 6-24 所示。

(4) 设定进给速度。单击________按钮，勾选对话框中的“主轴速度”复选框，输入转速为________，切削速度为________，操作如图 6-24 所示。

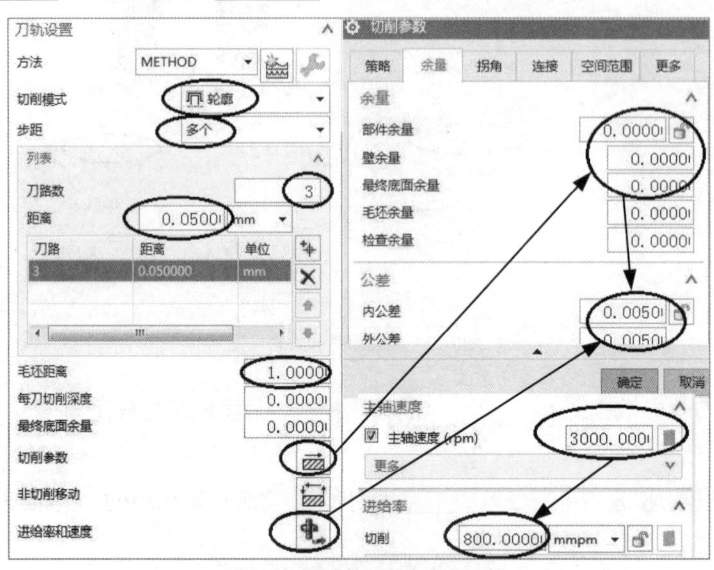

图6-24　设置刀轨参数及进给速度

(5) 单击________按钮，计算生成刀轨，如图 6-25 所示。

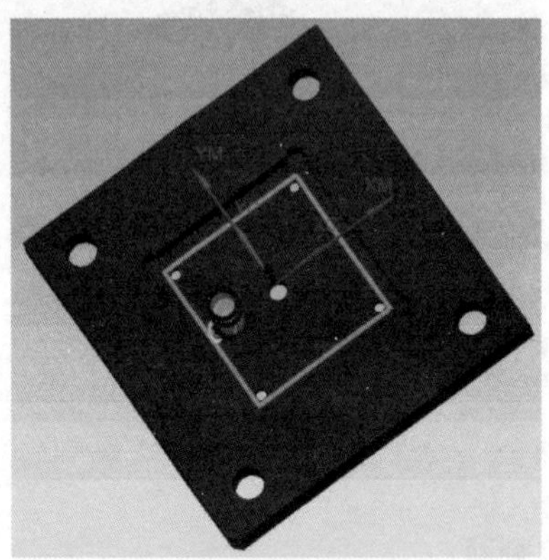

图6-25　生成刀轨

第 8 步和第 9 步操作根据配合情况而定。

注意：修配时，即型腔镶件装配到本固定板里面，在加工时本固定板都会加工得偏大，即公差是负公差，而型腔镶件是正公差。

8. 平面铣：精加工型腔侧面(修配余量设置-0.005)

(1) 创建“平面铣”操作。在操作导航器中，选中上一步创建的平面铣操作，右击，在弹出的快捷菜单中选择“复制”；再选中 FACE_MILLING_COPY，右击，在弹出的快捷菜单中选择“粘贴”；FACE_MILLING_COPY 下方便多一个操作 FACE_MILLING_COPY_COPY。双击，打开参数设置对话框。

(2) 设置刀轨参数。采用__________的切削模式，平面直径百分比为_______，部件余量为_______，操作如图 6-26 所示。

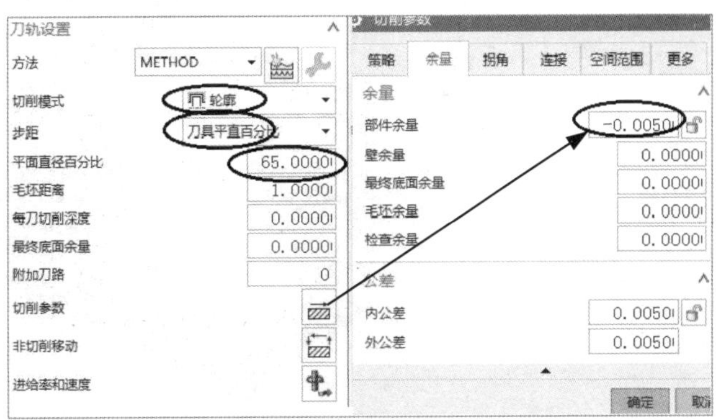

图6-26　设置刀轨参数(修配余量设置-0.005)

9. 平面铣：精加工型腔侧面(修配余量设置-0.01)

(1) 创建“平面铣”操作。在操作导航器中，选中上一步创建的平面铣操作，右击，在弹出的快捷菜单中选择“复制”；再选中 FACE_MILLING_COPY_COPY，右击，在弹出的快捷菜单中选择“粘贴”；FACE_MILLING_COPY_COPY 下便多一个操作 FACE_MILLING_COPY_COPY_COPY。双击，打开参数设置对话框。

(2) 设置刀轨参数。采用__________的切削模式，平面直径百分比为_______，最终部件余量为_______，操作如图 6-27 所示。

反面装夹，加工孔，编程参考 6-2.prt 文件。

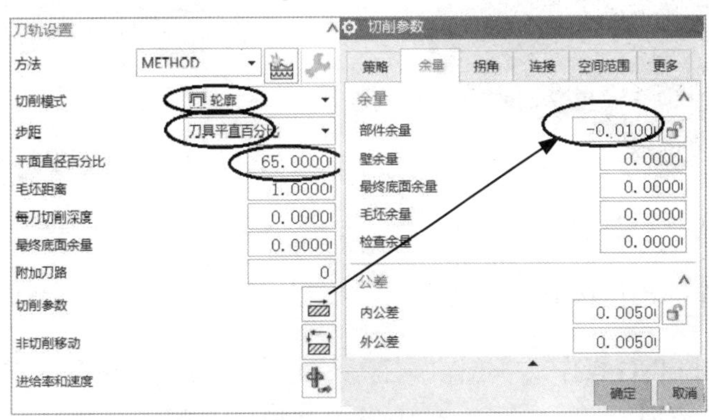

图6-27　设置刀轨参数(修配余量设置-0.01)

10. 钻孔操作：钻中心孔 $\phi 3$

(1) 创建“钻孔操作”操作。在操作导航器中，选中第 2 步创建的锪孔操作，右击，在弹出的快捷菜单中选择“复制”；再选中 SPOT_FACING，右击，在弹出的快捷菜单中选择“粘贴”；SPOT_FACING_COPY 下方便多一个操作 SPOT_FACING_COPY。双击，打开参数设置对话框。

(2) 设置几何体，指定孔和顶面，操作如图 6-28 所示。

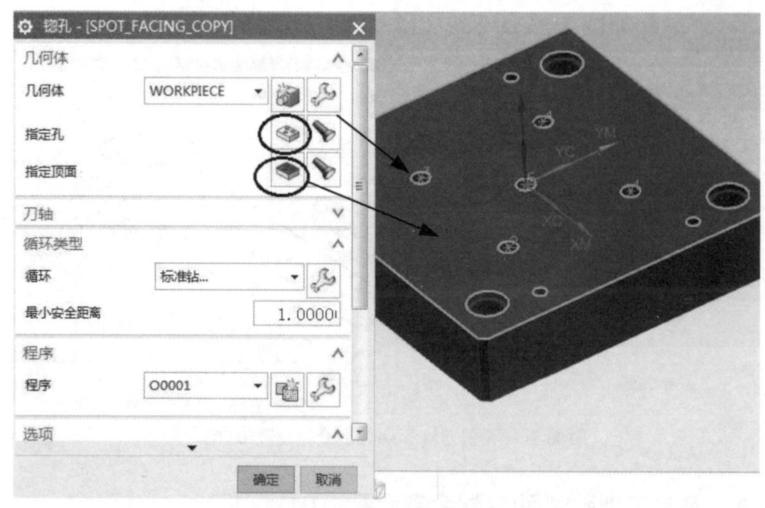

图6-28　指定孔和顶面

(3) 单击________按钮，计算生成刀轨，如图 6-29 所示。

(4) 仿真加工。在操作导航器中选中 SPOT_FACING _COPY，单击________按钮，结果如图 6-30 所示。

图6-29　生成刀轨

图6-30　刀轨仿真

11. 钻孔操作：ϕ6.5(4个)、深15.5

(1) 创建 DRILLING 操作。单击操作工具条中的________按钮，在“创建工序”对话框中选择加工类型为________，在操作子类型中选择__________，在几何体中选择___________，在名称中输入___________，操作如图 6-31 所示。

(2) 设置几何体，指定孔、顶面及底面，操作如图 6-32 和图 6-33 所示。

(3) 创建 D6.5 刀具。单击_______按钮，在刀具子类型中选定________，在名称中输入________。在刀具参数中，输入刀具直径为________，底圆角半径为________，刀具号和补偿号分别为________和________。

(4) 设置循环类型，操作如图 6-34 所示。

图6-31　创建钻孔加工

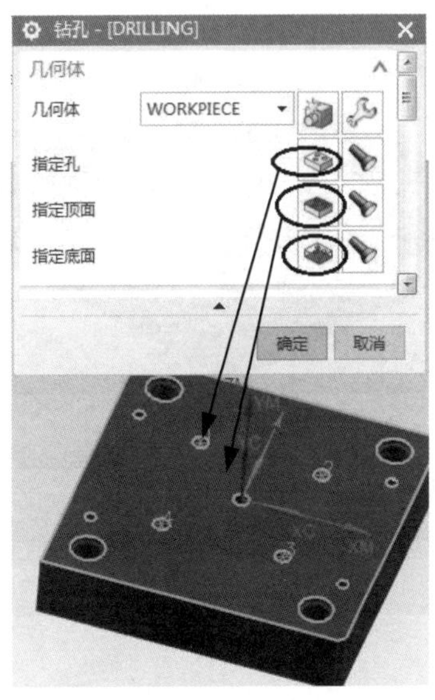

图6-32　指定孔和顶面

图6-33　指定底面

图6-34　设置循环类型

(5) 设定进给速度。单击________按钮，勾选对话框中的“主轴速度”复选框，输入转速为________，切削速度为________。

(6) 单击________按钮，计算生成刀轨，如图 6-35 所示。

(7) 仿真加工。结果如图 6-36 所示。

12. 钻孔操作：ϕ11(1个)、深15.5

(1) 创建 DRILLING_COPY 操作。在操作导航器中，选中上一步创建的钻孔操作，右击，在弹出的快捷菜单中选择“复制”；再选中 DRILLING，右击，在弹出的快捷菜单中选择“粘贴”；DRILLING_COPY 下方便多一个操作 DRILLING_COPY。双击，打开参数设置对话框。

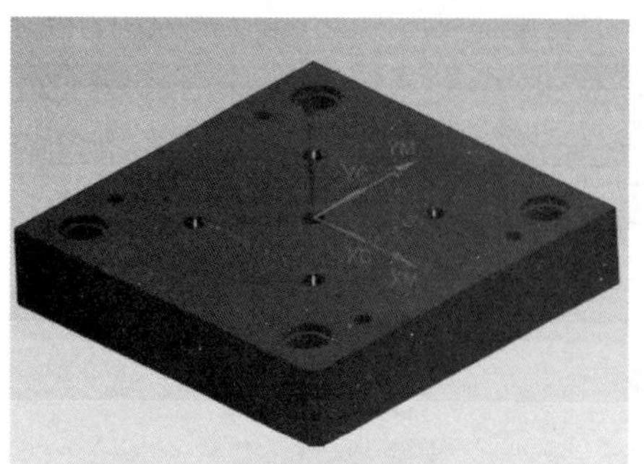
图6-35　生成刀轨

图6-36　刀轨仿真

(2) 设置几何体，指定孔，操作如图 6-37 所示。

图6-37　指定孔

(3) 创建 D11 刀具。单击________按钮，在刀具子类型中选定________，在名称中输入________。在刀具参数中，输入刀具直径为________，底圆角半径为________，刀具号和补偿号分别为________和________。

(4) 设定进给速度。单击________按钮，勾选对话框中的“主轴速度”复选框，输入转速为________，切削速度为________。

(5) 单击________按钮，计算生成刀轨，如图 6-38 所示。

(6) 仿真加工。结果如图 6-39 所示。

图6-38　生成刀轨

图6-39　刀轨仿真

13. 孔铣操作：ϕ11、深6.5

(1) 创建 HOLE_MILLING 操作。单击操作工具条中的______按钮，在“创建工序”对话框中选择加工类型为________，在操作子类型中选择________，在几何体中选择___________，在名称中输入___________，操作如图 6-40 所示。

(2) 设置几何体，选定四个孔，操作如图 6-41 所示。

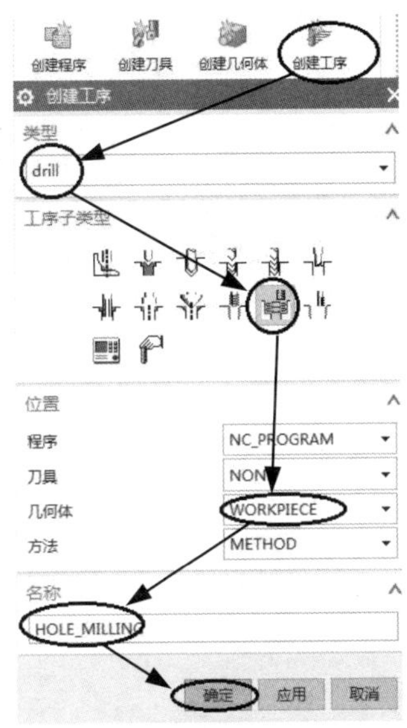

图6-40　创建孔铣加工

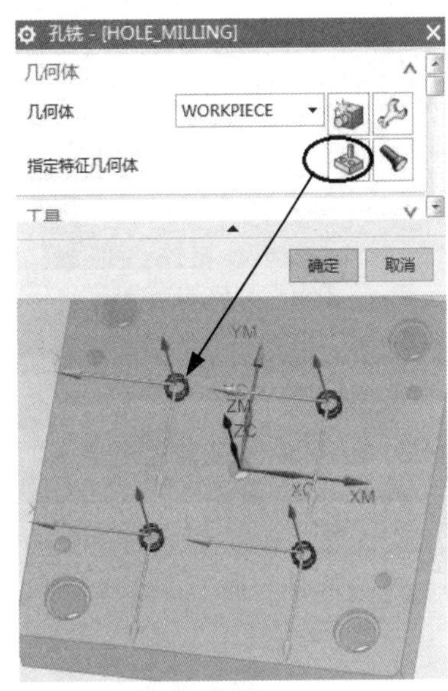

图6-41　设置几何体

(3) 创建 D6 刀具。单击_______按钮，在刀具子类型中选定_______，在名称中输入________。在刀具参数中，输入刀具直径为________，底圆角半径为________，刀具号和补偿号分别为________和________。

(4) 设置刀轨，操作如图 6-42 所示。

图6-42　设置刀轨

(5) 设定进给速度。单击________按钮，勾选对话框中的“主轴速度”复选框，输入转速为________，切削速度为________。

(6) 单击________按钮，计算生成刀轨，如图 6-43 所示。

(7) 仿真加工。结果如图 6-44 所示。

图6-43　生成刀轨

图6-44　刀轨仿真

三、零件的加工

1. 填写生产流程表

分步完成零件的加工，填写生产流程表，如表 6-5 所示。

表6-5　固定板零件加工生产流程表

序号	生产内容	结果记录
1	装夹工件、刀具，对刀，建立工作坐标系	
2		
3		
4		
5		
6		
7		
8		
9		
10		
11		
12		
13		
14		
15		
16		

2. 测量工件尺寸

完成加工后，测量工件尺寸并填入表 6-6。

表6-6　固定板零件加工尺寸测量评价表

序号	考核内容	考核要求	配分	评分标准	自检	互检	得分
1	105±0.05	±0.05	20	超差不得分			
2	24.5±0.05	±0.05	10	超差不得分			
3	ϕ11	±0.05	10	超差不得分			
4	ϕ6.5	±0.05	10	超差不得分			
5	166	±0.05	10	超差不得分			
6	100	±0.05	10	超差不得分			
7	80	±0.05	10	超差不得分			
8	6.5	±0.05	10	超差不得分			
9	*Ra*3.2		10	超差不得分			

第三部分　评价与反馈

一、自我评价

自我评价如表 6-7 所示。

表6-7　固定板零件加工自我评价表

班级：　　　　　　　　　　姓名：　　　　　　　　　　学习任务名称：

序号	评价项目	是	否
1	是否能正确分析零件形体		
2	前置作业是否全部完成		
3	是否完成了小组分配的任务		
4	是否认为自己在小组中不可或缺		
5	是否严格遵守课堂纪律		
6	在学习过程中，是否主动帮助其他同学		
7	对自己的表现是否满意		

二、小组评价

小组评价如表 6-8 所示。

表6-8　固定板零件加工小组评价表

序号	评价项目	评分(1～10)
1	有团队合作意识，注重沟通	
2	能自主学习并相互协作，尊重他人	
3	学习态度积极主动，能参加安排的活动	
4	服从教师的教学安排，遵守学习场所的管理规定，遵守纪律	
5	能正确地领会他人提出的学习问题	
6	对工作岗位的责任心	
7	能正确对待肯定和否定的意见	
8	在团队中主动合作的情况	

评价人：　　　　　　　　　　　　　　　　　　　　　　　　年　月　日

三、教师评价

教师评价如表 6-9 所示。

表6-9　固定板零件加工教师评价表

序号	评价项目	教师评价			
		优	良	中	差
1	按时上、下课				
2	着装符合要求				
3	遵守课堂纪律				
4	学习的主动性和独立性				
5	工具、仪器使用规范				
6	主动参与工作现场的6S工作				
7	工作页填写完整				
8	与小组成员积极沟通，并协助其他成员共同完成学习任务				
9	快速查阅各种手册等资料				
10	教师综合评价				

第四部分　拓展

要完成固定板零件背面孔的加工，与制订的生产工艺相比，工艺流程、程序等方面应进行哪些修改？(考虑孔的配合。)

项目七 模具型腔的加工

学习目标

通过模具型腔零件(见图7-1)加工的学习，学生能够:

1. 熟悉UG加工编程命令和加工流程操作。

2. 熟练运用UG型腔铣、深度轮廓铣和区域轮廓铣加工方法，对零件进行编程加工操作。

3. 熟练运用UG孔的编程加工方法进行加工孔的操作。

4. 按照企业的生产要求，根据零件图样，以小组工作的形式，制订平面零件的加工工艺。

5. 严格按照安全操作规程，在自动模式下完成工件的加工。

建议学时

20学时。

学习结构

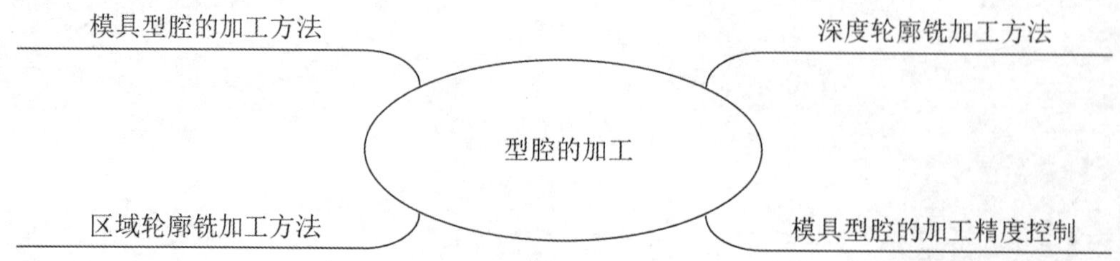

学习任务描述

某公司委托加工凳子模具型腔(见图7-1)，要求在1天内完成加工。生产管理部门下达加工任务，工期为1天，任务完成后提交成品及检测报告。

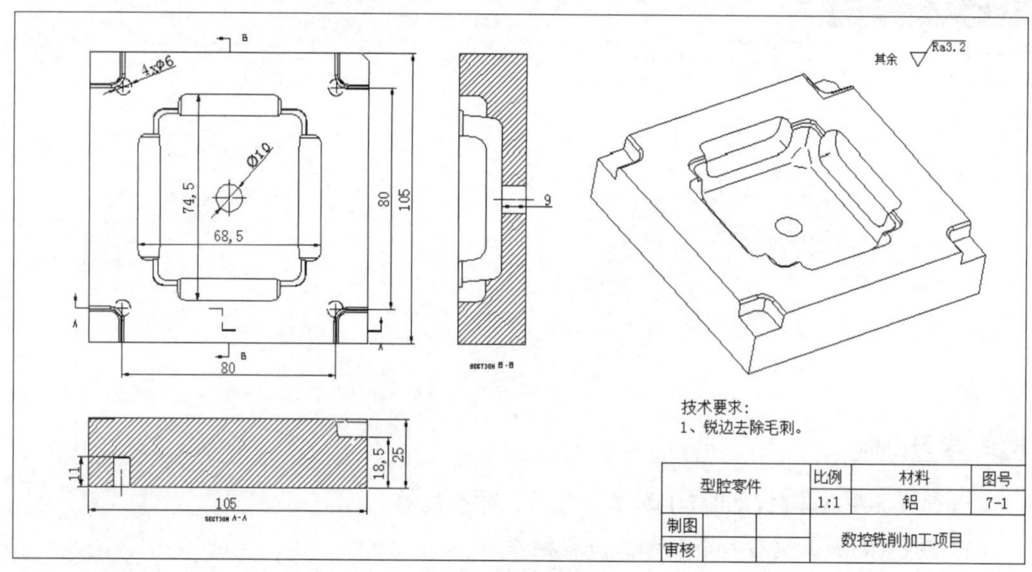

型腔零件		比例	材料	图号
		1:1	铝	7-1
制图		数控铣削加工项目		
审核				

图7-1　模具型腔图样

该型腔零件外形尺寸 105mm×105mm×25mm，由平面、直壁面、曲面组成，结构较复杂，可以采用型腔铣进行粗加工并使用“参考刀具”二次开粗。平面可以采用平面铣精加工。因为工件内腔由多个曲面组成，有较陡峭的曲面，也有平坦的曲面，采用深度轮廓铣加工陡峭曲面和区域轮廓铣加工较平坦曲面的方案进行精加工。本项目重点探讨利用深度轮廓铣加工陡峭曲面的加工操作。

第一部分　学习准备

一、深度轮廓铣的特点和应用

深度轮廓铣是最常用的型腔铣子类型之一，它能沿着曲面轮廓的周边生成刀轨。它与型腔铣的创建方式和参数都是相同的，但使用深度轮廓铣可以定义为陡峭区域，只加工陡峭的侧壁；深度轮廓铣可以选择切削区域，将部分曲面设置为加工区域；如果不选择切削区域，则加工整个几何体。深度轮廓铣是陡峭曲面半精加工、精加工最合适的方法。

二、深度轮廓铣参数的设置

进入加工模块后，打开图 7-2 所示的参数设置对话框。

1. 深度轮廓铣的几何体设置

深度轮廓铣的几何体设置中，“指定部件”“指定检查”“指定切削区域”“指定修剪边界”参数与型腔铣相同，但深度轮廓铣中没有“指定毛坯”项，深度轮廓铣操作无须毛坯几何体，刀轨依据工件的轮廓、曲面生成。

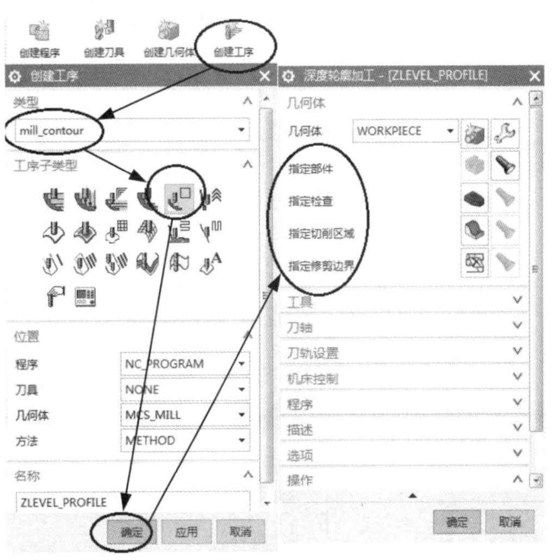

图7-2　深度轮廓铣

2. 深度轮廓铣的刀轨参数设置

(1) “陡峭空间范围”参数有“无”和“仅陡峭的”两个可选项。深度轮廓铣把要加工的面分为平坦的面和陡峭的面，如果选择“无”选项，刀轨会在平坦的面和陡峭的面上都生成刀轨进行加工；如果选择“仅陡峭的”选项，刀轨只会在陡峭的面上生成刀轨进行加工。深度轮廓铣主要用来加工陡峭的面，加工效果较理想。

(2) 当选择“仅陡峭的”选项时，就会出现“角度”参数，用以界定陡峭的面的角度范围。

(3) 当两个相邻的切削区域的距离不大于合并距离时，刀轨便会连接成为一刀轨而不会断开，减少抬刀，提高效率。

(4) “最小切削深度”参数用来设置最小切削长度，是指在工件中若有某些切削区域小于设定值长度时，系统会忽略这个区域的加工，不会在区域内生成加工刀轨。

(5) “切削参数”对话框包括“策略”“余量”“拐角”“连接”“空间范围”和“更多”6个选项卡，与型腔铣的参数基本相同，不同的是“策略”选项卡中有“延伸路径”选项，可将刀轨沿轮廓向外延伸；在“连接”选项卡中勾选“在层之间切削”复选框，可使深度轮廓铣加工工件中的平面，如图 7-3 所示。

图7-3　切削参数

深度轮廓铣的其余参数与型腔铣相同。

第二部分　计划与实施

一、生产前的准备

1. 阅读零件图

阅读零件图，完成表 7-1。

表7-1　型腔零件图分析

分析项目	分析内容
标题栏信息	零件名称： 零件材料： 模坯规格：
零件形体	描述零件的主要结构：
尺寸公差	图样上标注公差的尺寸有：
几何公差	零件有无几何公差要求：
表面粗糙度	
其他技术要求	

2. 工具、量具准备

夹具：________________________________

刀具：________________________________

量具：________________________________

其他工具或辅件：________________________

3. 填写工序卡

完成工序卡的填写，如表 7-2 所示。

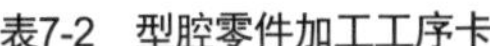

表7-2 型腔零件加工工序卡

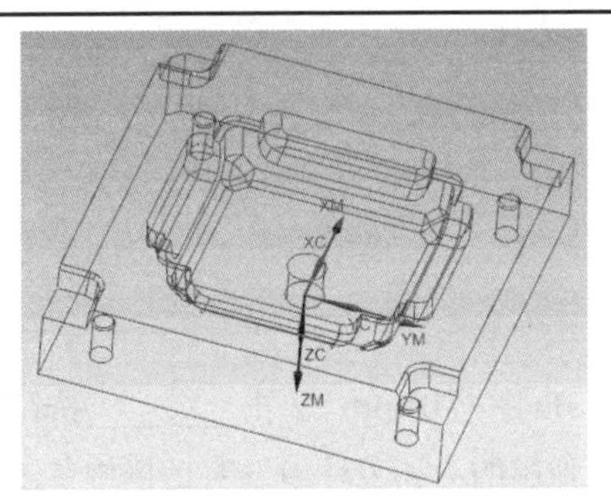

工序简图

零件图号	
工序名称	
车间	
使用设备	
夹具名称	
夹具编号	

工步	工步内容	程序名	刀具名称	切削用量			余量/mm		备注 (程序号)
				主轴转速 /(r•min^{-1})	进给量 /(mm•min^{-1})	切削深度 /mm	侧面	底面	
1	型腔铣开粗		D17R0.8	2500	3000		0.25	0.15	O1001
2	型腔铣二次开粗						0.25	0.15	
3	深度轮廓加工型腔		D6	6000	3000	0.4	0.06	0	O1002
4	深度轮廓加工定位口						0.06	0	
5	平面铣：精加工底面						0.3		
6	深度轮廓加工定位口侧面		D5.97	6000	3000		0		O1003
7	深度轮廓加工型腔侧面1						0		
8	深度轮廓加工型腔侧面2								
9	轮廓区域加工型腔侧面3								
10	深度轮廓加工型腔侧面3		D6 R3	6000	2500		0		O1004
11	轮廓区域加工型腔侧面4								
12	轮廓区域加工定位口倒角								
13	平面铣：加工边缘45° 倒角		D6 X45	6000	800		-0.5	-1.8	O1005
反面装夹，加工固定孔，详见UG文件7-3.prt									
1	钻孔：钻中心孔 φ3		ZXZ3	1500	80				
2	钻螺纹底孔： φ5.3深11		ZT5.3	800	80				
3	平面铣：外边缘倒角		D6 X45	6000	800		-0.7	-1.8	
4	平面铣： φ10孔边缘倒角		D6 X45						
5	深度轮廓加工：半精加工 φ10孔		D6	6000	3000				
6	深度轮廓加工：定位倒角								
7	表面铣：精加工 φ10孔			6000	700		0	0	
8	表面铣：精加工 φ10孔						-0.005		配合
编制			审核		批准		共 页		第 页

二、自动编程1

根据填写的加工工序卡，使用CAD/CAM软件绘制零件的三维模型，生成加工刀具路径，并将刀具路径后处理为数控加工程序，程序名与加工工序卡里的程序名一致。

1. 加工机床几何体处理

(1) 加工坐标准备。启动NX10.0，打开3D图档07.prt，单击________按钮 开始，在下拉列表中选择________，进入加工模块，在弹出的“加工环境”对话框中单击“确定”按钮。在侧边栏中单击按钮，展开加工操作导航器。在操作导航器空白处右击，在下拉菜单中选择视图，双击 MCS_MILL，进入加工坐标设定对话框，此时，工作坐标系与加工坐标系重合，在“间隙”选项中指定加工“安全平面”高度。

(2) 加工几何体准备。双击MCS_MILL下的 WORKPIECE，进入“工件”对话框，完成几何体的设置，操作如图7-4所示。

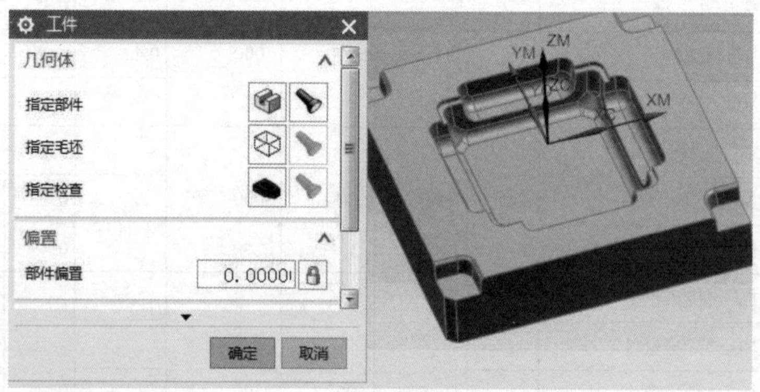

图7-4 几何体设置

2. 型腔铣：粗加工型腔

(1) 创建“型腔铣”操作。单击操作工具条中的______按钮，在“创建工序”对话框中选择加工类型为_______，在操作子类型中选择________，在几何体中选择__________，在名称中输入__________，操作如图7-5所示。

(2) 设定修剪边界，操作如图7-6所示。

(3) 创建D17R0.8刀具。单击______按钮，在刀具子类型中选定______，在名称中输入________。在刀具参数中，输入刀具直径为________，底圆角半径为________，刀具号和补偿号分别为________和________。

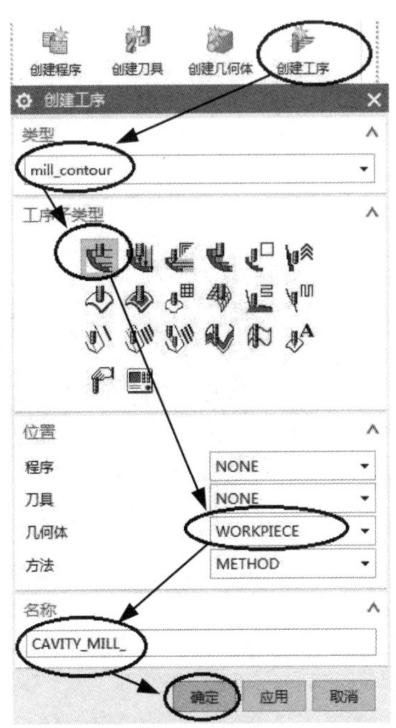

图7-5　创建型腔铣

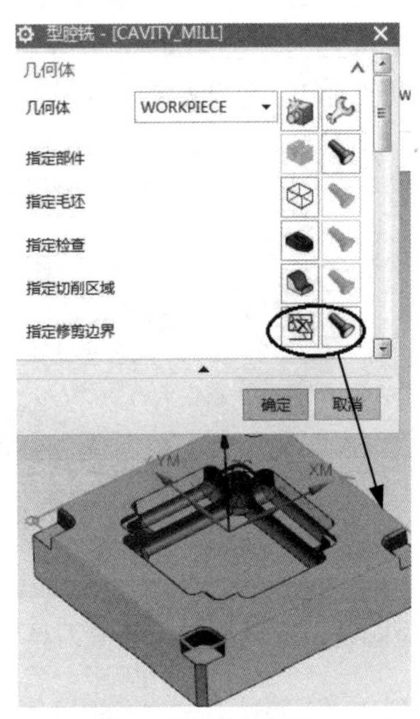

图7-6　设定修剪边界

(4) 设置刀轨参数。采用______的切削模式，平面直径百分比为______，设置范围类型为_____，切削层为______，公共每刀切削深度为______，最大距离为______mm，单击“确定”按钮完成切削层设置，如图 7-7 所示。单击______按钮，进入“策略”选项卡，定义切削方向为______，切削顺序为_______，在“余量”选项卡中，设置部件余量为_______。单击_______按钮进入非切削参数设置的“进刀”选项卡，在“封闭区域”设置形式为螺旋，螺旋直径为______，倾斜角度为_______，高度为_______。在“开放区域”设置形式为圆弧，半径为_______，角度为_______。

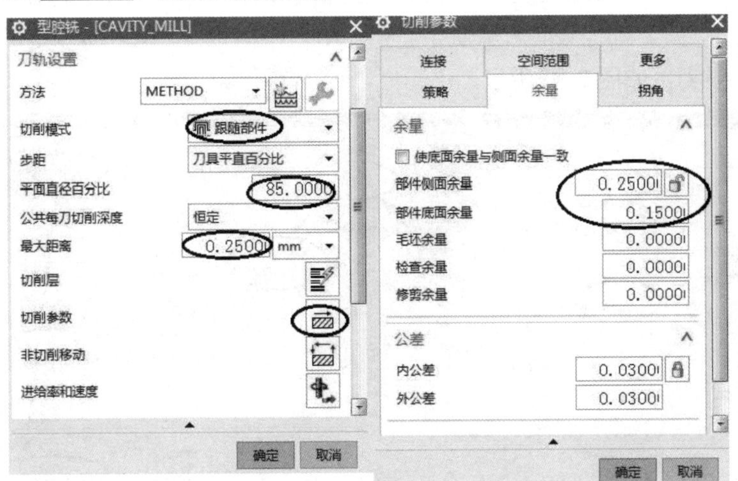

图7-7　设定切削参数(粗加工型腔)

(5) 设定进给速度。单击________按钮，勾选对话框中的“主轴速度”复选框，输入转速为________，切削速度为________。

(6) 单击________按钮，计算生成刀轨，如图 7-8 所示。

(7) 仿真加工。结果如图 7-9 所示。

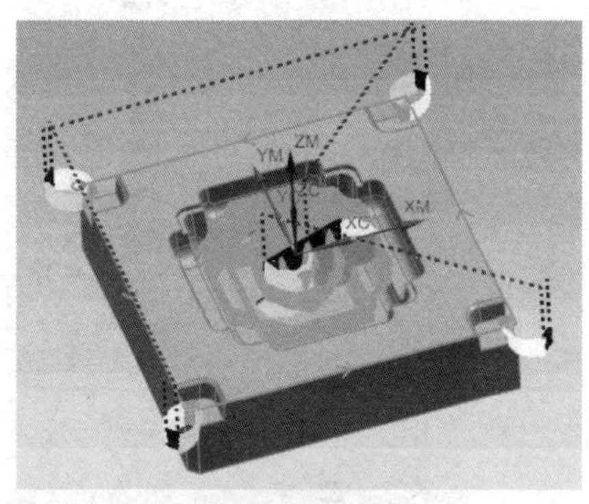

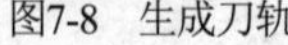

图7-8 生成刀轨

图7-9 刀轨仿真

3. 型腔铣二次开粗：“参考刀具”的IPW进行二次开粗

(1) 创建“型腔铣”二次开粗操作。在操作导航器中，选中上一步创建的型腔铣操作，右击，在弹出的快捷菜单中选择“复制”命令；再选中 CAVITY_MILL，右击，在弹出的快捷菜单中选择“粘贴”命令；CAVITY_MILL 下方便多一个操作 CAVITY_MILL_COPY。双击，打开型腔铣参数设置对话框。

(2) 创建 D6 刀具。单击______按钮，在刀具子类型中选定______，在名称中输入________。在刀具参数中，输入刀具直径为________，底圆角半径为________，刀具号和补偿号分别为________和________。

(3) 设置刀轨参数。采用______的切削模式，平面直径百分比为______，公共每刀切削深度为______，最大距离为______mm，单击____按钮，在“余量”选项卡中，设置部件侧面余量为_______，部件底面余量为_______。在“空间范围”选项卡中定义“参考刀具”为“D18”的铣刀，如图 7-10 所示。

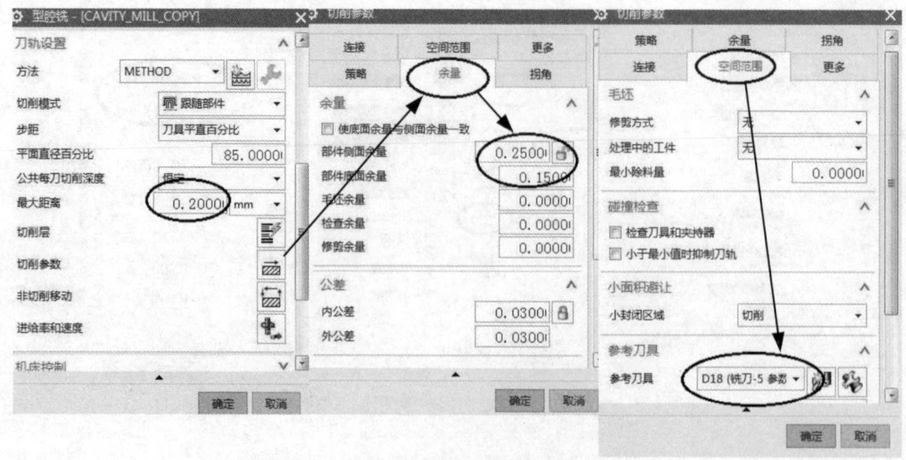

图7-10 设定切削参数(型腔铣二次开粗)

(4) 设定进给速度。单击________按钮，勾选对话框中的“主轴速度”复选框，输入转速为________，切削速度为________。

(5) 单击________按钮，计算生成刀轨，如图 7-11 所示。

(6) 仿真加工。结果如图 7-12 所示。

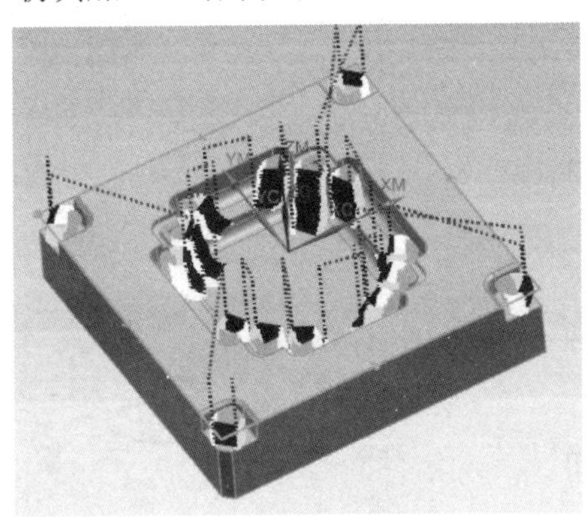

图7-11　生成刀轨

图7-12　仿真结果

4. 深度轮廓加工型腔

(1) 创建“型腔铣”操作。单击操作工具条中的______按钮，在“创建工序”对话框中选择加工类型为______，在操作子类型中选择_______，在几何体中选择_________，在名称中输入__________，操作如图 7-13 所示。

(2) 指定切削区域，操作如图 7-14 所示。

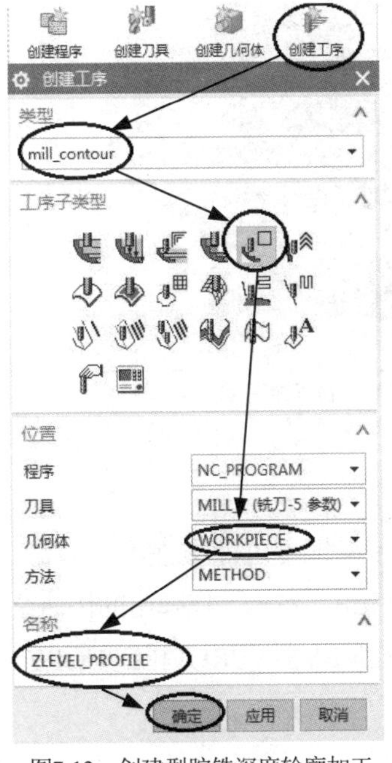

图7-13　创建型腔铣深度轮廓加工

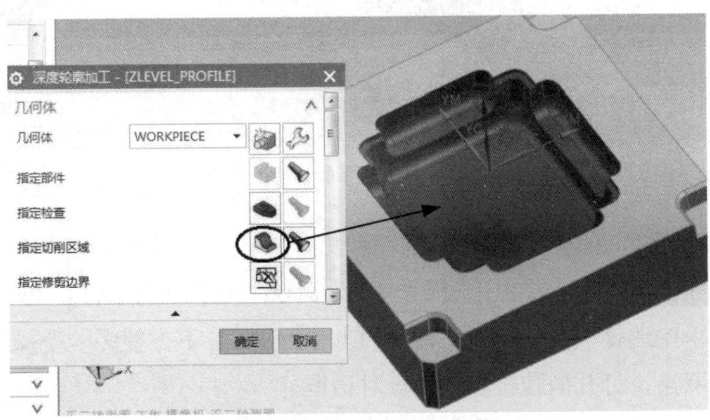

图7-14　指定切削区域

(3) 选择 D6 刀具。

(4) 设置刀轨参数。采用______的切削模式，平面直径百分比为______，设置范围类型为______，切削层为______，公共每刀切削深度为______最大距离为______mm，如图 7-15 所示。单击______按钮，在“余量”选项卡中，设置部件余量为______。单击______按钮，进入非切削参数设置的“进刀”选项卡，在“封闭区域”设置形式为螺旋，螺旋直径为______，倾斜角度为______，高度为______。在“开放区域”设置形式为圆弧，半径为______，角度为______。

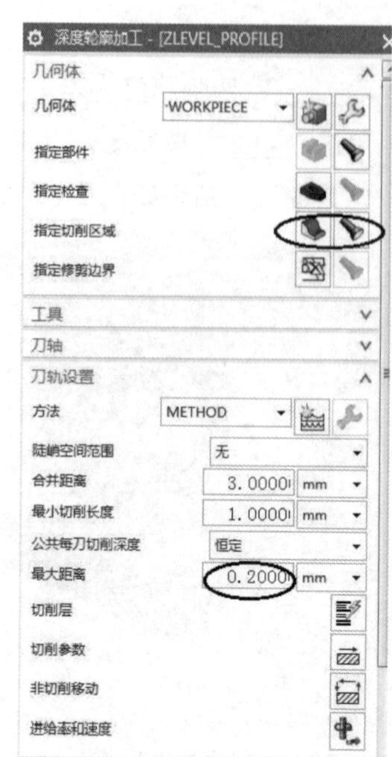

图7-15 设置刀轨参数

(5) 设定进给速度。单击______按钮，勾选对话框中的“主轴速度”复选框，输入转速为______，切削速度为______。

(6) 单击______按钮，计算生成刀轨，如图 7-16 所示。

(7) 仿真加工。结果如图 7-17 所示。

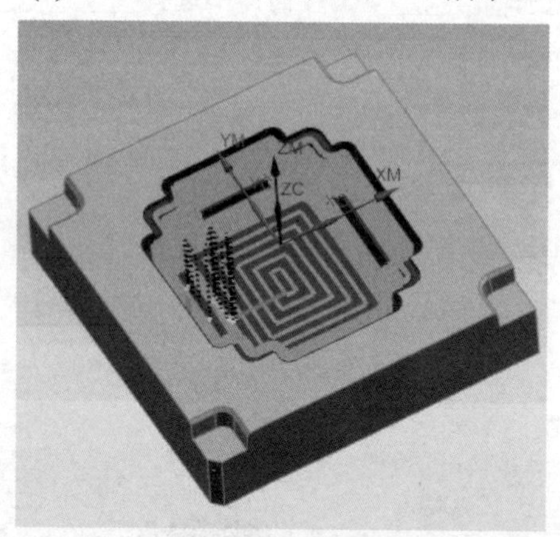

图7-16 生成刀轨

图7-17 仿真加工

5. 深度轮廓铣加工定位口 1

(1) 创建“深度轮廓铣”操作。在操作导航器中，选中上一步创建的型腔铣操作，右击，在弹出的快捷菜单中选择“复制”命令；再选中 ZLEVEL_PROFILE，右击，在弹出的快捷菜单中选择“粘贴”命令；ZLEVEL_PROFILE 下方便多一个操作 ZLEVEL_PROFILE_COPY。双击，打开型腔铣参数设置对话框。

(2) 指定切削区域，操作如图 7-18 所示。

(3) 选择 D6 刀具。

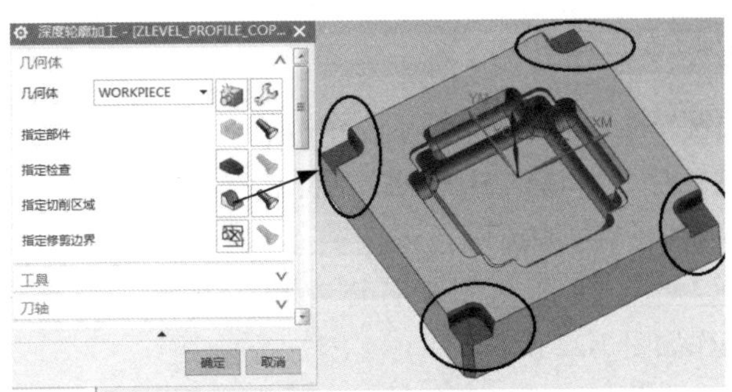

图7-18　指定切削区域

(4) 设置刀轨参数。采用________的切削模式，平面直径百分比为________，设置范围类型为_______，切削层为________，公共每刀切削深度为______，最大距离为______mm，如图 7-19 所示。单击______按钮，在“余量”选项卡中，设置部件余量为_______，内公差为_______，外公差为_______。

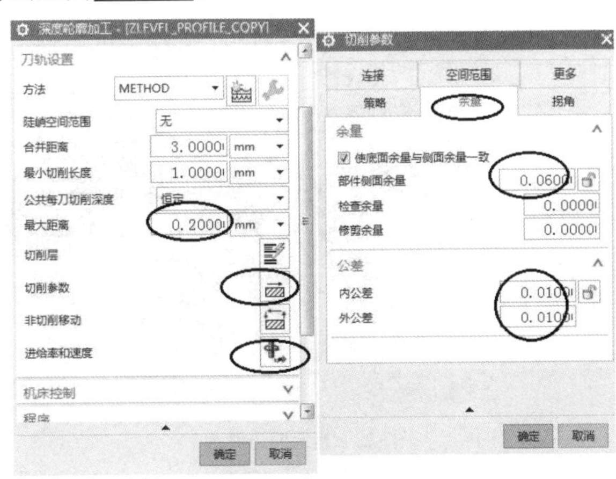

图7-19　设置刀轨参数

(5) 设定进给速度。单击________按钮，勾选对话框中的“主轴速度”复选框，输入转速为________，切削速度为________。

(6) 单击________按钮，计算生成刀轨，如图 7-20 所示。

(7) 仿真加工。结果如图 7-21 所示。

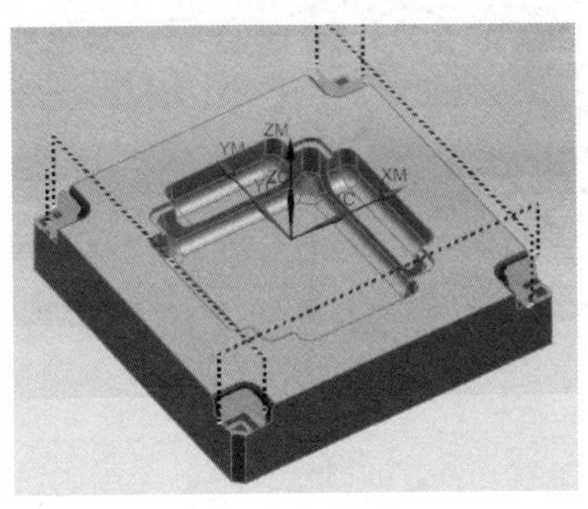

图7-20　生成刀轨

图7-21　仿真加工

6. 表面铣：精加工型腔底面

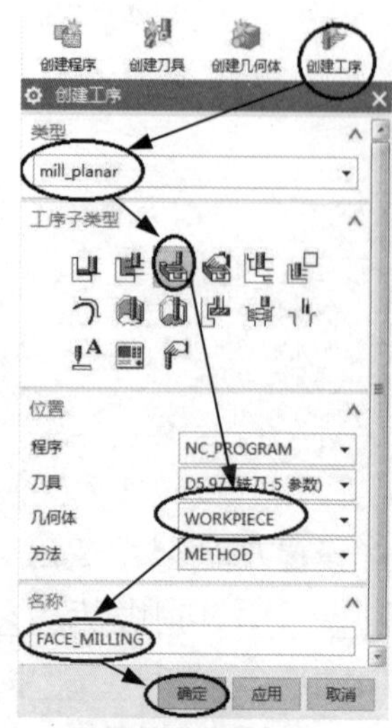

图7-22 创建表面铣

(1) 创建“表面铣”操作。单击操作工具条中的按钮，在“创建工序”对话框中选择加工类型为__________，在操作子类型中选择__________，在几何体中选择____________，在名称中输入__________，操作如图 7-22 所示。

(2) 指定面边界。操作如图 7-23 所示。

(3) 创建 D5.97 刀具。单击__________按钮，在刀具子类型中选定__________，在名称中输入__________。在刀具参数中，输入刀具直径为_______，底圆角半径为_______，刀具号和补偿号分别为_______和_______。

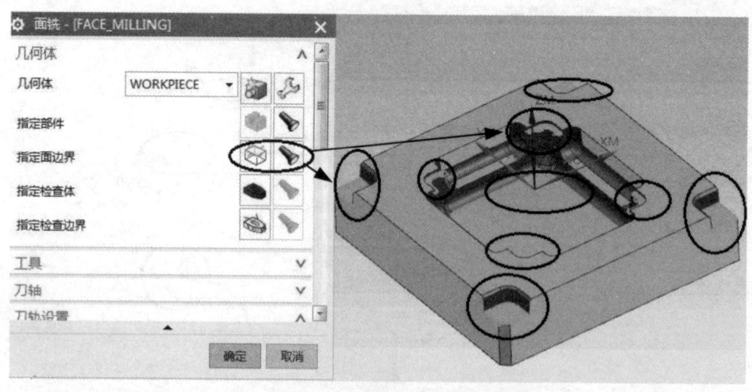

图7-23 指定面边界

(4) 设置刀轨参数。采用__________的切削模式，平面直径百分比为_______，部件余量为_______，内公差为_______，外公差为_______，操作如图 7-24 所示。

(5) 设定进给速度。单击_______按钮，勾选对话框中的“主轴速度”复选框，输入转速为_______，切削速度为_______。

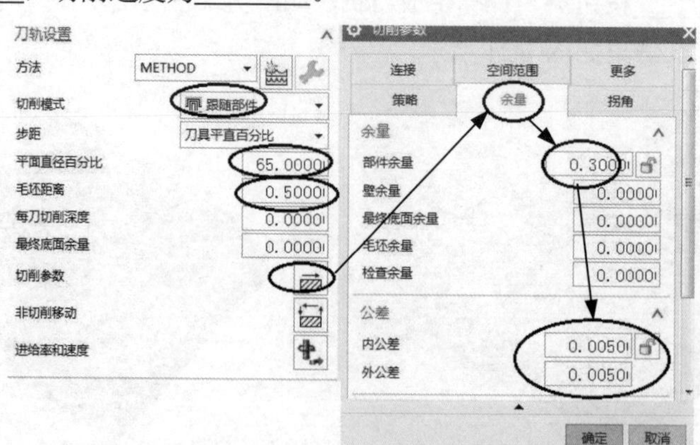

图7-24 设定切削参数与进给速度

(6) 单击________按钮，计算生成刀轨，如图 7-25 所示。

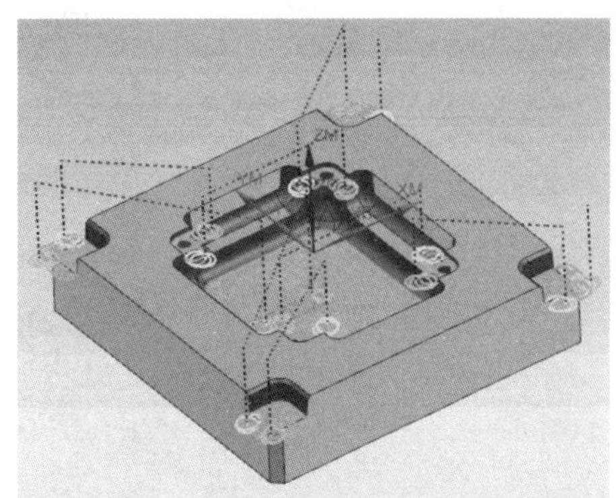

图7-25　生成刀轨

7. 深度轮廓铣加工定位口2

(1) 创建“深度轮廓铣”操作。在操作导航器中，选中第 4 步创建的型腔铣操作，右击，在弹出的快捷菜单中选择“复制”命令；再选中 ZLEVEL_PROFILE_COPY，右击，在弹出的快捷菜单中选择“粘贴”命令；ZLEVEL_PROFILE_COPY 下方便多一个操作 ZLEVEL_PROFILE_COPY_COPY。双击，打开型腔铣参数设置对话框。

(2) 指定切削区域，操作如图 7-26 所示。

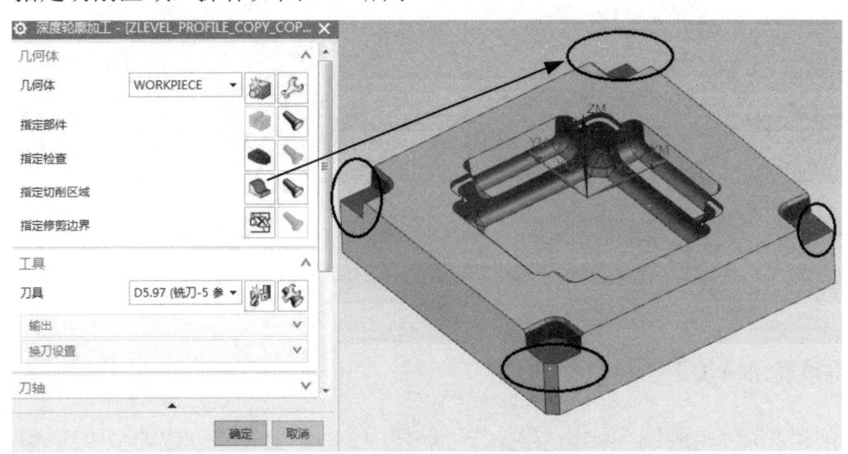

图7-26　指定切削区域

(3) 选择 D5.97 刀具。

(4) 设置刀轨参数。采用________的切削模式，平面直径百分比为______，设置范围类型为_______，切削层为________，公共每刀切削深度为______，最大距离为______mm，如图 7-27 所示。单击____按钮，在“余量”选项卡中，设置部件余量为_______。单击按钮，进入非切削参数设置的“进刀”选项卡，在“封闭区域”设置形式为螺旋，螺旋直径为______，倾斜角度为_______，高度为_______。在“开放区域”设置形式为圆弧，半径为_______，角度为_______。

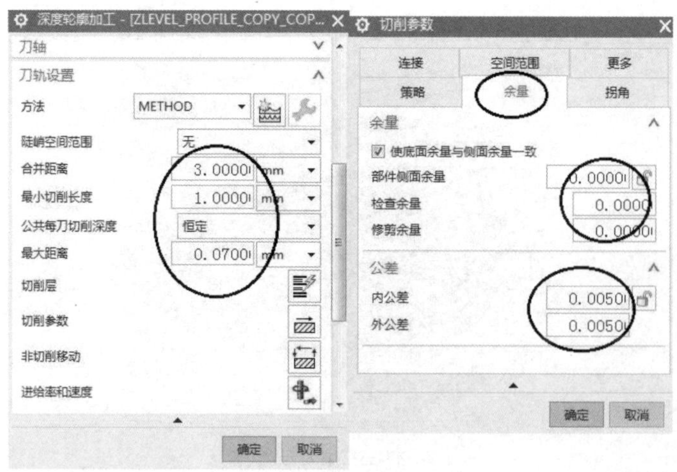

图7-27　设置刀轨参数

(5) 设定进给速度。单击________按钮，勾选对话框中的“主轴速度”复选框，输入转速为________，切削速度为________。

(6) 单击________按钮，计算生成刀轨，如图 7-28 所示。

(7) 仿真加工。结果如图 7-29 所示。

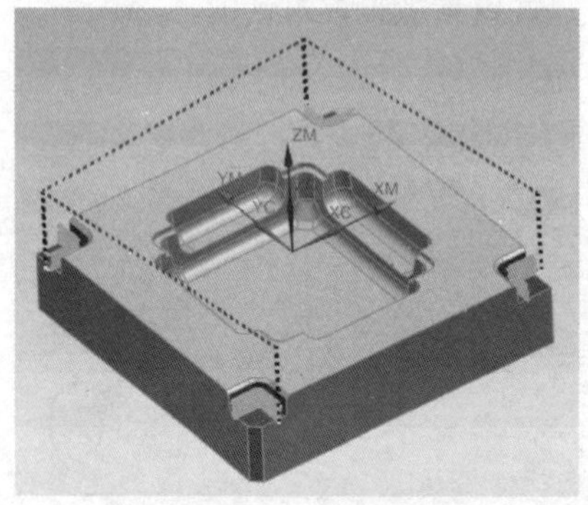

图7-28　生成刀轨

图7-29　仿真加工

8. 深度轮廓铣加工型腔侧面1

(1) 创建“深度轮廓铣”操作。在操作导航器中，选中上一步创建的型腔铣操作，右击，在弹出的快捷菜单中选择“复制”命令；再选中 ZLEVEL_PROFILE_COPY_COPY，右击，在弹出的快捷菜单中选择“粘贴”命令；ZLEVEL_PROFILE_COPY_COPY 下方便多一个操作 ZLEVEL_PROFILE_COPY_COPY_COPY。双击，打开型腔铣参数设置对话框。

(2) 指定切削区域，操作如图 7-30 所示。

(3) 单击________按钮，计算生成刀轨，如图 7-31 所示。

(4) 仿真加工。结果如图 7-32 所示。

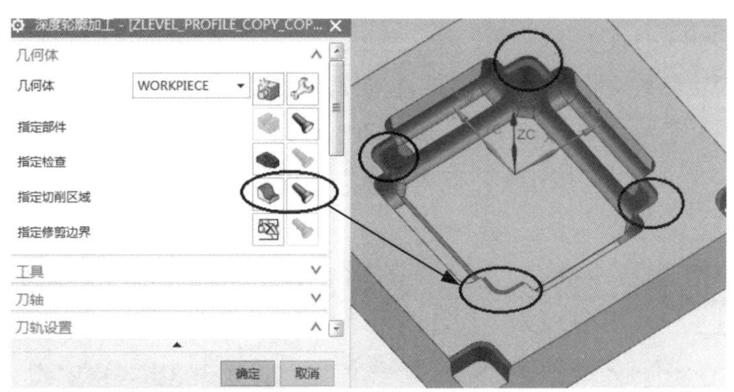

图7-30 指定切削区域

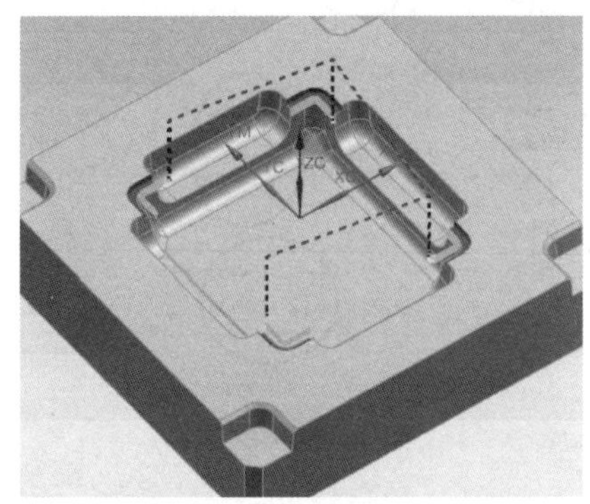

图7-31 生成刀轨

图7-32 仿真加工

9. 深度轮廓铣加工型腔侧面2

(1) 创建“深度轮廓铣”操作。在操作导航器中，选中上一步创建的型腔铣操作，右击，在弹出的快捷菜单中选择“复制”命令；再选中 ZLEVEL_PROFILE_COPY_COPY_COPY，右击，在弹出的快捷菜单中选择“粘贴”命令；ZLEVEL_PROFILE_COPY_COPY_COPY 下方便多一个操作 ZLEVEL_PROFILE_COPY_COPY_COPY-1。双击，打开型腔铣参数设置对话框。

(2) 指定切削区域，操作如图 7-33 所示。

图7-33 指定切削区域

(3) 创建 D6R3 刀具。

(4) 设置刀轨参数。采用________的切削模式，平面直径百分比为______，陡峭空间范围为_______，角度为________，公共每刀切削深度为________，最大距离为_______mm，如图 7-34 所示。单击____按钮，在“余量”选项卡中，设置部件侧面余量为_______，内公差为_______，外公差为_______。

(5) 设定进给速度。单击________按钮，勾选对话框中的“主轴速度”复选框，输入转速为________，切削速度为________。

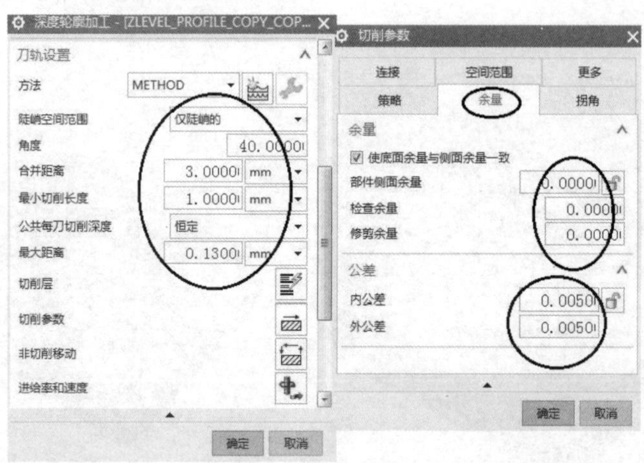

图7-34　设置刀轨参数

(6) 单击________按钮，计算生成刀轨，如图 7-35 所示。

(7) 仿真加工。结果如图 7-36 所示。

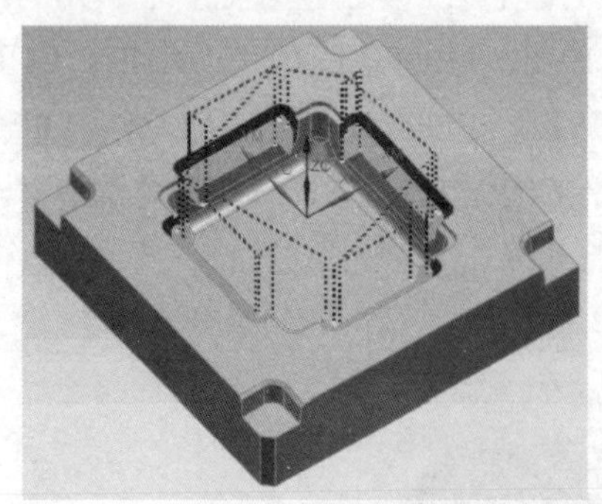

图7-35　生成刀轨

图7-36　仿真加工

10. 区域轮廓铣加工型腔侧面1

(1) 创建“区域轮廓铣”操作。单击操作工具条中的______按钮，在“创建工序”对话框中选择加工类型为_______，在操作子类型中选择________按钮，在几何体中选择___________，在名称中输入___________，操作如图 7-37 所示。

(2) 指定切削区域。操作如图 7-38 所示。

图7-37　创建区域轮廓铣

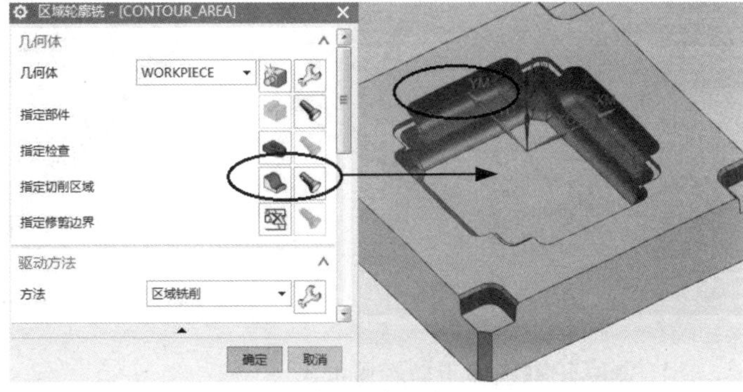

图7-38　指定切削区域

(3) 驱动方法设置。区域铣削作为本操作的驱动方法，操作如图 7-39 所示。

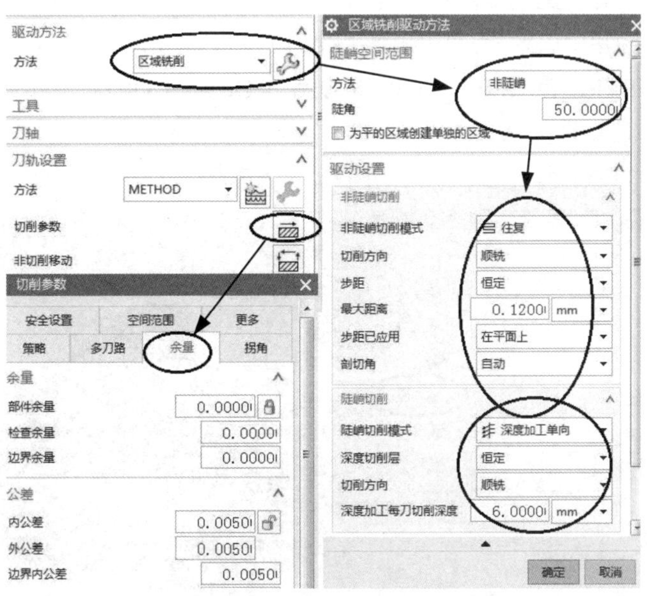

图7-39　驱动方法参数

(4) 选取 D6R3 刀具。

(5) 设置刀轨参数。单击____按钮，在“余量”选项卡中，设置部件余量为_______，内外公差分别为_______、_______。

(6) 设定进给速度。单击________按钮，勾选对话框中的“主轴速度”复选框，输入转速为________，切削速度为________。

(7) 单击________按钮，计算生成刀轨，如图 7-40 所示。

(8) 仿真加工。结果如图 7-41 所示。

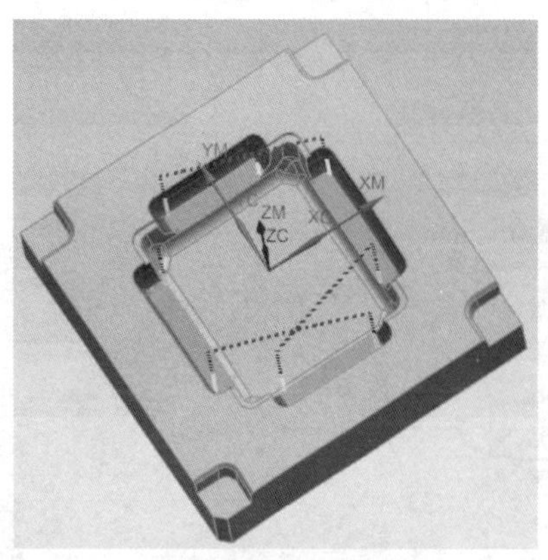

图7-40 生成刀轨

图7-41 仿真加工

11. 深度轮廓铣加工型腔侧面3

(1) 创建“深度轮廓铣”操作。在操作导航器中，选中上一步创建的型腔铣操作，右击，在弹出的快捷菜单中选择“复制”命令；再选中 ZLEVEL_PROFILE_COPY_COPY_COPY_1，右击，在弹出的快捷菜单中选择“粘贴”命令；ZLEVEL_PROFILE_COPY_COPY_COPY_1 下方便多一个操作 ZLEVEL_PROFILE_COPY_COPY_COPY-1_COPY。双击，打开型腔铣参数设置对话框。

(2) 指定切削区域，操作如图 7-42 所示。

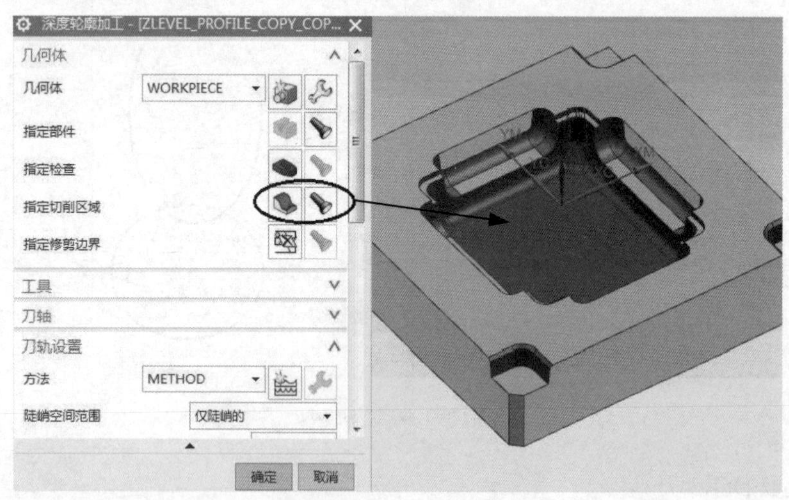

图7-42 指定切削区域

(3) 选定 D6R3 刀具。

(4) 设置刀轨参数。采用_______的切削模式，平面直径百分比为_______，陡峭空间范围为________，角度为________，公共每刀切削深度为________最大距离为________mm，如图 7-43 所示。单击____按钮，在“余量”选项卡中，设置部件余量为_______。

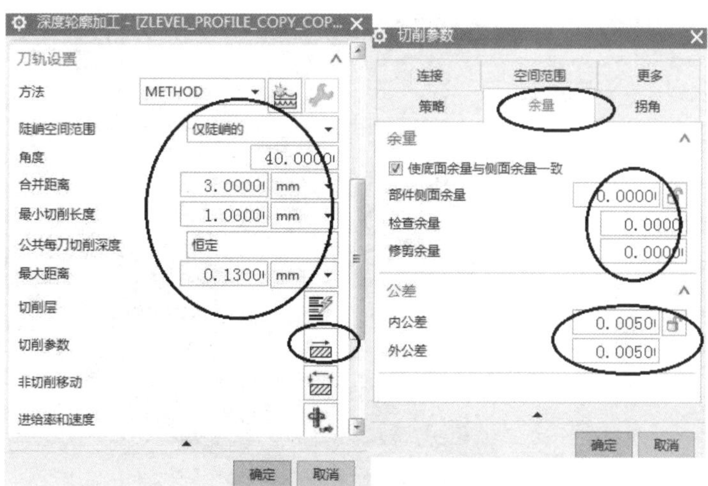

图7-43　设置刀轨参数

(5) 设定进给速度。单击________按钮，勾选对话框中的“主轴速度”复选框，输入转速为________，切削速度为________。

(6) 单击________按钮，计算生成刀轨，如图 7-44 所示。

(7) 仿真加工。结果如图 7-45 所示。

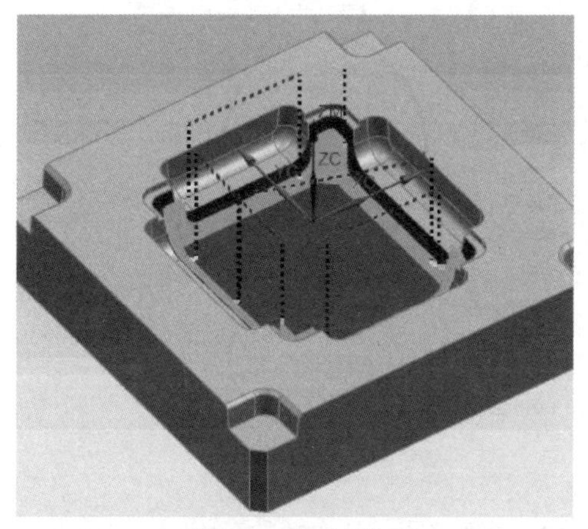
图7-44　生成刀轨

图7-45　仿真加工

12. 区域轮廓铣加工型腔侧面2

(1) 创建“区域轮廓铣”操作。在操作导航器中，选中第 10 步创建的区域轮廓铣操作，右击，在弹出的快捷菜单中选择“复制”命令；再选中 CONTOUR_AREA，右击，在弹出的快捷菜单中选择“粘贴”命令；CONTOUR_AREA 下方便多一个操作 CONTOUR_AREA_COPY。双击，打开型腔铣参数设置对话框。

(2) 指定切削区域，操作如图 7-46 所示。

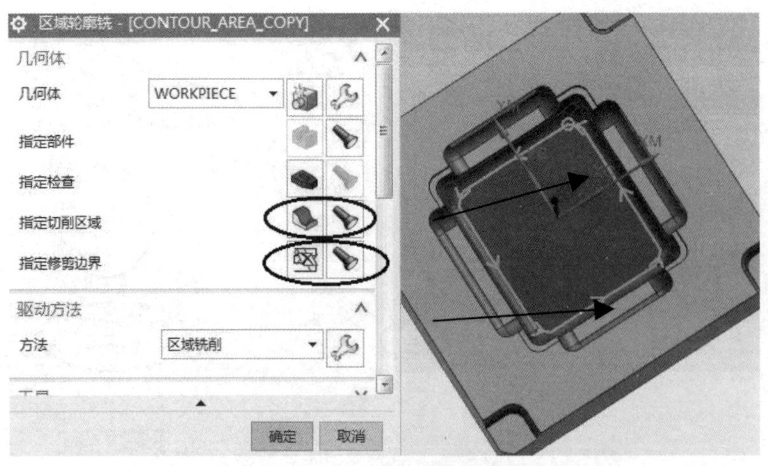

图7-46　指定切削区域

(3) 驱动方法设置。区域铣削作为本操作的驱动方法，操作如图 7-47 所示。

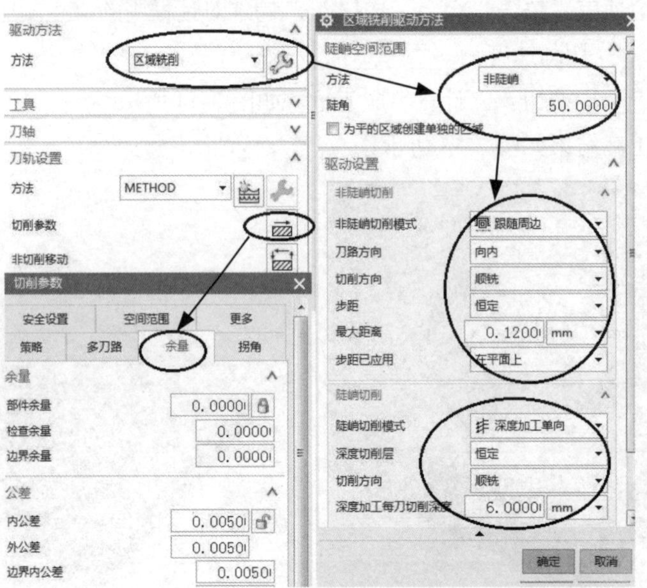

图7-47　驱动方法参数

(4) 选取 D6R3 刀具。

(5) 设置刀轨参数。单击____按钮，在“余量”选项卡中，设置部件余量为________，内外公差分别为________、________。

(6) 设定进给速度。单击________按钮，勾选对话框中的“主轴速度”复选框，输入转速为________，切削速度为________。

(7) 单击________按钮，计算生成刀轨，如图 7-48 所示。

(8) 仿真加工。结果如图 7-49 所示。

图7-48　生成刀轨

图7-49　刀轨仿真

13. 区域轮廓铣加工定位口倒角

(1) 创建“区域轮廓铣”操作。在操作导航器中，选中上一步创建的区域轮廓铣操作，右击，在弹出的快捷菜单中选择“复制”命令；再选中 CONTOUR_AREA_COPY，右击，在弹出的快捷菜单中选择“粘贴”命令；CONTOUR_AREA_COPY 下方便多一个操作 CONTOUR_AREA_COPY_COPY。双击，打开型腔铣参数设置对话框。

(2) 指定切削区域，操作如图 7-50 所示。

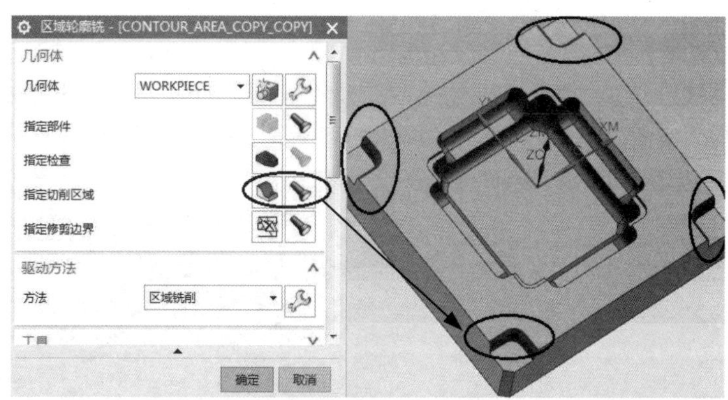

图7-50　指定切削区域

(3) 单击________按钮，计算生成刀轨，如图 7-51 所示。

(4) 仿真加工。结果如图 7-52 所示。

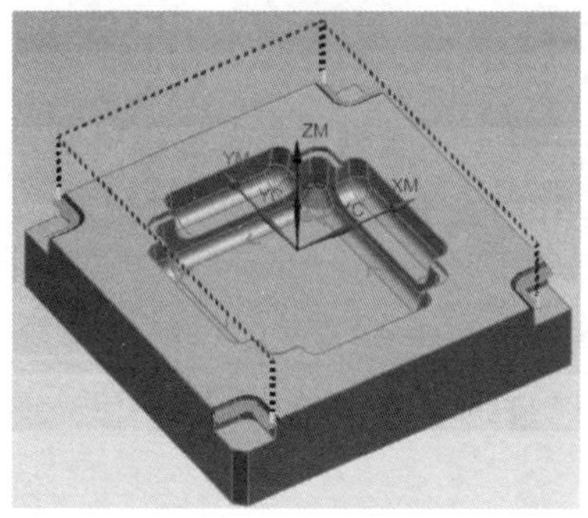

图7-51　生成刀轨

图7-52　刀轨仿真

14. 平面铣：加工边缘45°倒角

(1) 创建“平面铣”操作。单击操作工具条中的________按钮，在“创建工序”对话框中选择加工类型为_____，在操作子类型中选择______，在几何体中选择_______，在名称中输入________，操作如图 7-53 所示。

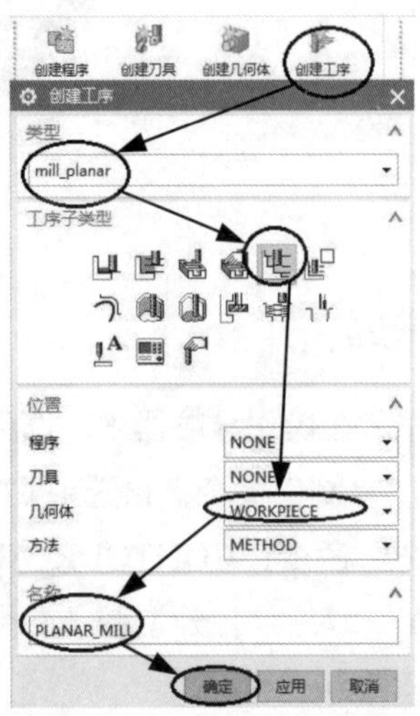

图7-53 创建平面铣操作

(2) 指定部件边界。选择___________作为部件边界，操作如图 7-54 所示。

(3) 设定加工底面。单击_________按钮，操作如图 7-54 所示。

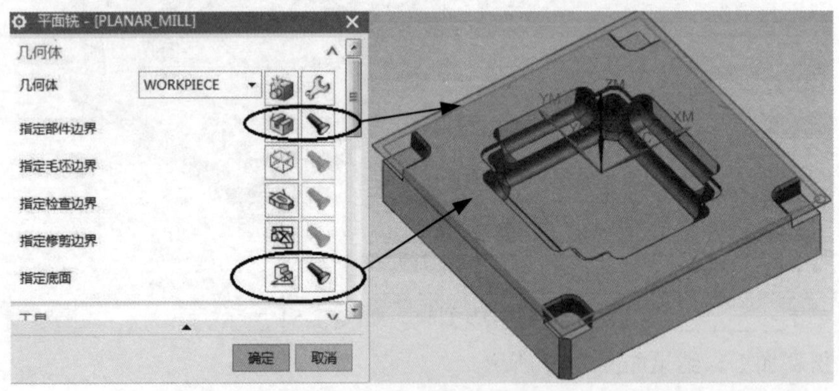

图7-54 指定部件边界和设定加工底面

(4) 创建 D6×45° 刀具。单击___________按钮，在刀具子类型中选定_________，在名称中输入________。在刀具参数中，输入刀具直径为________，底圆角半径为________，刀具号和补偿号分别为________和________。

(5) 设置刀轨参数。采用_______切模式，平面直径百分比为_______，单击____按钮，在“余量”选项卡中，设置部件余量为_______，最终底面余量为_______，公差分别为_______，操作如图 7-55 所示。

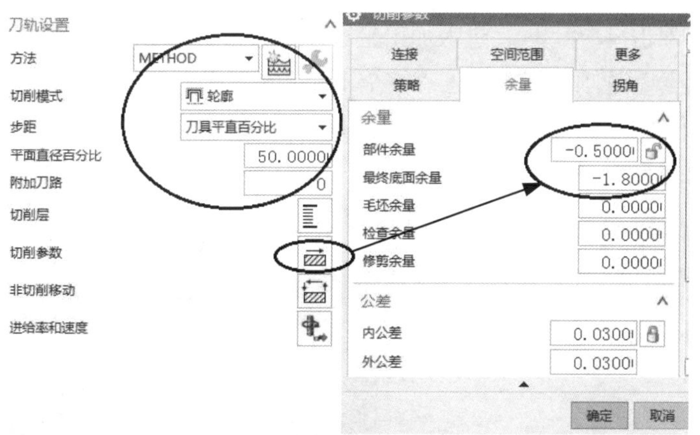

图7-55　设置刀轨参数

(6) 设定进给速度。单击__________按钮，勾选对话框中的“主轴速度”复选框，输入转速为________，切削速度为________。

(7) 单击__________按钮，计算生成刀轨，如图 7-56 所示。

(8) 仿真加工。结果如图 7-57 所示。

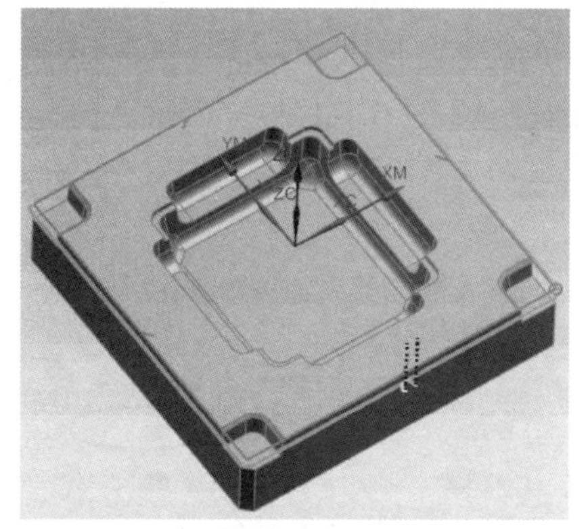
图7-56　生成刀轨

图7-57　刀轨仿真

反面装夹，加工孔，编程参考 7-3.prt 文件。

三、自动编程2

根据填写的加工工序卡，使用 CAD/CAM 软件绘制零件的三维模型，生成加工刀具路径，并将刀具路径后处理为数控加工程序，程序名与加工工序卡里的程序名一致。

1. 加工机床几何体处理

(1) 加工坐标准备。启动 NX10.0，打开 3D 图档 07-2.prt，单击按钮，在下拉列表中选择________，进入加工模块，在弹出的“加工环境”对话框中单击“确定”按钮。在侧边栏中单击______按钮，展开加工操作导航器。在操作导航器空白处右击，在下拉菜单中选择视图，双击 MCS_MILL ，进入加工坐标设定对话框，此时，工作坐标系与加工坐标系重合，在“间隙”选项中指定加工“安全平面”高度。

(2) 加工几何体准备。双击 MCS_MILL 下的 WORKPIECE ，进入“工件”对话框，完成部件的设置，操作如图 7-58 所示。

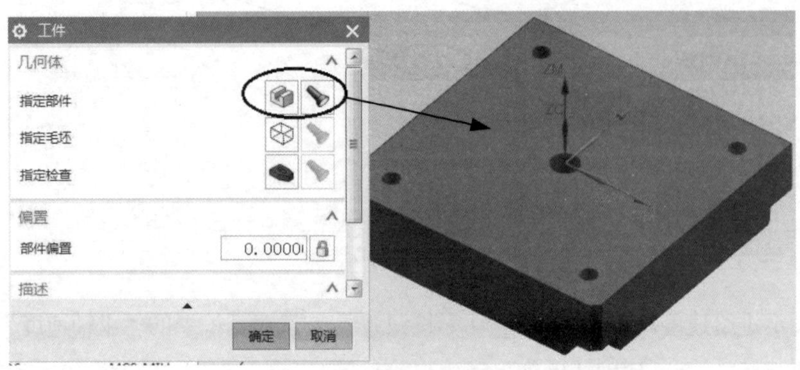

图7-58　几何体设置

2. 锪孔加工：钻中心孔 $\phi3$

(1) 创建“锪孔加工”操作。单击操作工具条中的______按钮，在“创建工序”对话框中选择加工类型为______，在操作子类型中选择______，在几何体中选择________，在名称中输入__________，操作如图 7-59 所示。

(2) 设置几何体，指定孔，操作如图 7-60 所示。

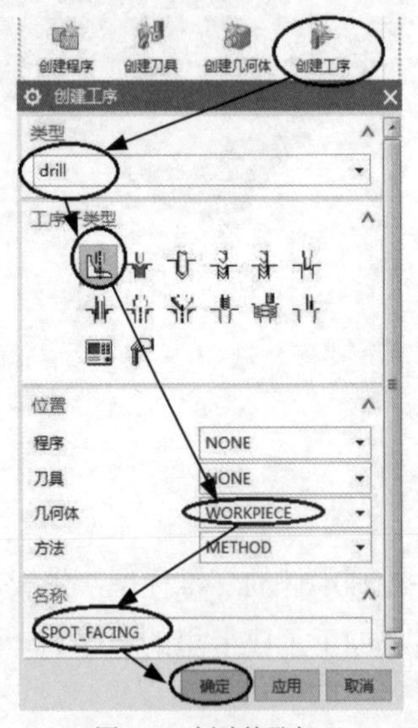

图7-59　创建锪孔加工

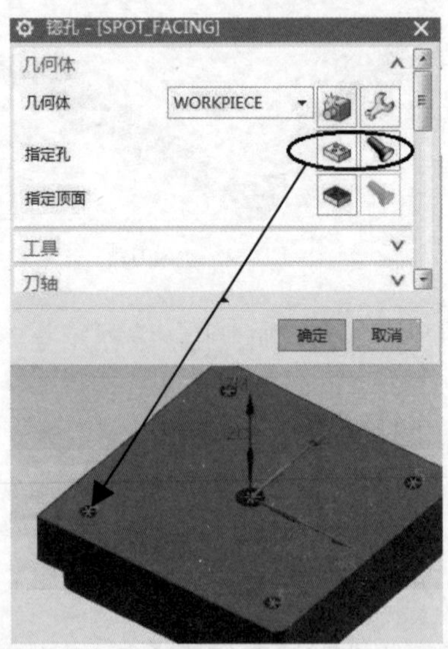

图7-60　指定孔

(3) 创建 D3 刀具。单击______按钮，在刀具子类型中选定______，在名称中输入________。在刀具参数中，输入刀具直径为________，底圆角半径为________，刀具号和补偿号分别为________和________。

(4) 设置循环类型，操作如图 7-61 所示。

(5) 设定进给速度。单击________按钮，勾选对话框中的“主轴速度”复选框，输入转速为________，切削速度为________。

(6) 单击________按钮，计算生成刀轨，如图 7-62 所示。

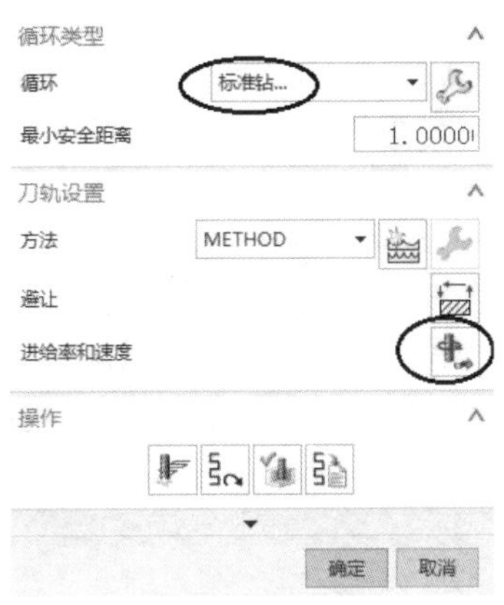

图7-61　设置循环类型

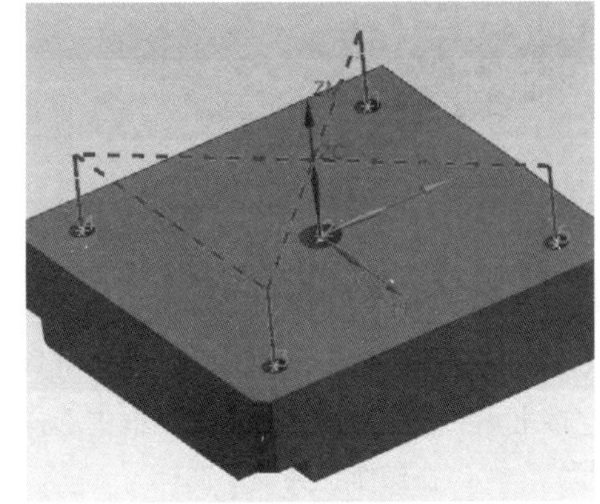

图7-62　生成刀轨

(7) 仿真加工。在操作导航器中选中 SPOT_FACING，单击________按钮，进入“可视化刀轨”对话框，选择播放刀轨的形式(有重播、3D 动态、2D 动态三种)，按“播放”键即可模拟加工过程，结果如图 7-63 所示。

图7-63　刀轨仿真

3. 钻孔操作：钻螺纹底孔 ϕ6、深11

(1) 创建“钻孔操作”操作。在操作导航器中，选中第 2 步创建的锪孔操作，右击，在弹出的快捷菜单中选择“复制”命令；再选中 SPOT_FACING，右击，在弹出的快捷菜单中选择“粘贴”命令；SPOT_FACING_COPY 下方便多一个操作 SPOT_FACING。双击，打开参数设置对话框。

(2) 创建 D5.3 钻头。单击______按钮，在刀具子类型中选定______，在名称中输入________。在刀具参数中，输入刀具直径为________，底圆角半径为________，刀具号和补偿号分别为________和________。

(3) 设定进给速度。单击________按钮，勾选对话框中的“主轴速度”复选框，输入转速为________，切削速度为________。

(4) 单击________按钮，计算生成刀轨，如图 7-64 所示。

(5) 仿真加工。结果如图 7-65 所示。

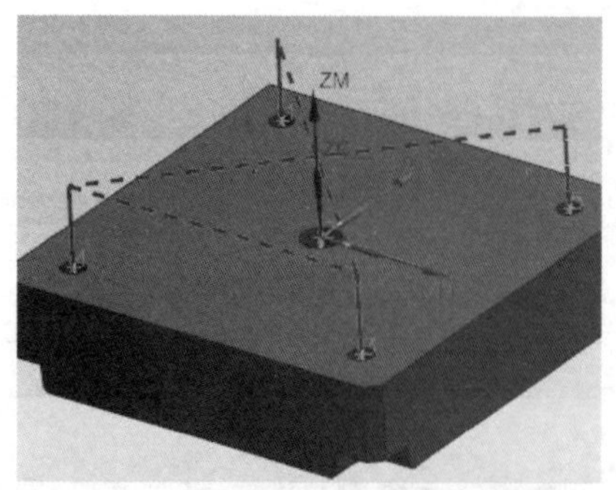

图7-64 生成刀轨

图7-65 刀轨仿真

4. 平面铣：精加工边缘倒角

(1) 创建“平面铣”操作。单击操作工具条中的___按钮，在“创建工序”对话框中选择加工类型为_____，在操作子类型中选择______，在几何体中选择_______，在名称中输入________，操作如图 7-66 所示。

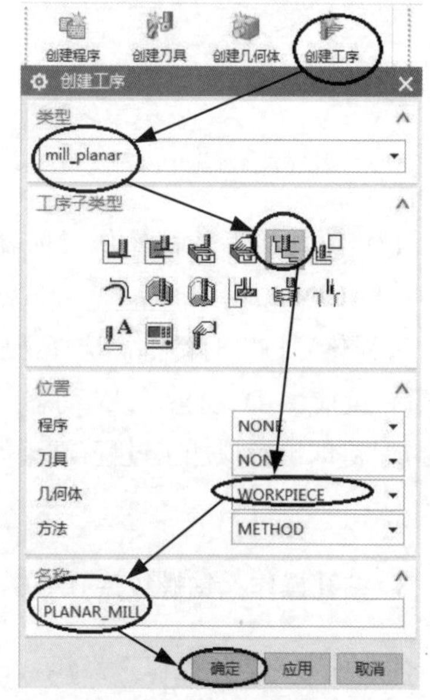

图7-66 创建平面铣操作

(2) 选定几何体。选择___________作为部件边界，操作如图 7-67 所示。

(3) 设定加工底面。单击_________按钮，操作如图 7-67 所示。

(4) 创建 D6×45° 刀具。单击___________按钮，在刀具子类型中选定_________，在名称中输入_________。在刀具参数中，输入刀具直径为________，底圆角半径为________，刀具号和补偿号分别为________和________。

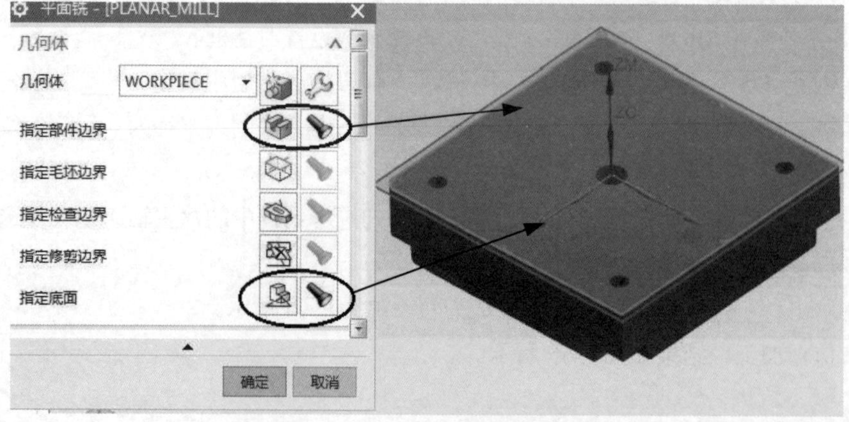

图7-67 选定几何体和设定加工底面

(5) 设置刀轨参数。采用________的切削模式，平面直径百分比为________，部件余量为________，最终底面余量为________，操作如图 7-68 所示。

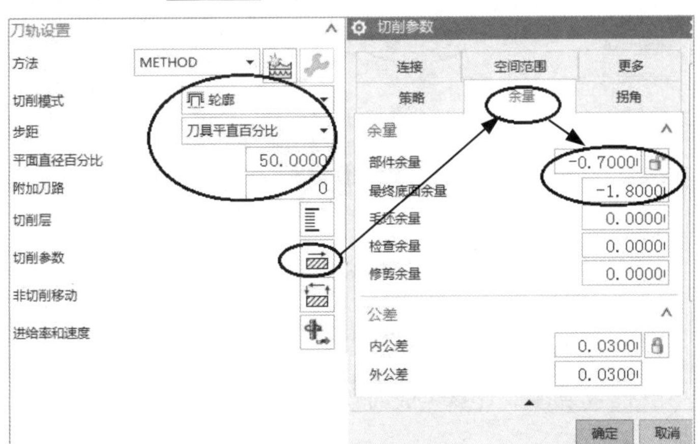

图7-68　刀轨设置

(6) 设定进给速度。单击____________按钮，勾选对话框中的“主轴速度”复选框，输入转速为_________，切削速度为_________。

(7) 单击____________按钮，计算生成刀轨，如图 7-69 所示。

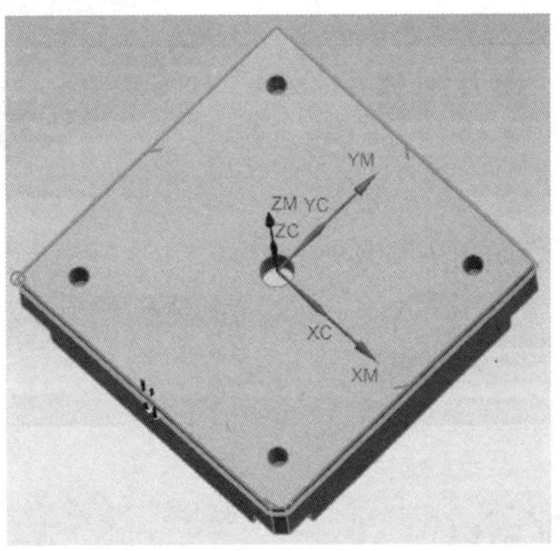

图7-69　生成刀轨

5. 平面铣：ϕ10孔边缘倒角

(1) 创建“平面铣”操作。在操作导航器中，选中上一步创建的平面铣操作，右击，在弹出的快捷菜单中选择“复制”命令；再选中 PLANAR_MILL，右击，在弹出的快捷菜单中选择“粘贴”命令；在 PLANAR_MILL 下方便多一个操作 PLANAR_MILL_COPY。双击，打开参数设置对话框。

(2) 选定几何体。选择____________作为部件边界，设定加工底面，单击________按钮，操作如图 7-70 所示。

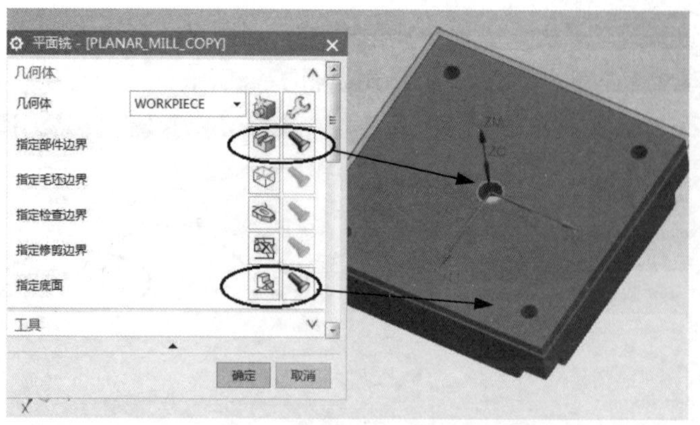

图7-70 选定几何体

(3) 单击________按钮，计算生成刀轨，如图 7-71 所示。

图7-71 生成刀轨

6. 深度轮廓加工：半精加工 ϕ10孔

(1) 创建“型腔铣”操作。单击操作工具条中的______按钮，在“创建工序”对话框中选择加工类型为_______，在操作子类型中选择___________，在几何体中选择__________，在名称中输入___________，操作如图 7-72 所示。

(2) 指定修剪边界，操作如图 7-73 所示。

图7-72 创建型腔铣深度轮廓加工

图7-73 指定修剪边界

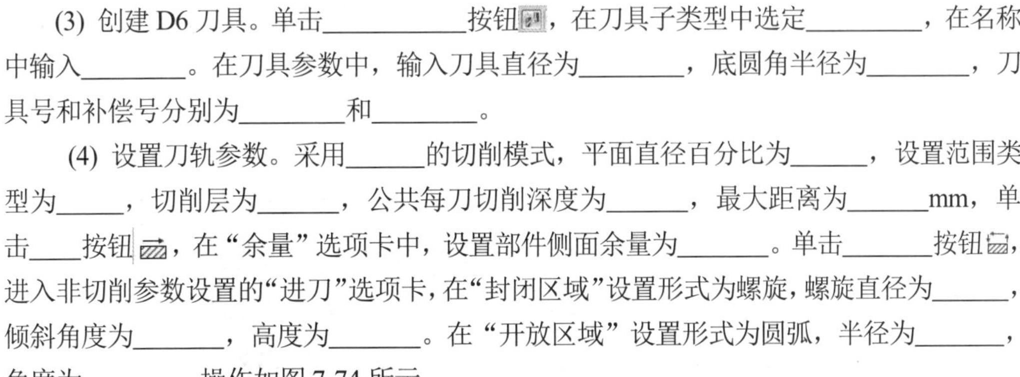

(3) 创建D6刀具。单击__________按钮，在刀具子类型中选定________，在名称中输入________。在刀具参数中，输入刀具直径为________，底圆角半径为________，刀具号和补偿号分别为________和________。

(4) 设置刀轨参数。采用______的切削模式，平面直径百分比为______，设置范围类型为_____，切削层为______，公共每刀切削深度为______，最大距离为______mm，单击____按钮，在“余量”选项卡中，设置部件侧面余量为_______。单击_______按钮，进入非切削参数设置的“进刀”选项卡，在“封闭区域”设置形式为螺旋，螺旋直径为______，倾斜角度为_______，高度为_______。在“开放区域”设置形式为圆弧，半径为_______，角度为_______，操作如图7-74所示。

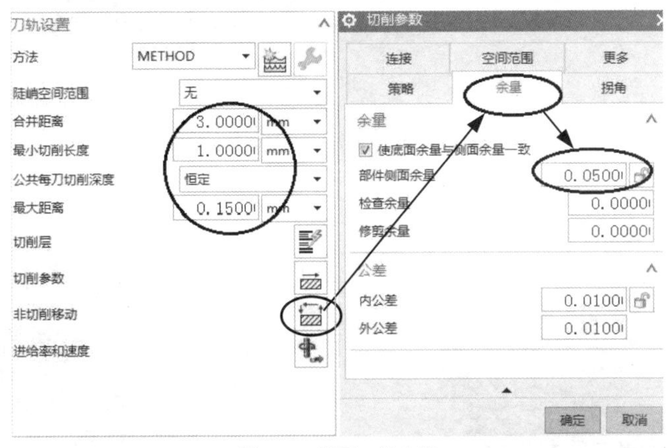

图7-74　设置刀轨参数

(5) 设定进给速度。单击________按钮，勾选对话框中的“主轴速度”复选框，输入转速为________，切削速度为________。

(6) 单击________按钮，计算生成刀轨，如图7-75所示。

(7) 仿真加工。结果如图7-76所示。

图7-75　生成刀轨

图7-76　仿真加工

7. 深度轮廓加工：定位倒角

(1) 创建“深度轮廓加工”操作。在操作导航器中，选中上一步创建的深度轮廓加工铣操作，右击，在弹出的快捷菜单中选择“复制”命令；再选中ZLEVEL_PROFILE，右击，在弹出的快捷菜单中选择“粘贴”命令；ZLEVEL_PROFILE 下方便多一个操作 ZLEVEL_PROFILE _COPY。双击，打开参数设置对话框。

(2) 指定切削区域，操作如图 7-77 所示。

图7-77　指定切削区域

(3) 单击________按钮，计算生成刀轨，如图 7-78 所示。

(4) 仿真加工。结果如图 7-79 所示。

图7-78　生成刀轨

图7-79　仿真加工

8. 表面铣：精加工 ϕ10孔(余量为0)

(1) 创建“表面铣”操作。单击操作工具条中的___按钮，在“创建工序”对话框中选择加工类型为____________，在操作子类型中选择____________，在几何体中选择__________，在名称中输入__________，操作如图 7-80 所示。

(2) 选定几何体。选择____________作为部件，选择____________作为面边界，操作如图 7-81 所示。

(3) 选取 D6 刀具。

(4) 设置刀轨参数与切削参数。采用__________的切削模式，平步距为________，最终部件余量为________，壁余量为________，操作如图 7-82 所示。

(5) 设定进给速度。单击________按钮，勾选对话框中的“主轴速度”复选框，输入转速为________，切削速度为________。

图7-80　创建表面铣

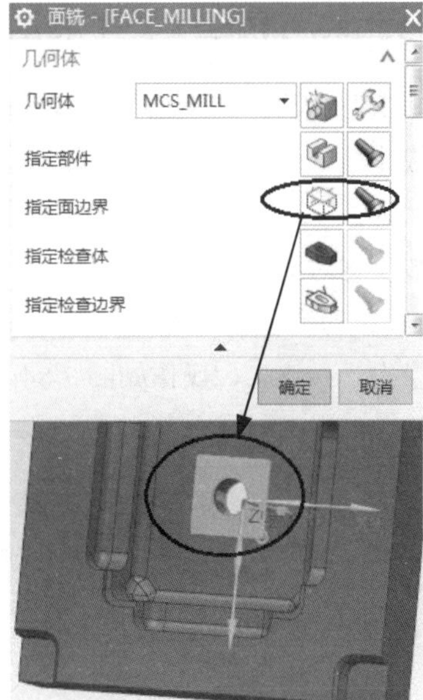

图7-81　设定几何体

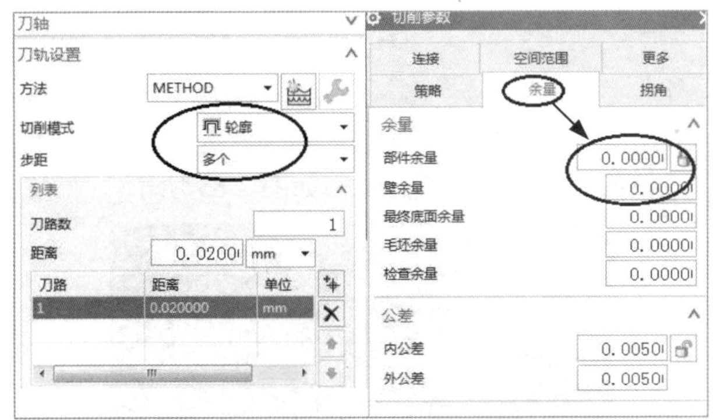

图7-82　设定刀轨参数与切削参数

(6) 单击________按钮，计算生成刀轨，如图7-83所示。

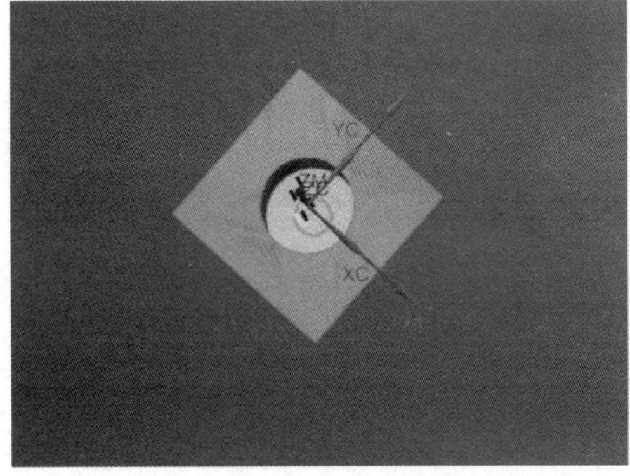

图7-83　生成刀轨

9. 表面铣：精加工 φ10 孔(根据配合情况而定，余量为-0.005)

(1) 创建“表面铣”操作。在操作导航器中，选中上一步创建的表面铣操作，右击，在弹出的快捷菜单中选择“复制”命令；再选中 FACE_MILLING，右击，在弹出的快捷菜单中选择“粘贴”命令；FACE_MILLING 下方便多一个操作 FACE_MILLING_COPY。双击，打开参数设置对话框。

(2) 设置刀轨参数。采用__________的切削模式，平面直径百分比为________，最终底面余量为________，操作如图 7-84 所示。

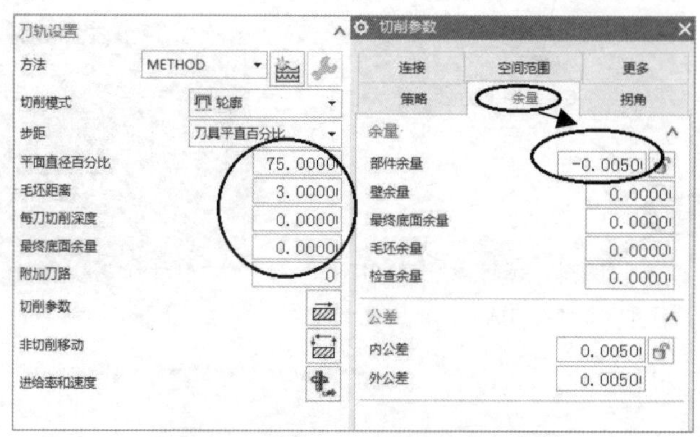

图7-84　设置刀轨参数与切削参数

(3) 单击________按钮，计算生成刀轨，如图 7-85 所示。

图7-85　生成刀轨

四、零件的加工

1. 填写生产流程表

分步完成零件的加工，填写生产流程表如表 7-3 所示。

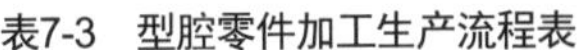

表7-3　型腔零件加工生产流程表

序号	生产内容	结果记录
1	装夹工件、刀具，对刀，建立工作坐标系	
2		
3		
4		
5		
6		
7		
8		
9		
10		
11		
12		
13		
14		
15		
16		
17		
18		
19		
20		
21		

2. 测量工件尺寸

完成加工后，测量工件尺寸并填写表 7-4。

表7-4　型腔零件加工尺寸测量评价表

序号	考核内容	考核要求	配分	评分标准	自检	互检	得分
1	74.50±0.05	±0.05	20	超差不得分			
2	68.50±0.05	±0.05	20	超差不得分			
3	18.5	±0.05	10	超差不得分			
4	ϕ10	±0.05	10	超差不得分			
5	9	±0.05	10	超差不得分			

(续表)

序号	考核内容	考核要求	配分	评分标准	自检	互检	得分
6	4× ϕ6	±0.05	10	超差不得分			
7	80	±0.05	10	超差不得分			
8	11	±0.05	10	超差不得分			

第三部分　评价与反馈

一、自我评价

自我评价如表 7-5 所示。

表7-5　型腔零件加工自我评价表

班级：　　　　　　　姓名：　　　　　　　学习任务名称：

序号	评价项目	是	否
1	是否能正确分析零件形体		
2	前置作业是否全部完成		
3	是否完成了小组分配的任务		
4	是否认为自己在小组中不可或缺		
5	是否严格遵守课堂纪律		
6	在学习过程中，是否主动帮助其他同学		
7	对自己的表现是否满意		

二、小组评价

小组评价如表 7-6 所示。

表7-6　型腔零件加工小组评价表

序号	评价项目	评分(1～10)
1	有团队合作意识，注重沟通	
2	能自主学习并相互协作，尊重他人	
3	学习态度积极主动，能参加安排的活动	

(续表)

序号	评价项目	评分(1～10)
4	服从教师的教学安排，遵守学习场所的管理规定，遵守纪律	
5	能正确地领会他人提出的学习问题	
6	工作岗位的责任心	
7	能正确对待肯定和否定的意见	
8	团队中主动合作的情况	

评价人：　　　　　　　　　　　　　　　　　　　　　　年　月　日

三、教师评价

教师评价如表 7-7 所示。

表7-7　型腔零件加工教师评价表

序号	评价项目	教师评价			
		优	良	中	差
1	按时上、下课				
2	着装符合要求				
3	遵守课堂纪律				
4	学习的主动性和独立性				
5	工具、仪器使用规范				
6	主动参与工作现场的6S工作				
7	工作页填写完整				
8	与小组成员积极沟通，并协助其他成员共同完成学习任务				
9	会快速查阅各种手册等资料				
10	教师综合评价				

第四部分　拓展

1. 深度轮廓铣适用于怎么样的零件加工？

2. 试比较利用平面铣和深度轮廓铣进行工件加工的不同，并总结两者分别适用于哪种零件的粗加工？

3. 精加工编程中，切削参数中的“公差”选项对刀轨有何影响？

项目八 模具型芯的加工

学习目标

通过模具型芯零件(见图8-1)加工的学习，学生能够:

1. 熟悉UG加工编程命令和加工流程操作。

2. 熟练运用UG型芯铣、深度轮廓铣和区域轮廓铣加工方法，对零件进行编程加工操作。

3. 熟练运用UG孔的编程加工方法进行加工孔的操作。

4. 按照企业的生产要求，根据零件图样，以小组工作的形式，制订平面零件的加工工艺。

5. 严格按照安全操作规程，在自动模式下完成工件的加工。

建议学时

20学时。

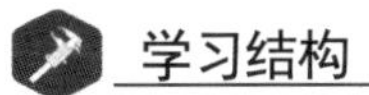

学习结构

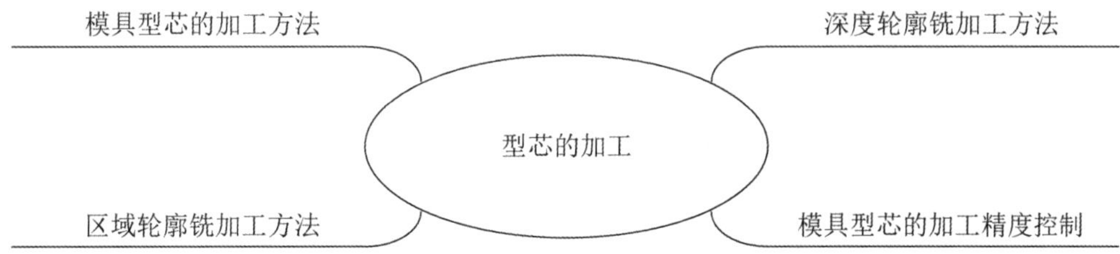

学习任务描述

某公司委托加工凳子模具型芯(见图8-1)，要求在1天内完成加工。生产管理部门下达加工任务，工期为1天，任务完成后提交成品及检测报告。

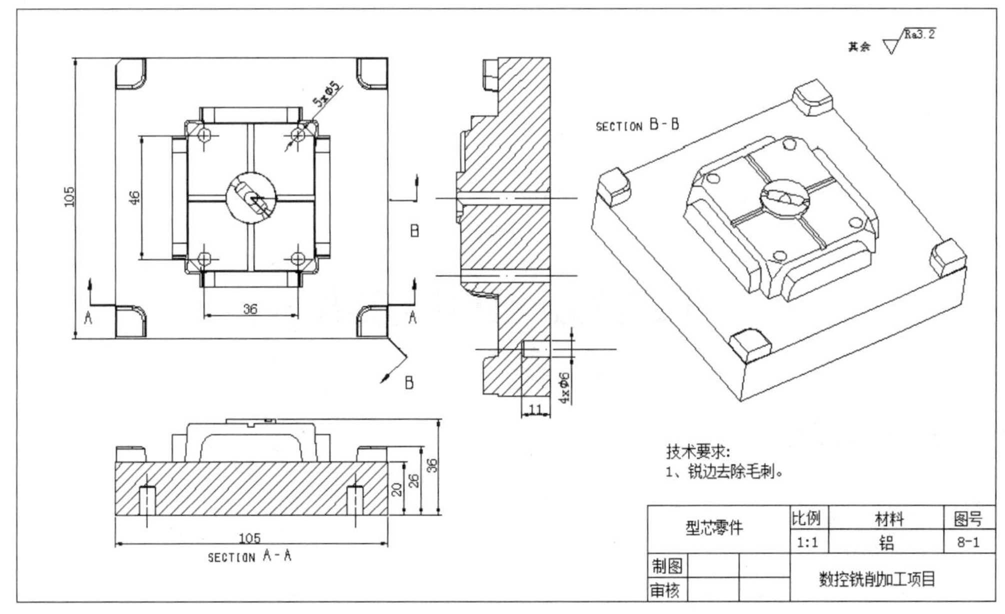

图8-1　模具型芯图样

该型芯零件外形尺寸为 105mm×105mm×36mm，由平面、直壁面、曲面组成，结构较复杂，可以采用型腔铣进行粗加工和深度轮廓铣半精加工。平面可以采用平面铣精加工。因为工件由多个曲面组成，有较陡峭的曲面，也有平坦的曲面，故采用深度轮廓铣加工陡峭曲面和区域轮廓铣加工较平坦曲面的方案进行精加工。本项目重点探讨利用区域轮廓铣加工较平坦曲面的加工操作。

第一部分　学习准备

一、区域轮廓铣的特点和应用

区域轮廓铣是“固定轴曲面轮廓铣”的子类型，常用于由轮廓面区域构成的半精加工、精加工，加工曲面较为平坦，45° 以下的曲面和非陡峭曲面都可以加工。

二、型芯的加工方法

型芯的加工一般采用数控铣削方法加工，但也有一些细小凹槽(无法进刀的位置)采用电火花加工。例如模型(见图 8-1)型芯的四个角的位置精加工铣削是无法加工出来，需要采用电火花加工。在配模阶段还要用手工抛光及修配。粗加工时，常用型腔铣、型腔铣二次开粗；半精加工时，常用深度轮廓加工陡峭曲面和固定轮廓铣加工非陡峭曲面；精加工时，采用平面铣加工平面和竖直侧面，深度轮廓加工陡峭曲面和固定轮廓铣加工非陡峭曲面。

三、型芯的加工精度控制

型芯采用数控铣削加工时，常按粗加工、半精加工、精加工的路线依次加工，保证零件的加工精度，粗精加工的刀具要分开使用。粗加工时常用直径比较大的铣刀快速去除材料，半精加工的余量多为 0.3～0.5 mm。在 UG 编程余量设置选项中，半精加工时公差要设置为 0.05，而精加工时公差要设置为 0.001。

第二部分　计划与实施

一、生产前的准备

1. 阅读零件图

阅读零件图，完成表 8-1。

表8-1　型芯零件图分析

分析项目	分析内容
标题栏信息	零件名称： 零件材料： 模坯规格：
零件形体	描述零件的主要结构：
尺寸公差	图样上标注公差的尺寸有：
几何公差	零件有无几何公差要求：
表面粗糙度	
其他技术要求	

2. 工具、量具准备

夹具：____

刀具：____

量具：____

其他工具或辅件：________________________________

3. 填写工序卡

填写工序卡，如表 8-2 所示。

表8-2　型芯零件加工工序卡

<table>
<tr><td colspan="3" rowspan="6">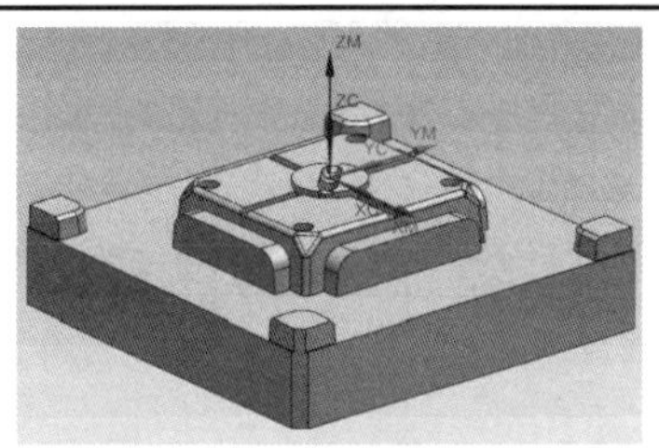
工序简图</td><td colspan="3">零件图号</td><td colspan="4"></td></tr>
<tr><td colspan="3">工序名称</td><td colspan="4"></td></tr>
<tr><td colspan="3">车间</td><td colspan="4"></td></tr>
<tr><td colspan="3">使用设备</td><td colspan="4"></td></tr>
<tr><td colspan="3">夹具名称</td><td colspan="4"></td></tr>
<tr><td colspan="3">夹具编号</td><td colspan="4"></td></tr>
<tr><td rowspan="2">工步</td><td rowspan="2">工步内容</td><td rowspan="2">程序名</td><td rowspan="2">刀具名称</td><td colspan="3">切削用量</td><td colspan="2">余量/mm</td><td rowspan="2">备注
(程序号)</td></tr>
<tr><td>主轴转速
/(r•min^{-1})</td><td>进给量
/(mm•min^{-1})</td><td>切削深度
/mm</td><td>侧面</td><td>底面</td></tr>
<tr><td>1</td><td>锪孔：钻中心孔ϕ3</td><td></td><td>ZXZ3</td><td>1500</td><td>80</td><td></td><td></td><td></td><td>O1001</td></tr>
<tr><td>2</td><td>钻孔：ϕ4.8、深25</td><td></td><td>ZT4.8</td><td>800</td><td>80</td><td></td><td></td><td></td><td></td></tr>
<tr><td>3</td><td>镗孔：ϕ5、深25</td><td></td><td>JD5</td><td>200</td><td>80</td><td></td><td></td><td></td><td></td></tr>
<tr><td>4</td><td>型腔铣开粗</td><td></td><td>D17R0.8</td><td>2500</td><td>3000</td><td></td><td>0.25</td><td>0.15</td><td></td></tr>
<tr><td>5</td><td>深度轮廓加工型芯</td><td></td><td>D6</td><td></td><td></td><td></td><td>0.06</td><td>0.06</td><td></td></tr>
<tr><td>6</td><td>表面铣定位口</td><td></td><td rowspan="3">D17R0.8</td><td rowspan="3">2500</td><td rowspan="3">800</td><td rowspan="3"></td><td rowspan="3"></td><td rowspan="3">0.3</td><td rowspan="3"></td></tr>
<tr><td>7</td><td>表面铣台阶</td><td></td></tr>
<tr><td>8</td><td>表面铣型芯</td><td></td></tr>
<tr><td>9</td><td>平面铣精加工型芯侧面1</td><td></td><td rowspan="2">D5.97</td><td rowspan="2">6000</td><td rowspan="2">3000</td><td></td><td>0.3</td><td></td><td rowspan="7"></td></tr>
<tr><td>10</td><td>深度轮廓加工定位口侧面</td><td></td><td></td><td>0</td><td></td></tr>
<tr><td>11</td><td>深度轮廓加工型芯侧面2</td><td></td><td rowspan="4">D6R3</td><td rowspan="4">6000</td><td rowspan="4">2500</td><td></td><td></td><td></td></tr>
<tr><td>12</td><td>区域轮廓加工型芯顶面圆角</td><td></td><td>0</td><td rowspan="4"></td><td>0</td></tr>
<tr><td>13</td><td>区域轮廓加工定位口倒角</td><td></td><td>0</td><td>0</td></tr>
<tr><td>14</td><td>深度轮廓加工型芯侧面4个圆角位</td><td></td><td>0</td><td>0</td></tr>
<tr><td>15</td><td>深度轮廓加工凸台侧面</td><td></td><td>D5.97</td><td>6000</td><td>3000</td><td>0</td><td>0</td></tr>
</table>

(续表)

<table>
<tr><th rowspan="2">工步</th><th rowspan="2">工步内容</th><th rowspan="2">程序名</th><th rowspan="2">刀具名称</th><th colspan="3">切削用量</th><th colspan="2">余量/mm</th><th rowspan="2">备注
(程序号)</th></tr>
<tr><th>主轴转速
/(r•min^{-1})</th><th>进给量
/(mm•min^{-1})</th><th>切削深度
/mm</th><th>侧面</th><th>底面</th></tr>
<tr><td colspan="10">反面装夹，加工固定孔，详见UG文件8-3.prt</td></tr>
<tr><td>1</td><td>钻孔：钻中心孔 $\phi3$</td><td></td><td>ZXZ3</td><td>1500</td><td>80</td><td></td><td></td><td></td><td></td></tr>
<tr><td>2</td><td>钻孔： $\phi5.3$、深11</td><td></td><td>ZT5.3</td><td>800</td><td>80</td><td></td><td></td><td></td><td></td></tr>
<tr><td>3</td><td>平面铣：外边缘倒角</td><td></td><td>D6 X45</td><td rowspan="2">6000</td><td rowspan="2">800</td><td></td><td>-0.7</td><td>-1.8</td><td></td></tr>
<tr><td>4</td><td>深度轮廓加工装配定位</td><td></td><td>D6</td><td></td><td>0.05</td><td>0.05</td><td></td></tr>
<tr><td>编制</td><td></td><td></td><td>审核</td><td></td><td>批准</td><td></td><td colspan="2">共　　页</td><td>第　　页</td></tr>
</table>

二、自动编程1

根据填写的加工工序卡，使用 CAD/CAM 软件绘制零件的三维模型，生成加工刀具路径，并将刀具路径后处理为数控加工程序，程序名与加工工序卡里的程序名一致。

1. 加工机床几何体处理

(1) 加工坐标准备：启动 NX10.0，打开 3D 图档 08.prt，单击________按钮 开始 ，在下拉列表中选择________，进入加工模块，在弹出的“加工环境”对话框中单击“确定”按钮。在侧边栏中单击________按钮，展开加工操作导航器。在操作导航器空白处右击，在下拉菜单中选择________视图，双击 MCS_MILL 进入加工坐标设定对话框，此时，工作坐标系与加工坐标系重合，在“间隙”选项中指定加工“安全平面”高度。

(2) 加工几何体准备。双击 MCS_MILL 下的 WORKPIECE ，进入“工件”对话框，完成部件的设置，操作如图 8-2 所示。

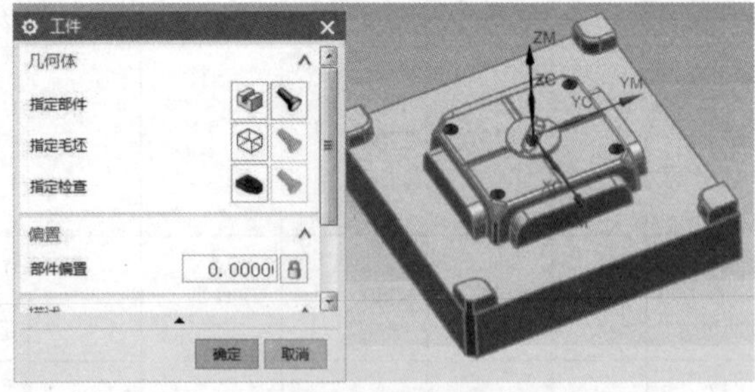

图8-2　几何体设置

2. 锪孔：钻中心孔 $\phi3$

(1) 创建“锪孔加工”操作。单击操作工具条中的______按钮，在“创建工序”对话框中选择加工类型为_______，在操作子类型中选择_______，在几何体中选择_________，在名称中输入___________，操作如图 8-3 所示。

(2) 设置几何体，指定孔__________，指定顶面__________，操作如图 8-4 所示。

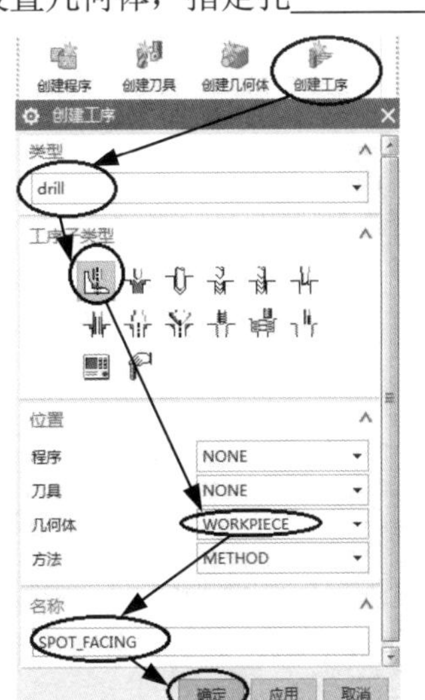

图8-3　创建锪孔加工

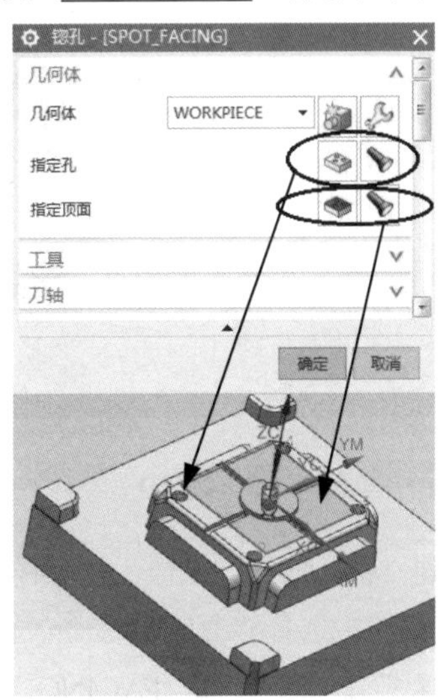

图8-4　指定孔和顶面

(3) 创建 D3 刀具。单击_____按钮，在刀具子类型中选定_____，在名称中输入_______。在刀具参数中，输入刀具直径为_______，底圆角半径为_______，刀具号和补偿号分别为_______和_______。

(4) 设置循环类型，操作如图 8-5 所示。

(5) 设定进给速度。单击_______按钮，勾选对话框中的“主轴速度”复选框，输入转速为_______，切削速度为_______。

(6) 单击_______按钮，计算生成刀轨，如图 8-6 所示。

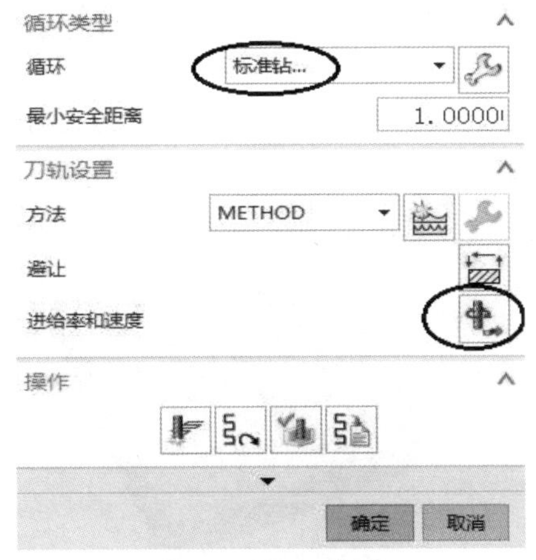

图8-5　设置循环类型

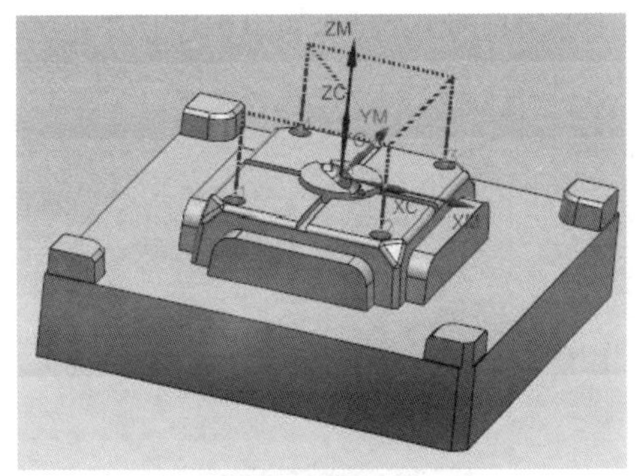

图8-6　生成刀轨

(7) 仿真加工。在操作导航器中选中 SPOT_FACING，单击_______按钮，进入“可视化刀轨”对话框，选择播放刀轨的形式(有重播、3D 动态、2D 动态三种)，按“播放”键即可模拟加工过程，结果如图 8-7 所示。

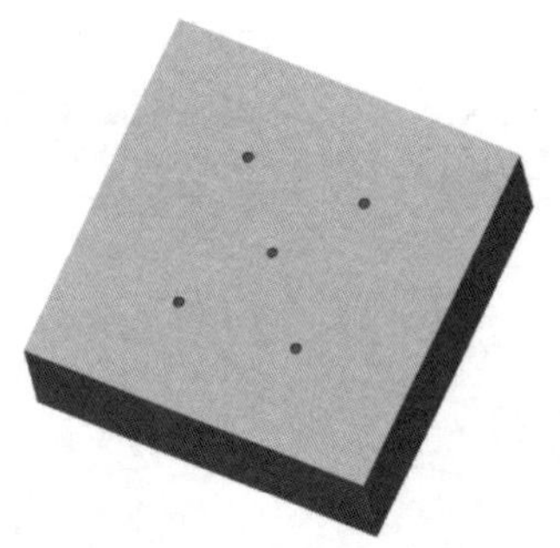

图8-7 刀轨仿真

3. 钻孔：ϕ4.8、深25mm

(1) 创建“钻孔操作”操作。在操作导航器中，选中第 1 步创建的锪孔操作，右击，在弹出的快捷菜单中选择“复制”命令；再选中 SPOT_FACING，右击，在弹出的快捷菜单中选择“粘贴”命令；SPOT_FACING 下方便多一个操作 SPOT_FACING_COPY。双击，打开参数设置对话框。

(2) 创建 D4.8 钻头。单击______按钮，在刀具子类型中选定______，在名称中输入________。在刀具参数中，输入刀具直径为________，底圆角半径为________，刀具号和补偿号分别为________和________。

(3) 设置循环类型，操作如图 8-8 所示。

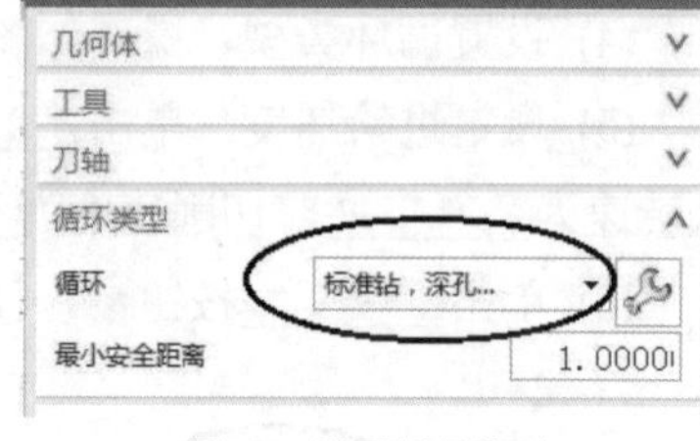

图8-8 设置循环类型

(4) 设定进给速度：单击________按钮，勾选对话框中的“主轴速度”复选框，输入转速为________，切削速度为________。

(5) 单击________按钮，计算生成刀轨，如图 8-9 所示。

(6) 仿真加工。结果如图 8-10 所示。

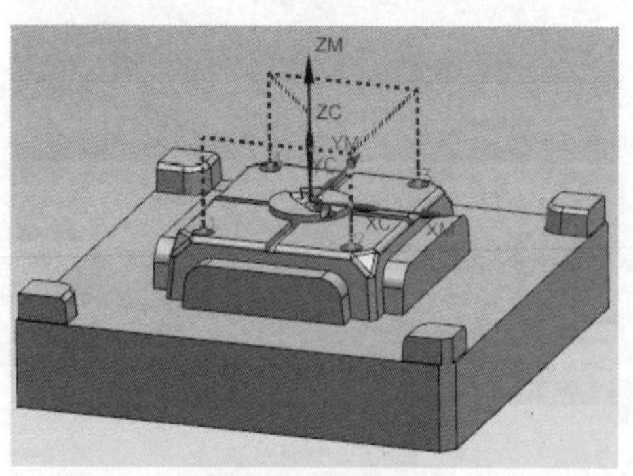

图8-9 生成刀轨

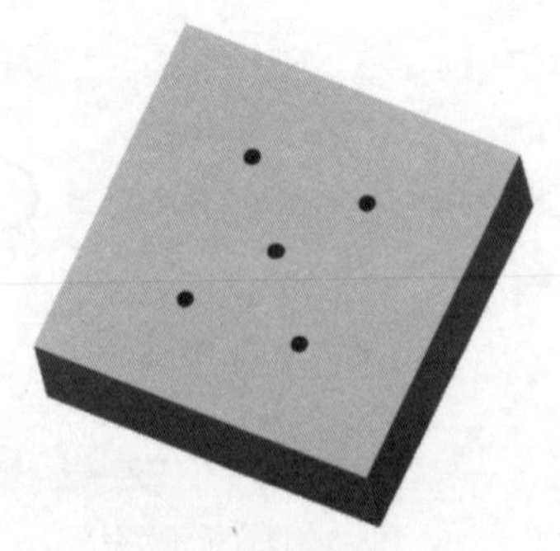

图8-10 刀轨仿真

4. 镗孔：孔 ϕ5、深25mm

(1) 创建“钻孔操作”操作。在操作导航器中，选中上一步创建的锪孔操作，右击，在弹出的快捷菜单中选择“复制”命令；再选中 SPOT_FACING_COPY，右击，在弹出的快捷菜单中选择“粘贴”命令；SPOT_FACING_COPY 下方便多一个操作 SPOT_FACING_COPY_COPY。双击，打开参数设置对话框。

(2) 创建 D5 镗刀。单击______按钮，在刀具子类型中选定______，在名称中输入________。在刀具参数中，输入刀具直径为________，底圆角半径为________，刀具号和补偿号分别为________和________。

(3) 设置循环类型，操作如图 8-11 所示。

图8-11　设置循环类型

(4) 设定进给速度。单击________按钮，勾选对话框中的“主轴速度”复选框，输入转速为________，切削速度为________。

(5) 单击________按钮，计算生成刀轨，如图 8-12 所示。

(6) 仿真加工。结果如图 8-13 所示。

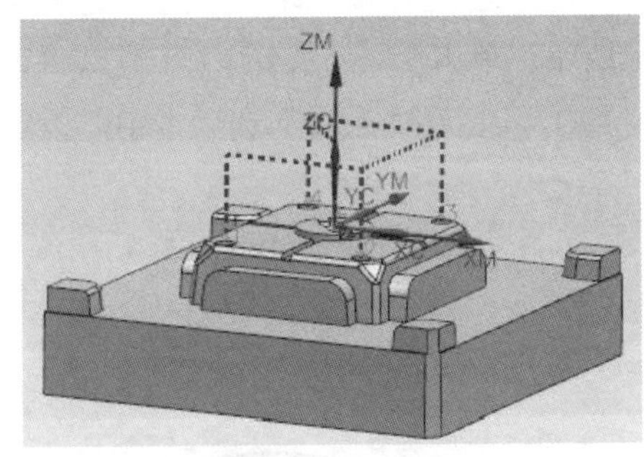

图8-12　生成刀轨

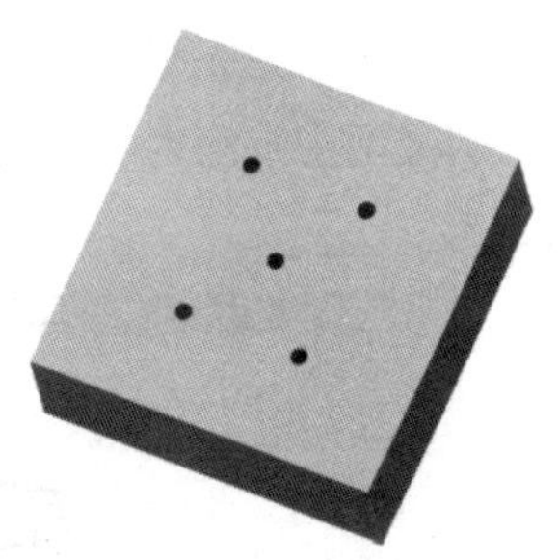

图8-13　刀轨仿真

5. 型腔铣：粗加工型芯

(1) 创建型芯铣操作。单击操作工具条中的______按钮，在“创建工序”对话框中选择加工类型为_______，在操作子类型中选择________，在几何体中选择___________，在名称中输入___________，操作如图 8-14 所示。

(2) 设定修剪边界，操作如图 8-15 所示。

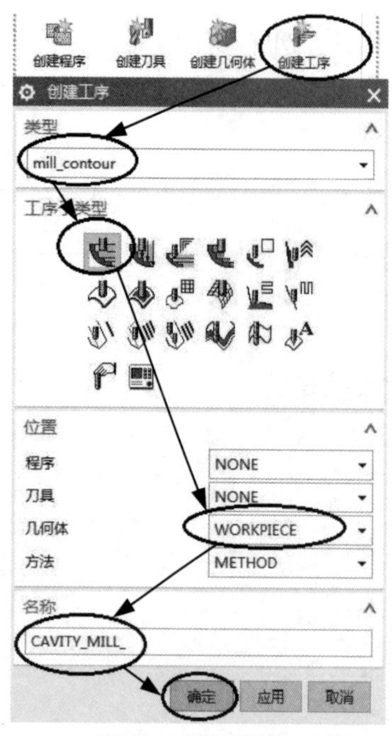

图8-14　创建型芯铣

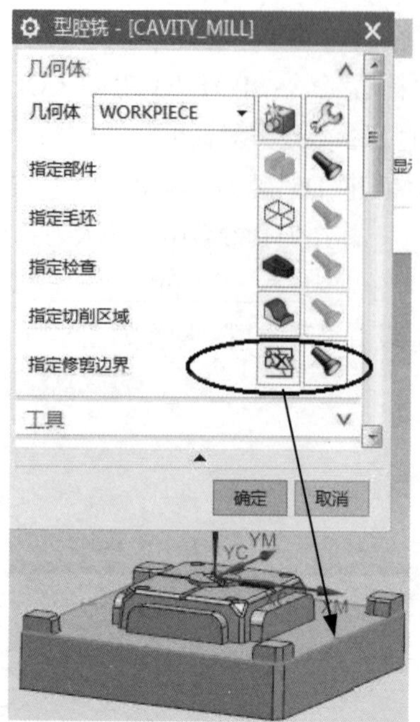

图8-15　设定修剪边界

(3) 创建 D17R0.8 刀具。单击_____按钮，在刀具子类型中选定_____，在名称中输入________。在刀具参数中，输入刀具直径为________，底圆角半径为________，刀具号和补偿号分别为________和________。

(4) 设置刀轨参数。采用______的切削模式，平面直径百分比为______，设置范围类型为______，切削层为_______，公共每刀切削深度为_______，最大距离为_______mm，单击“确定”按钮，完成切削层设置，如图 8-16 所示。单击______按钮，进入“策略”选项卡，定义切削方向为______，切削顺序为________，在“余量”选项卡中，设置部件侧面余量为_______。

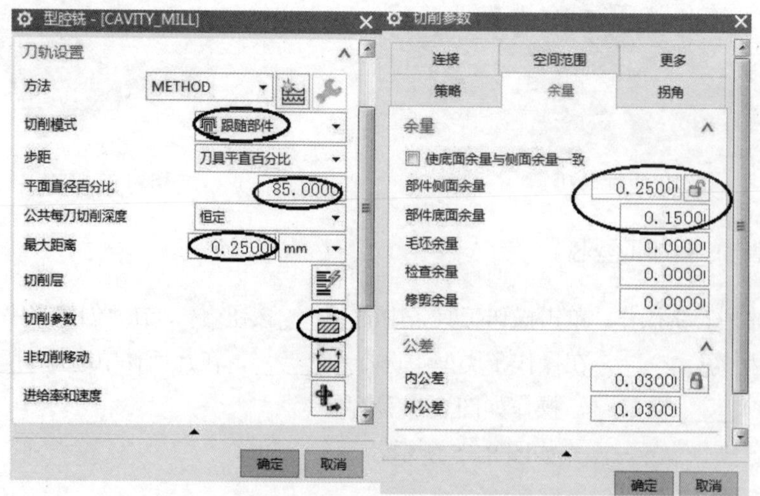

图8-16　设置切削参数

(5) 设定进给速度。单击________按钮，勾选对话框中的“主轴速度”复选框，输入转速为________，切削速度为________。

(6) 单击________按钮，计算生成刀轨，如图 8-17 所示。

(7) 仿真加工。结果如图 8-18 所示。

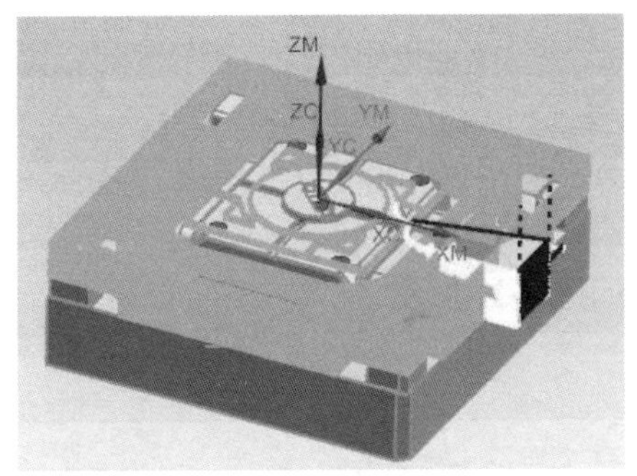

图8-17　生成刀轨

图8-18　刀轨仿真

6. 深度轮廓加工型芯(半精加工)

(1) 创建“型芯铣”操作。单击操作工具条中的______按钮，在“创建工序”对话框中选择加工类型为_______，在操作子类型中选择________，在几何体中选择__________，在名称中输入___________，操作如图 8-19 所示。

(2) 创建 D6 刀具。单击______按钮，在刀具子类型中选定______，在名称中输入________。在刀具参数中，输入刀具直径为________，底圆角半径为________，刀具号和补偿号分别为________和________。

图8-19　创建深度轮廓加工

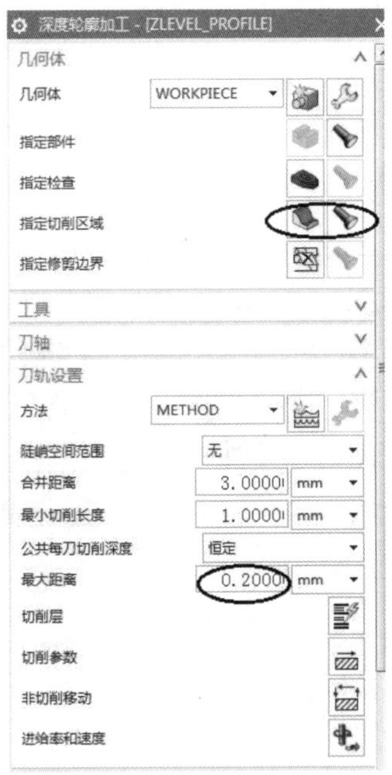

图8-20　设置刀轨参数

(3) 设置刀轨参数。采用______的切削模式，平面直径百分比为______，设置范围类型为______，切削层为______，公共每刀切削深度为______，最大距离为______mm，如图 8-20 所示。单击______按钮，在“余量”选项卡中，设置部件余量为______。单击______按钮，进入非切削参数设置的“进刀”选项卡，在“封闭区域”设置形式为螺旋，螺旋直径为______，倾斜角度为______，高度为______。在“开放区域”设置形式为圆弧，半径为______，角度为______。

(4) 设定进给速度。单击______按钮，勾选对话框中的“主轴速度”复选框，输入转速为______，切削速度为______。

(5) 单击______按钮，计算生成刀轨，如图 8-21 所示。

(6) 仿真加工。结果如图 8-22 所示。

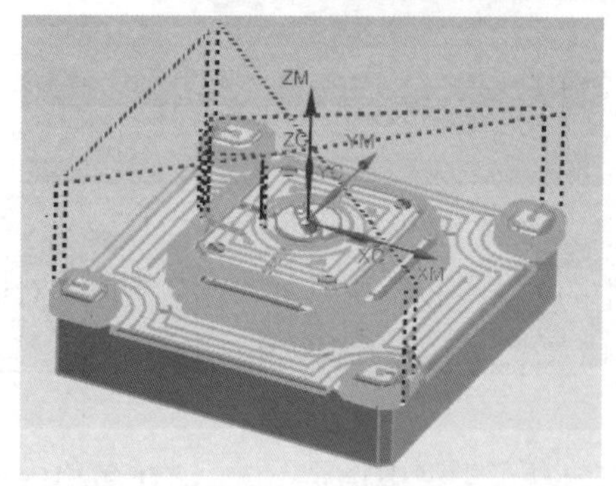

图8-21 生成刀轨

图8-22 仿真加工

7. 表面铣：面铣定位口

(1) 创建“表面铣”操作。单击操作工具条中的______按钮，在“创建工序”对话框中选择加工类型为______，在操作子类型中选择______，在几何体中选择______，在名称中输入______，操作如图 8-23 所示。

(2) 指定面边界。操作如图 8-24 所示。

(3) 创建 D17R0.08 刀具。单击______按钮，在刀具子类型中选定______，在名称中输入______。在刀具参数中，输入刀具直径为______，底圆角半径为______，刀具号和补偿号分别为______和______。

图8-23 创建表面铣

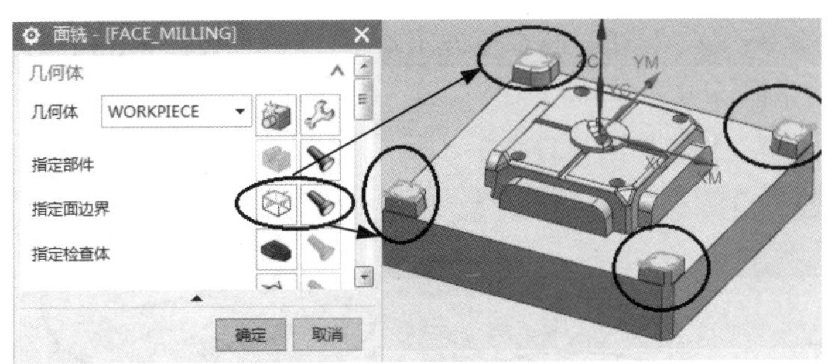

图8-24　指定面边界

(4) 设置刀轨参数。采用__________的切削模式，平面直径百分比为________，部件余量为________，内公差为________，外公差为________，操作如图 8-25 所示。

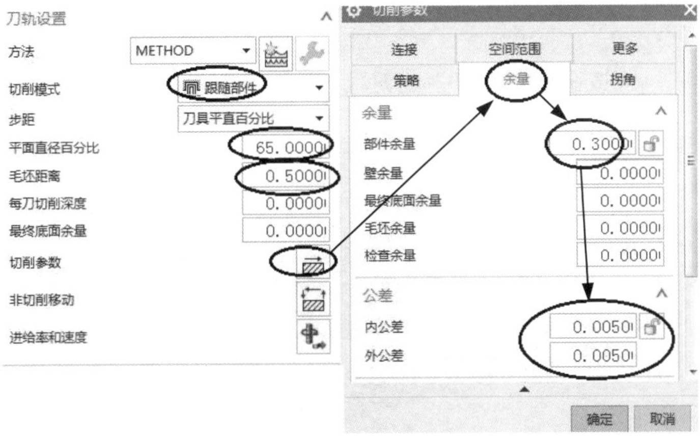

图8-25　设置刀轨参数

(5) 设定进给速度。单击________按钮，勾选对话框中的“主轴速度”复选框，输入转速为________，切削速度为________。

(6) 单击________按钮，计算生成刀轨，如图 8-26 所示。

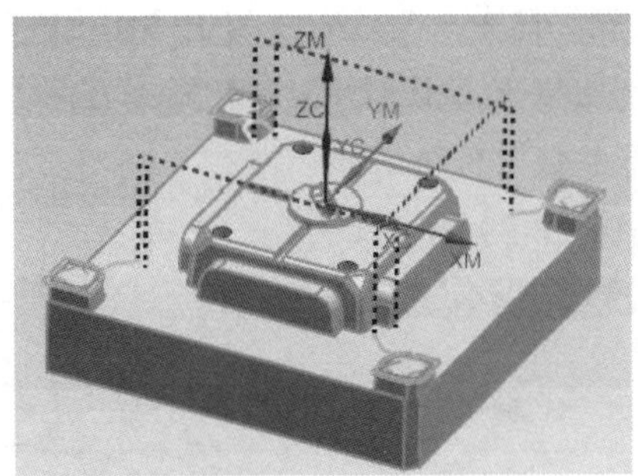

图8-26　生成刀轨

8. 表面铣：面铣台阶

(1) 创建“表面铣”操作。在操作导航器中，选中上一步创建的表面铣操作，右击，在弹出的快捷菜单中选择“复制”命令；再选中 FACE_MILLING，右击，在弹出的快捷菜单中选择“粘贴”命令；FACE_MILLING 下方便多一个操作 FACE_MILLING _COPY。双击，打开参数设置对话框。

(2) 指定面边界。操作如图 8-27 所示。

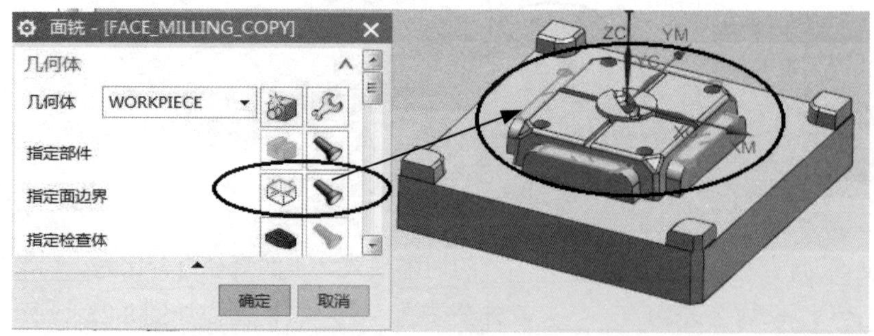

图8-27　指定面边界

(3) 单击________按钮，计算生成刀轨，如图 8-28 所示。

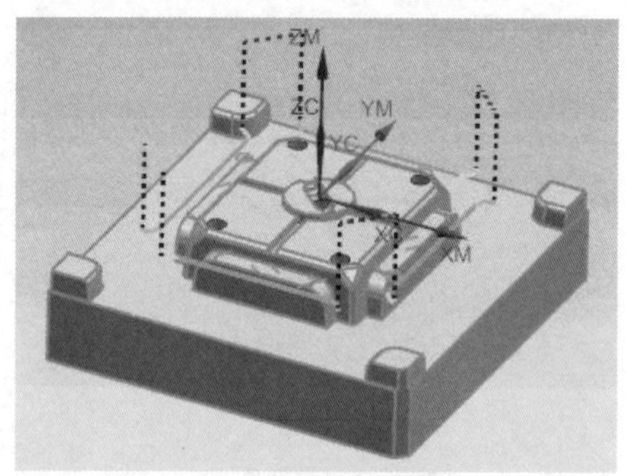

图8-28　生成刀轨

9. 表面铣：面铣型芯

(1) 创建“表面铣”操作。在操作导航器中，选中上一步创建的表面铣操作，右击，在弹出的快捷菜单中选择“复制”命令；再选中 FACE_MILLING_COPY，右击，在弹出的快捷菜单中选择“粘贴”命令；FACE_MILLING_COPY 下方便多一个操作 FACE_MILLING _COPY_COPY。双击，打开参数设置对话框。

(2) 指定面边界。操作如图 8-29 所示。

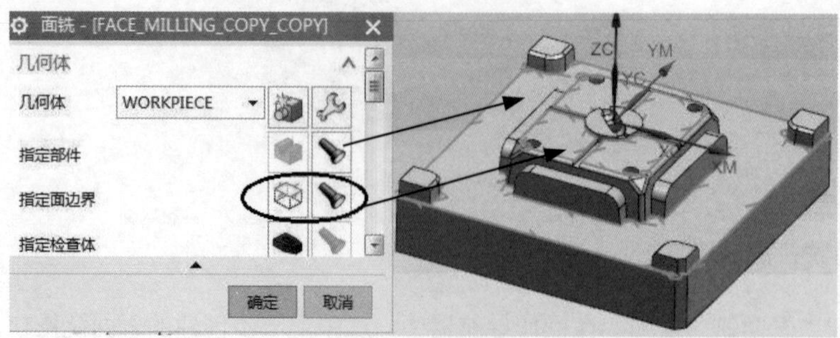

图8-29　指定面边界

(3) 单击________按钮，计算生成刀轨，如图 8-30 所示。

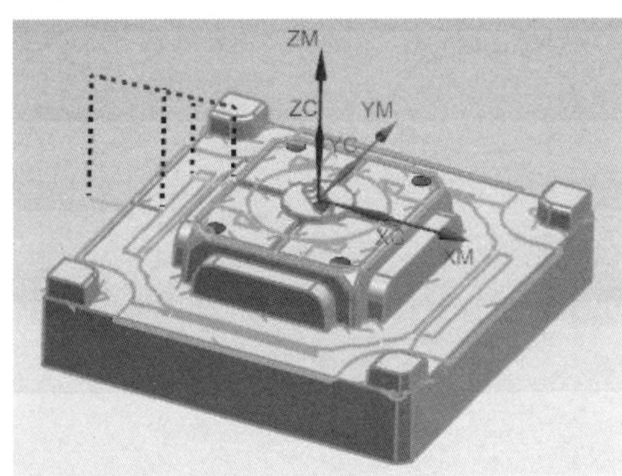

图8-30　生成刀轨

10. 平面铣：精加工型芯侧面1

(1) 创建“平面铣”操作。单击操作工具条中的________按钮，在“创建工序”对话框中选择加工类型为______，在操作子类型中选择_______，在几何体中选择________，在名称中输入________，操作如图 8-31 所示。

(2) 指定部件边界。选择___________作为部件边界，操作如图 8-32 所示。

(3) 设定加工底面。单击_________按钮，操作如图 8-32 所示。

(4) 选取 D5.97 刀具。

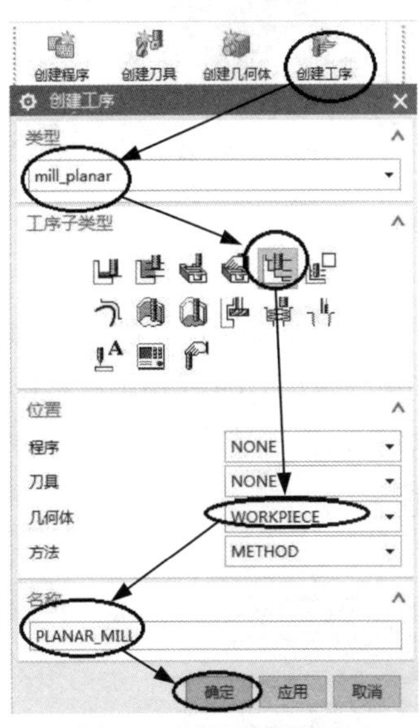

图8-31　创建平面铣操作

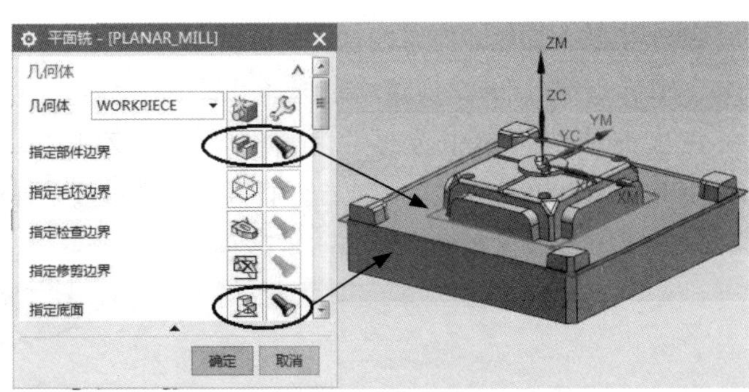

图8-32　设定几何体

(5) 设置刀轨参数。采用_______切模式，平面直径百分比为_______，单击____按钮，在“余量”选项卡中，设置部件余量为________，最终底面余量为_______，公差分别为_______，操作如图 8-33 所示。

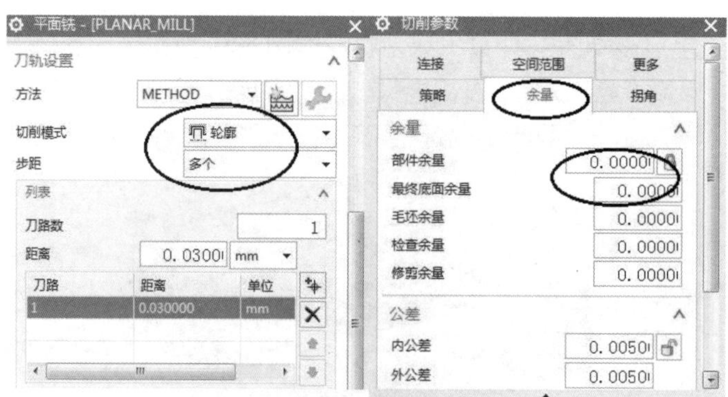

图8-33　设置刀轨参数

(6) 设定进给速度。单击__________按钮，勾选对话框中的“主轴速度”复选框，输入转速为________，切削速度为________。

(7) 单击__________按钮，计算生成刀轨，如图 8-34 所示。

(8) 仿真加工。结果如图 8-35 所示。

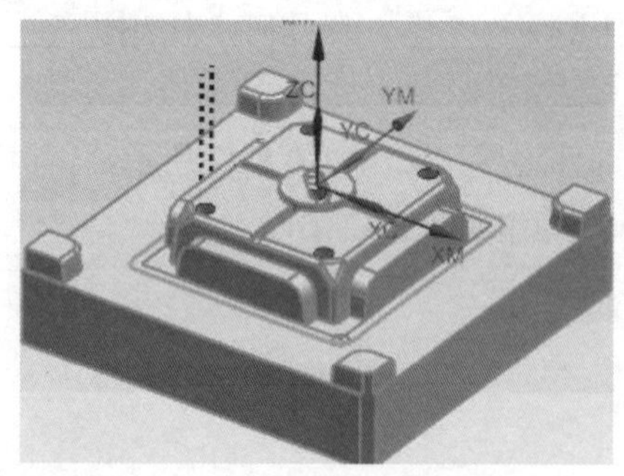

图8-34　生成刀轨

图8-35　刀轨仿真

11. 深度轮廓铣加工定位口侧面

(1) 创建“深度轮廓铣”操作。在操作导航器中，选中第 6 步创建的深度轮廓铣操作，右击，在弹出的快捷菜单中选择“复制”命令；再选中 ZLEVEL_PROFILE，右击，在弹出的快捷菜单中选择“粘贴”命令；ZLEVEL_PROFILE 下方便多一个操作 ZLEVEL_PROFILE_COPY。双击，打开型芯铣参数设置对话框。

(2) 指定切削区域，操作如图 8-36 所示。

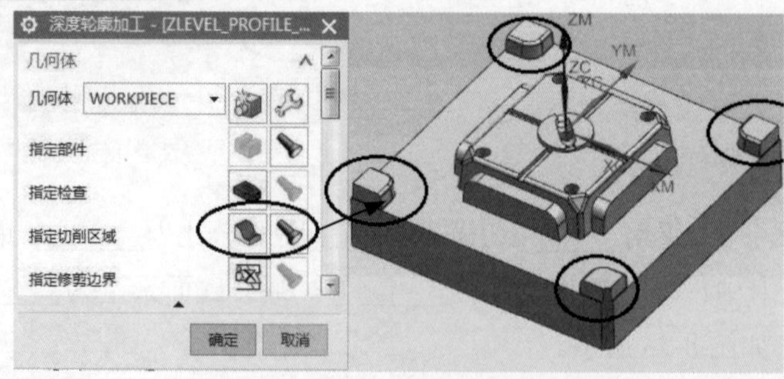

图8-36　指定切削区域

(3) 选择 D5.97 刀具。

(4) 设置刀轨参数。采用______的切削模式，平面直径百分比为______，设置范围类型为_____，切削层为______，公共每刀切削深度为______，最大距离为______mm，如图 8-37 所示。单击____按钮，在“余量”选项卡中，设置部件余量为_______。单击_______按钮，进入非切削参数设置的“进刀”选项卡，在“封闭区域”设置形式为螺旋，螺旋直径为______，倾斜角度为_______，高度为_______。在“开放区域”设置形式为圆弧，半径为_______，角度为_______。

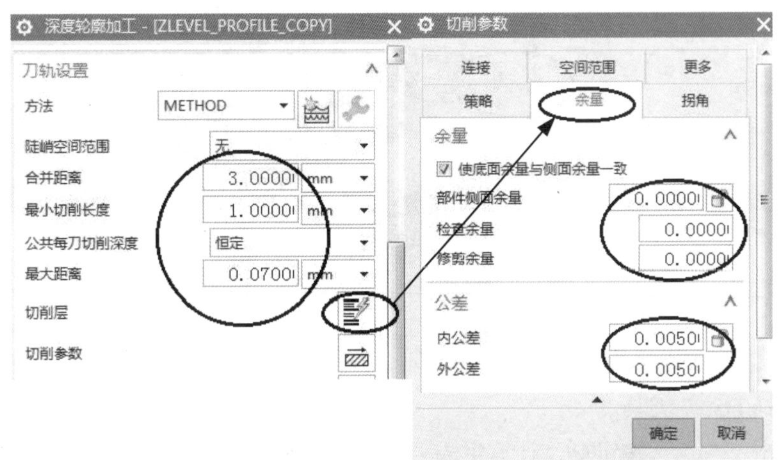

图8-37　设置刀轨参数

(5) 设定进给速度。单击________按钮，勾选对话框中的“主轴速度”复选框，输入转速为________，切削速度为________。

(6) 单击________按钮，计算生成刀轨，如图 8-38 所示。

(7) 仿真加工。结果如图 8-39 所示。

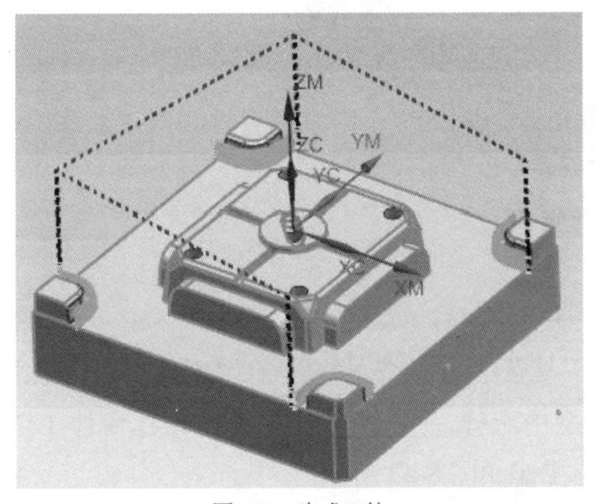

图8-38　生成刀轨

图8-39　仿真加工

12. 深度轮廓铣加工型芯侧面2

(1) 创建“深度轮廓铣”操作。在操作导航器中，选中上一步创建的深度轮廓铣操作，右击，在弹出的快捷菜单中选择“复制”；再选中 ZLEVEL_PROFILE_COPY，右击，在弹出的快捷菜单中选择“粘贴”；ZLEVEL_PROFILE_COPY 下方便多一个操作 ZLEVEL_PROFILE_COPY_COPY。双击，打开型芯铣参数设置对话框。

(2) 指定切削区域，操作如图 8-40 所示。

图8-40　指定切削区域

(3) 选择 D5.97 刀具。

(4) 单击________按钮，计算生成刀轨，如图 8-41 所示。

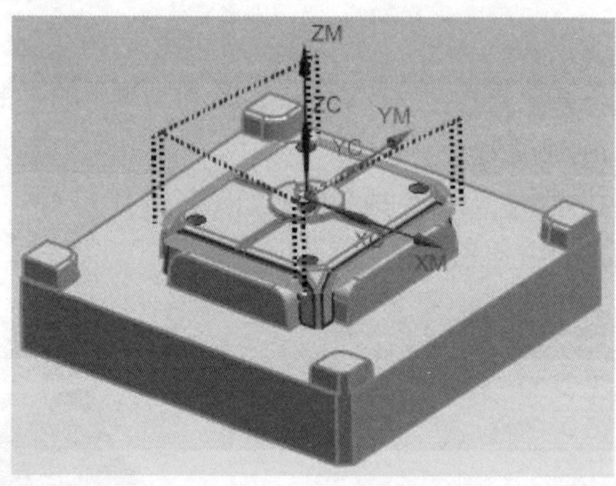

图8-41　生成刀轨

13. 区域轮廓铣加工型芯顶面圆角

(1) 创建“区域轮廓铣”操作。单击操作工具条中的___按钮，在“创建工序”对话框中选择加工类型为________，在操作子类型中选择_________按钮，在几何体中选择___________，在名称中输入___________，操作如图 8-42 所示。

(2) 指定切削区域。操作如图 8-43 所示。

图8-42　创建区域轮廓铣

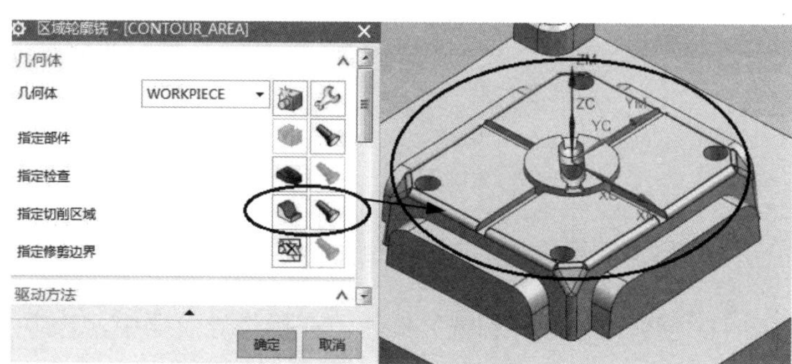

图8-43　指定切削区域

(3) 驱动方法设置。区域铣削作为本操作的驱动方法，操作如图 8-44 所示。

(4) 选取 D6R3 刀具。

(5) 设置刀轨参数。单击____按钮，在“余量”选项卡中，设置部件余量为_______，内外公差分别为_______、_______，如图 8-44 所示。

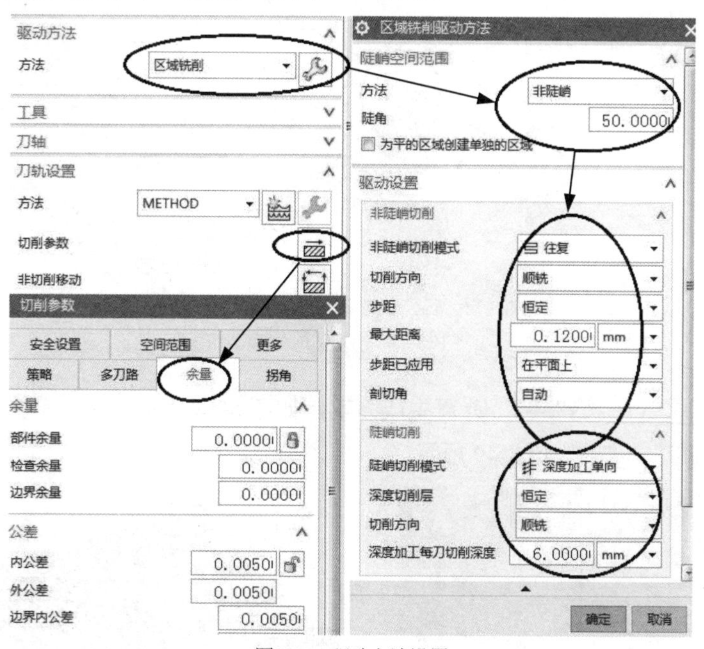

图8-44　驱动方法设置

(6) 设定进给速度。单击________按钮，勾选对话框中的“主轴速度”复选框，输入转速为________，切削速度为________。

(7) 单击________按钮，计算生成刀轨，如图 8-45 所示。

(8) 仿真加工。结果如图 8-46 所示。

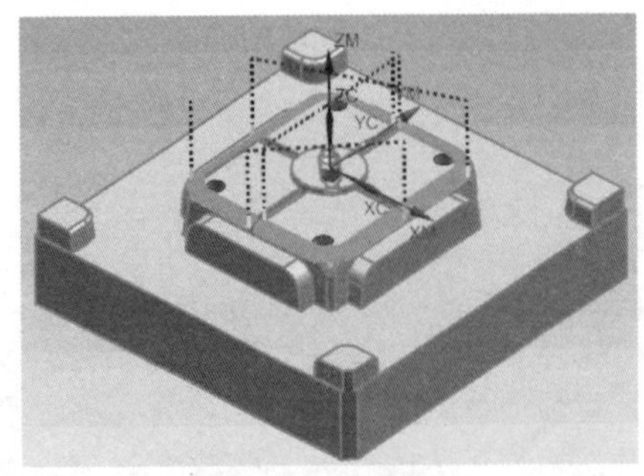

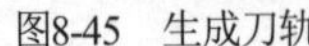

图8-45 生成刀轨

图8-46 刀轨仿真

14. 区域轮廓铣加工定位口倒角

(1) 创建“区域轮廓铣”操作。在操作导航器中，选中上一步创建的区域轮廓铣操作，右击，在弹出的快捷菜单中选择“复制”命令；再选中 CONTOUR_AREA，右击，在弹出的快捷菜单中选择“粘贴”命令；CONTOUR_AREA 下方便多一个操作 CONTOUR_AREA_COPY。双击，打开型芯铣参数设置对话框。

(2) 指定切削区域，操作如图 8-47 所示。

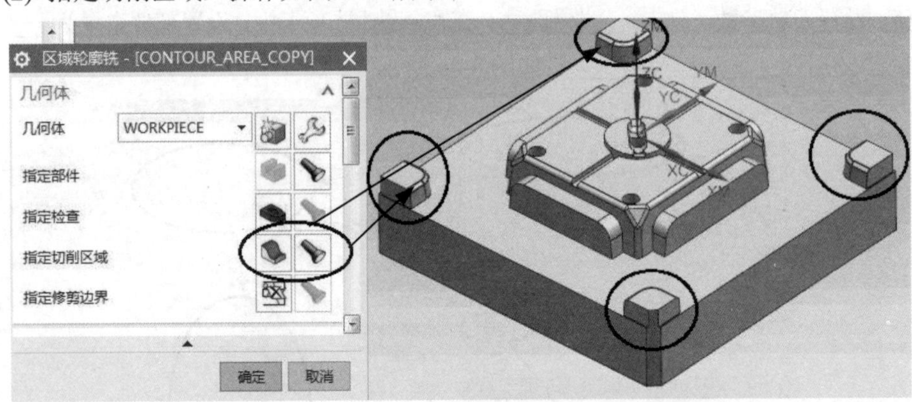

图8-47 指定切削区域

(3) 单击________按钮，计算生成刀轨，如图 8-48 所示。

(4) 仿真加工。结果如图 8-49 所示。

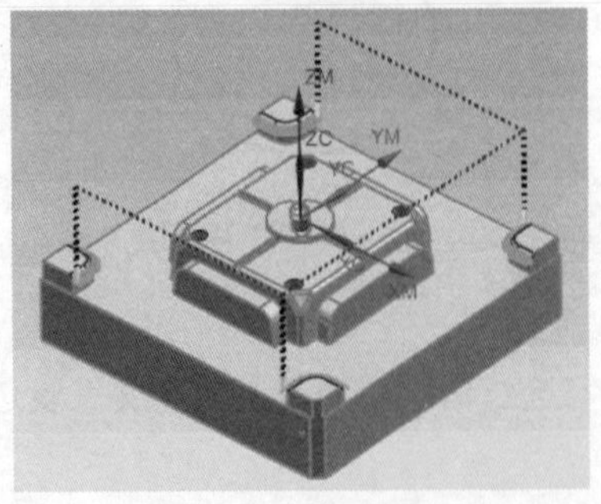

图8-48 生成刀轨

图8-49 刀轨仿真

15. 深度轮廓加工型芯侧面4个圆角位

(1) 创建“深度轮廓铣”操作。在操作导航器中，选中第 12 步创建的深度轮廓铣操作，右击，在弹出的快捷菜单中选择“复制”命令；再选中 ZLEVEL_PROFILE_COPY_COPY_COPY，右击，在弹出的快捷菜单中选择“粘贴”命令；ZLEVEL_PROFILE_COPY_COPY_COPY 下方便多一个操作 ZLEVEL_PROFILE_COPY_COPY_COPY_1。双击，打开型芯铣参数设置对话框。

(2) 指定切削区域，操作如图 8-50 所示。

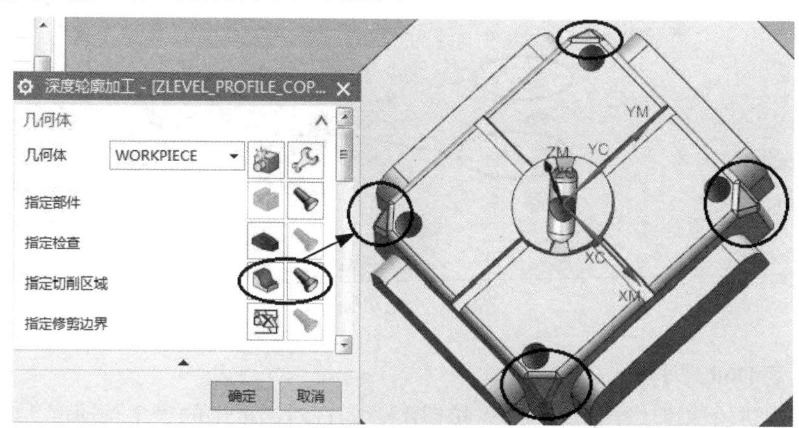

图8-50　指定切削区域

(3) 选定 D6R3 刀具。

(4) 设定进给速度。单击________按钮，勾选对话框中的“主轴速度”复选框，输入转速为________，切削速度为________。

(5) 单击________按钮，计算生成刀轨，如图 8-51 所示。

(6) 仿真加工。结果如图 8-52 所示。

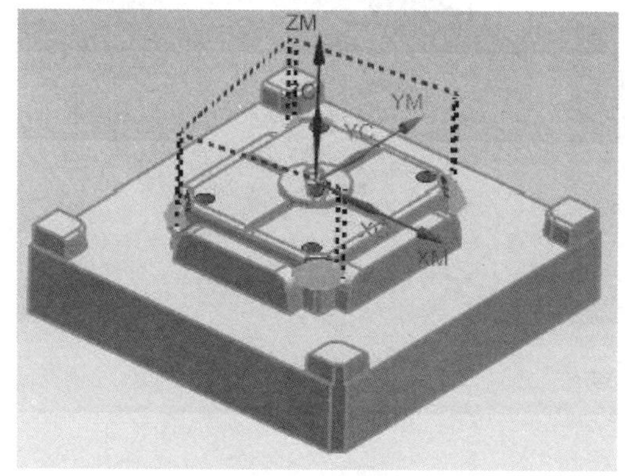

图8-51　生成刀轨

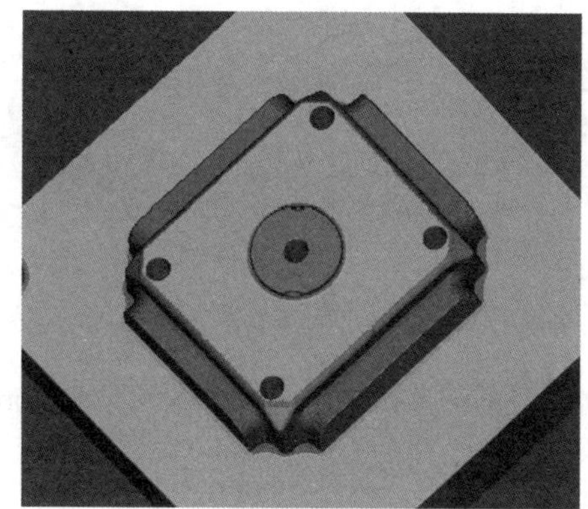

图8-52　仿真加工

16. 深度轮廓加工凸台侧面

(1) 创建“深度轮廓铣”操作。在操作导航器中，选中上一步创建的深度轮廓铣操作，右击，在弹出的快捷菜单中选择“复制”命令；再选中 ZLEVEL_PROFILE_COPY_COPY_COPY_1，右击，在弹出的快捷菜单中选择“粘贴”命令；在 ZLEVEL_PROFILE_COPY_COPY_COPY_1 下方便多一个操作 ZLEVEL_PROFILE_COPY_COPY_COPY_2。双击，打开型芯铣参数设置对话框。

(2) 设定几何体，指定部件________，指定切削区域________(须回到建模模块，创建一个方块，并创建圆柱面作为切削面)，操作如图 8-53 所示。

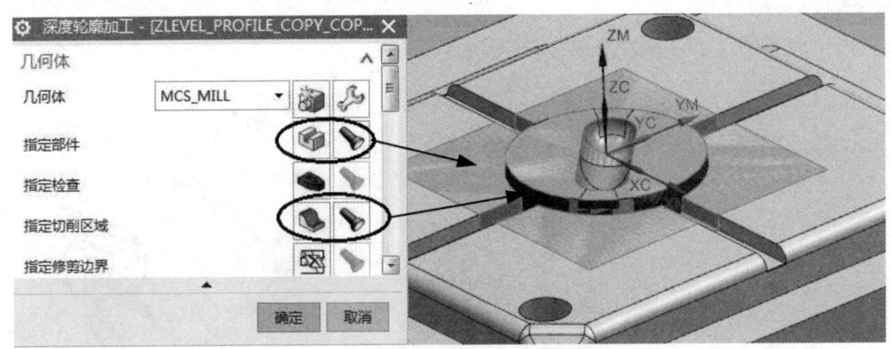

图8-53　指定切削区域

(3) 选定 D6R3 刀具。

(4) 设定进给速度。单击________按钮，勾选对话框中的“主轴速度”复选框，输入转速为________，切削速度为________。

(5) 单击________按钮，计算生成刀轨，如图 8-54 所示。

(6) 仿真加工。结果如图 8-55 所示。

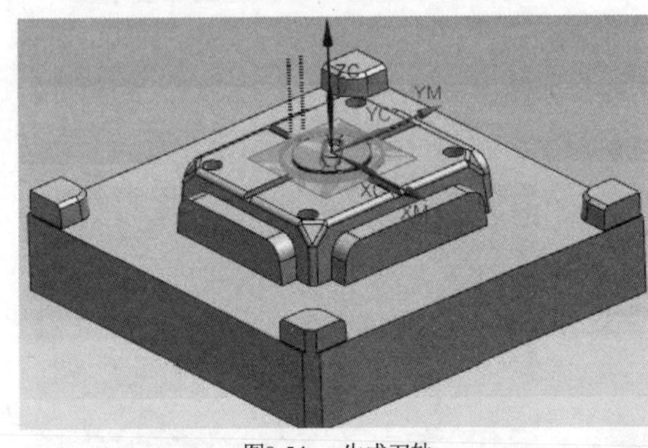

图8-54　生成刀轨

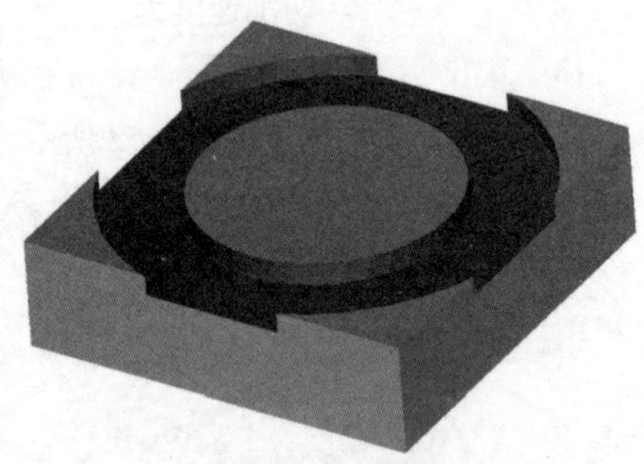

图8-55　仿真加工

反面装夹，加工孔，编程参考 8-3.prt 文件。

三、自动编程2

根据填写的加工工序卡，使用 CAD/CAM 软件绘制零件的三维模型，生成加工刀具路径，并将刀具路径后处理为数控加工程序，程序名与加工工序卡里的程序名一致。

1. 加工机床几何体处理

(1) 加工坐标准备。启动 NX10.0，打开 3D 图档 08-2.prt，单击按钮开始，在下拉列表中选择________，进入加工模块，在弹出的“加工环境”对话框中单击“确定”按钮。在侧边栏中单击________按钮，展开加工操作导航器。在操作导航器空白处右击，在下拉菜单中选择______视图，双击 MCS_MILL，进入加工坐标设定对话框，此时，工作坐标系与加工坐标系重合，在“间隙”选项中指定加工“安全平面”高度。

(2) 加工几何体准备。双击 MCS_MILL 下的 WORKPIECE，进入“铣削几何体”对话框，完成部件的设置，操作如图 8-56 所示。

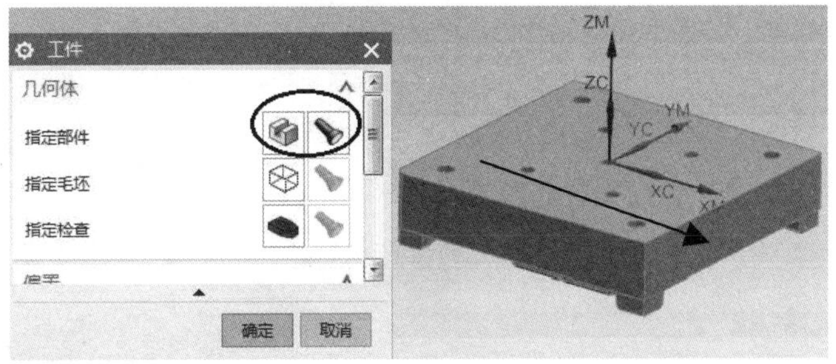

图8-56　几何体设置

2. 锪孔加工：钻中心孔 $\phi3$

(1) 创建“锪孔加工”操作。单击操作工具条中的___按钮，在“创建工序”对话框中选择加工类型为_______，在操作子类型中选择________，在几何体中选择___________，在名称中输入___________，操作如图 8-57 所示。

(2) 设置几何体，指定孔_______，操作如图 8-58 所示。

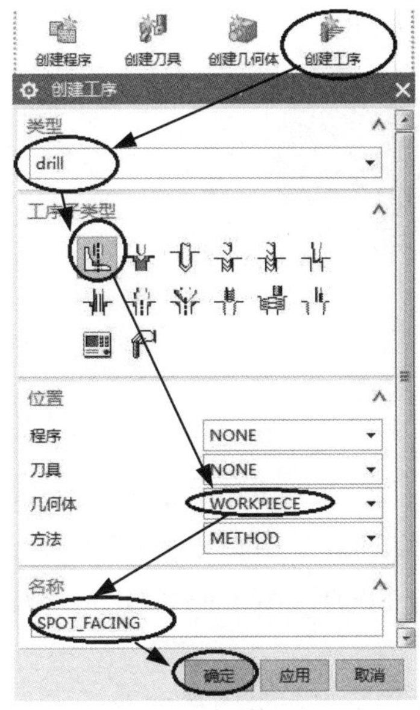

图8-57　创建锪孔加工

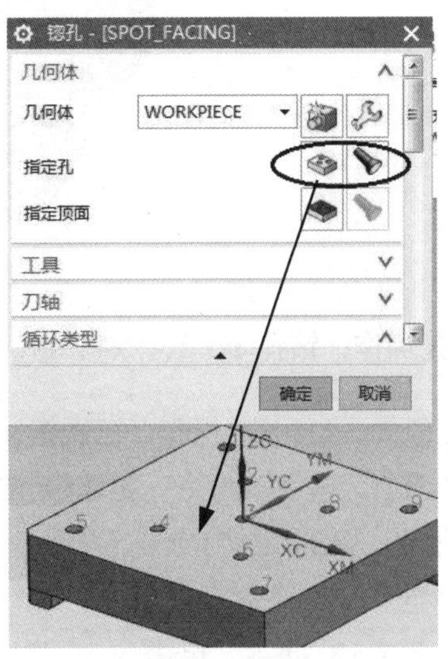

图8-58　指定孔

(3) 创建 D3 刀具。单击______按钮，在刀具子类型中选定______，在名称中输入________。在刀具参数中，输入刀具直径为________，底圆角半径为________，刀具号和补偿号分别为________和________。

(4) 设置循环类型，操作如图 8-59 所示。

(5) 设定进给速度。单击________按钮，勾选对话框中的“主轴速度”复选框，输入转速为________，切削速度为________。

(6) 单击________按钮，计算生成刀轨，如图 8-60 所示。

图8-59 设置循环类型

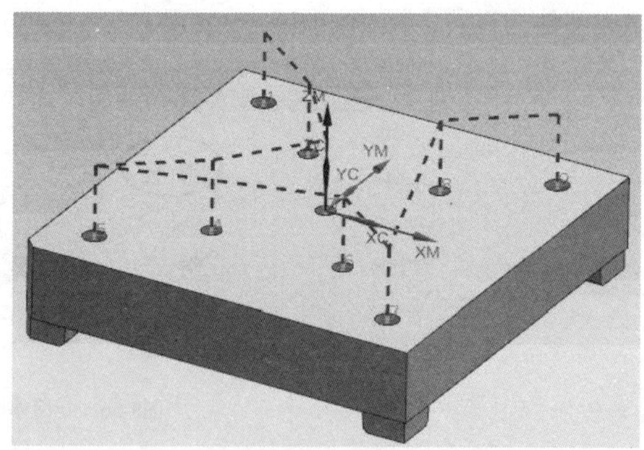

图8-60 生成刀轨

(7) 仿真加工。在操作导航器中选中 SPOT_FACING，单击________按钮，进入“可视化刀轨”对话框，选择播放刀轨的形式(有重播、3D 动态、2D 动态三种)，按“播放”键即可模拟加工过程，结果如图 8-61 所示。

图8-61 刀轨仿真

3. 钻孔操作：钻孔 ϕ5.3、深11mm

(1) 创建“钻孔操作”操作。在操作导航器中，选中创建的锪孔操作，右击，在弹出的快捷菜单中选择“复制”命令；再选中 SPOT_FACING，右击，在弹出的快捷菜单中选择“粘贴”命令；SPOT_FACING 下方便多一个操作 SPOT_FACING_COPY。双击，打开参数设置对话框。

(2) 创建 D5.3 钻头。单击______按钮，在刀具子类型中选定______，在名称中输入________。在刀具参数中，输入刀具直径为________，底圆角半径为________，刀具号和补偿号分别为________和________。

(3) 设定进给速度。单击________按钮，勾选对话框中的“主轴速度”复选框，输入转速为________，切削速度为________。

(4) 单击________按钮，计算生成刀轨，如图 8-62 所示。

(5) 仿真加工。结果如图 8-63 所示。

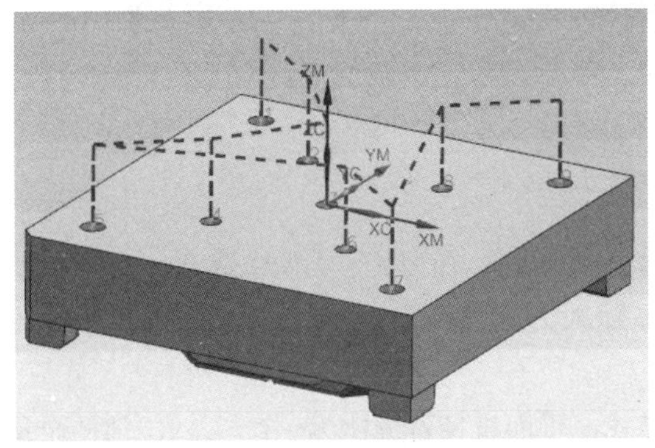

图8-62　生成刀轨

图8-63　刀轨仿真

4. 平面铣：精加工边缘倒角

(1) 创建“平面铣”操作。单击操作工具条中的___按钮，在“创建工序”对话框中选择加工类型为_____，在操作子类型中选择______，在几何体中选择_______，在名称中输入________，操作如图 8-64 所示。

(2) 选定几何体。选择___________作为部件边界，操作如图 8-65 所示。

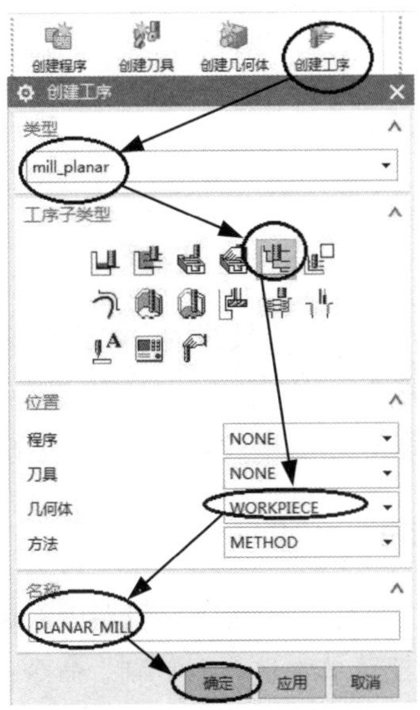

图8-64　创建平面铣操作

(3) 设定加工底面。单击________按钮，操作如图 8-65 所示。

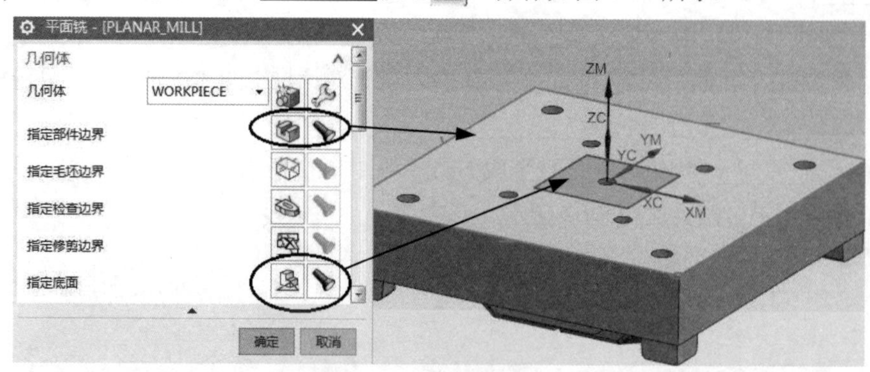

图8-65　设定几何体

(4) 创建 D6×45° 刀具。单击__________按钮，在刀具子类型中选定________，在名称中输入________。在刀具参数中，输入刀具直径为________，底圆角半径为刀具号和补偿号分别是_______和_______。

(5) 设置刀轨参数。采用_______切模式，平面直径百分比为_______，部件余量为_______，最终底面余量为_______，操作如图 8-66 所示。

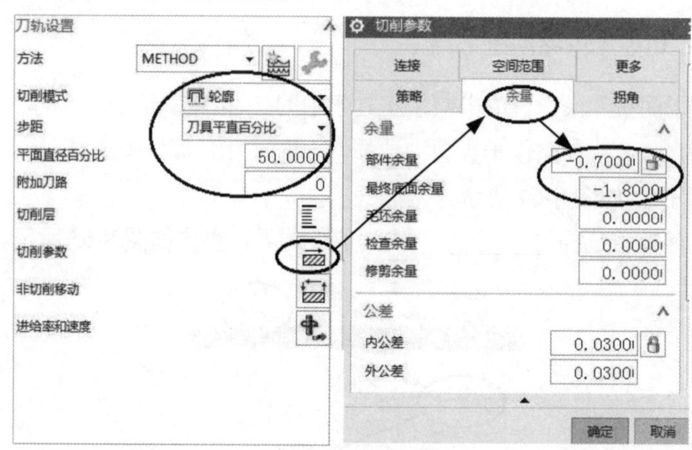

图8-66　刀轨设置

(6) 设定进给速度。单击_________按钮，勾选对话框中的“主轴速度”复选框，输入转速为_______，切削速度为_______。

(7) 单击__________按钮，计算生成刀轨，如图 8-67 所示。

5. 深度轮廓加工：定位倒角

(1) 创建“深度轮廓加工”操作。在操作导航器中，选中上一步创建的深度轮廓加工铣操作，右击，在弹出的快捷菜单中选择“复制”命令；再选中 ZLEVEL_PROFILE，右击，在弹出的快捷菜单中选择“粘贴”命令；ZLEVEL_PROFILE 下方便多一个操作 ZLEVEL_PROFILE_COPY。双击，打开参数设置对话框。

图8-67　生成刀轨

(2) 指定切削区域，操作如图 8-68 所示。

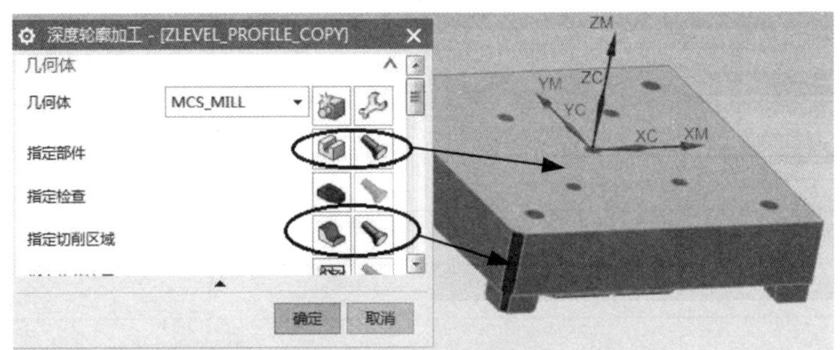

图8-68　指定切削区域

(3) 单击________按钮，计算生成刀轨，如图 8-69 所示。

(4) 仿真加工。结果如图 8-70 所示。

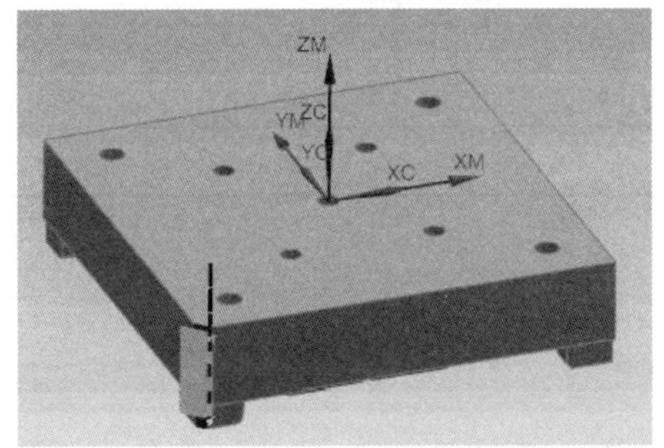

图8-69　生成刀轨

图8-70　仿真加工

四、零件的加工

1. 填写生产流程表

分步完成零件的加工，填写生产流程表，如表 8-3 所示。

表8-3 型芯零件加工生产流程表

序号	生产内容	结果记录
1	装夹工件、刀具，对刀，建立工作坐标系	
2		
3		
4		
5		
6		
7		
8		
9		
10		
11		
12		
13		
14		
15		
16		
17		
18		
19		
20		
21		

2. 测量工件尺寸

完成加工后，测量工件尺寸并填写表 8-4。

表8-4 型芯零件加工尺寸测量评价表

序号	考核内容	考核要求	配分	评分标准	自检	互检	得分
1	105	±0.05	10	超差不得分			
2	36	±0.05	10	超差不得分			
3	26	±0.05	10	超差不得分			
4	20	±0.05	10	超差不得分			
5	5× ϕ5	±0.05	10	超差不得分			
6	46	±0.05	10	超差不得分			

(续表)

序号	考核内容	考核要求	配分	评分标准	自检	互检	得分
6	46	±0.05	10	超差不得分			
7	36	±0.05	10	超差不得分			
8	4× ϕ6	±0.05	10	超差不得分			
9	11	±0.05	10	超差不得分			
10	*Ra*3.2		10	超差不得分			

第三部分　评价与反馈

一、自我评价

自我评价如表 8-5 所示。

表8-5　型芯零件加工自我评价表

班级：　　　　　　　　　　姓名：　　　　　　　　　　学习任务名称：

序号	评价项目	是	否
1	是否能正确分析零件形体		
2	前置作业是否全部完成		
3	是否完成了小组分配的任务		
4	是否认为自己在小组中不可或缺		
5	是否严格遵守课堂纪律		
6	在学习过程中，是否主动帮助其他同学		
8	对自己的表现是否满意		

二、小组评价

小组评价如表 8-6 所示。

表8-6　型芯零件加工小组评价表

序号	评价项目	评分(1～10)
1	有团队合作意识，注重沟通	
2	能自主学习并相互协作，尊重他人	
3	学习态度积极主动，能参加安排的活动	

(续表)

序号	评价项目	评分(1～10)
4	服从教师的教学安排，遵守学习场所的管理规定，遵守纪律	
5	能正确地领会他人提出的学习问题	
6	工作岗位的责任心	
7	能正确对待肯定和否定的意见	
8	团队中主动合作的情况	

评价人：　　　　年　月　日

三、教师评价

教师评价如表 8-8 所示。

表8-8　型芯零件加工教师评价表

序号	评价项目	教师评价			
		优	良	中	差
1	按时上、下课				
2	着装符合要求				
3	遵守课堂纪律				
4	学习的主动性和独立性				
5	工具、仪器使用规范				
6	主动参与工作现场的6S工作				
7	工作页填写完整				
8	与小组成员积极沟通，并协助其他成员共同完成学习任务				
9	会快速查阅各种手册等资料				
10	教师综合评价				

第四部分　拓展

型芯跟型腔相配，型芯跟固定板相配，加工要保证尺寸精度，相对于前面制订的生产工艺，工艺流程、程序等方面应进行哪些修改？

模块四

拓展应用模块

项目九　校训文字加工制作

项目十　讲台桌面收纳盒的加工

项目九 校训文字加工制作

学习目标

通过校训文字(见图9-1)加工的学习，学生能够:

1. 熟悉UG加工编程命令和加工流程操作。

2. 熟练运用UG型腔铣固定轮廓区域铣编程方法，对模型进行编程加工操作。

3. 按照企业的生产要求，根据零件图样，以小组工作的形式，制订平面零件的加工工艺。

4. 严格按照安全操作规程，在自动模式下完成工件的加工。

建议学时

8学时。

学习结构

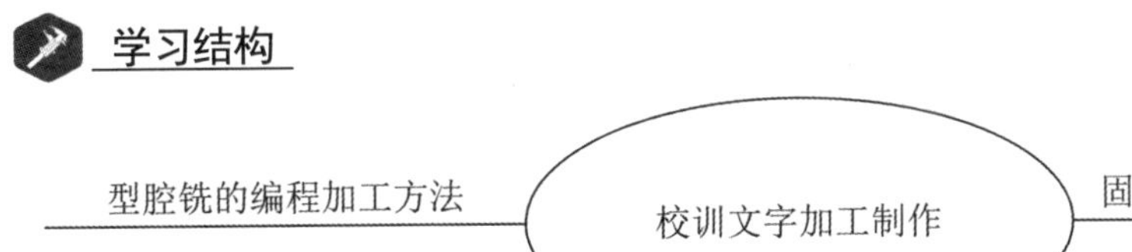

学习任务描述

学校委托加工校训文字零件(见图9-1)，要求在1天内完成加工。生产管理部门下达加工任务，工期为1天，任务完成后提交成品及检测报告。

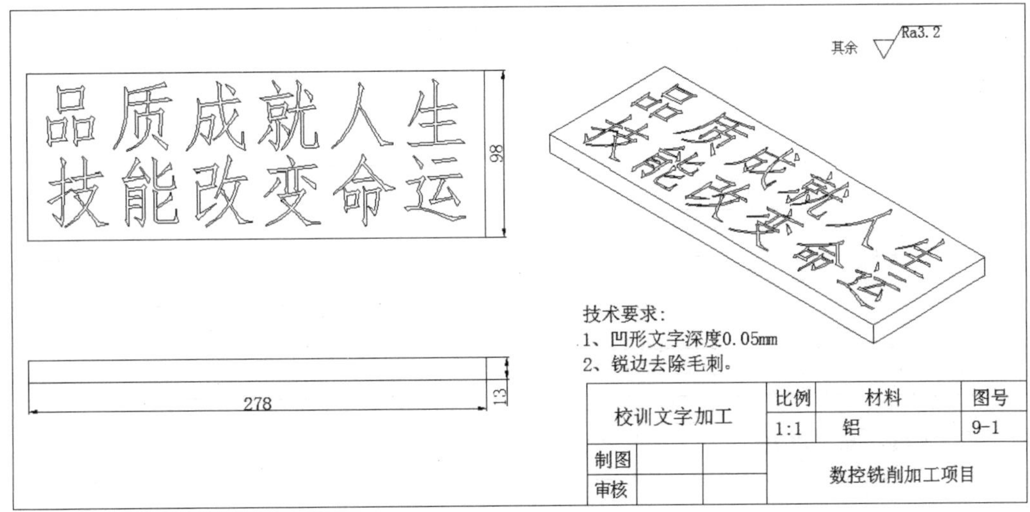

图9-1　校训零件图样

第一部分　学习准备

(1) 文字加工就是加工标识文字。塑件表面通常有logo，反映在模具零件表面上就是有文字作为标识或者编号。

(2) 文字加工类型有凸形文字加工和凹形文字加工。

(3) 凸形文字加工经常用型腔铣方法加工，跟常用零件的加工是一致的，这里不再详述。

(4) 凹形文字加工用型腔铣方法加工，通过设置切削参数中的负余量去控制加工深度。

(5) 常用的铣刀刀具有平铣刀 $\phi2$ 和球刀 $\phi3R1.5$。

第二部分 计划与实施

一、生产前的准备

1. 阅读零件图样

阅读零件图，完成表 9-1。

表9-1 校训零件图分析

分析项目	分析内容
标题栏信息	零件名称： 零件材料： 毛坯规格：
零件形体	描述零件的主要结构：
尺寸公差	图样上标注公差的尺寸有：
几何公差	零件有无几何公差要求：
表面粗糙度	
其他技术要求	

2. 工具、量具准备

夹具：________________

刀具：________________

量具：________________

其他工具或辅件：________________

3. 填写工序卡

填写工序卡，如表 9-2 所示。

表9-2 校训零件加工工序卡

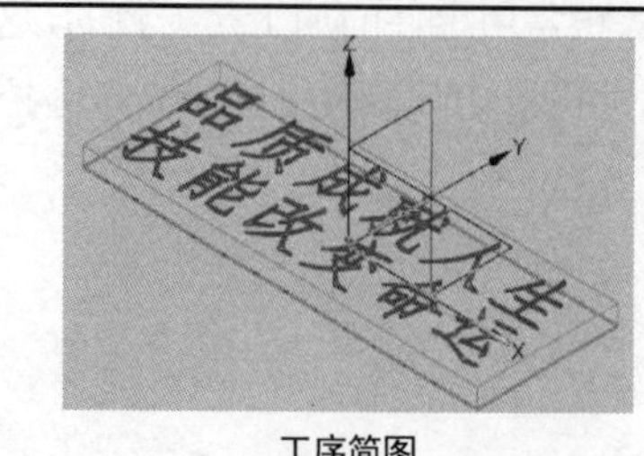 工序简图	零件图号	
	工序名称	
	车间	
	使用设备	
	夹具名称	
	夹具编号	

(续表)

工步	工步内容	程序名	刀具名称	切削用量			余量/mm		备注(程序号)
				主轴转速/(r•min^{-1})	进给量/(mm•min^{-1})	切削深度/mm	侧面	底面	
1	型腔铣：加工工件顶面和侧面	KC1	D30	4000	1000	9			O9001
2	固定轮廓区域铣：加工文字	KC2	D3R1.5	4000	500	2			
3	平面铣：加工工件底面		D30	4000	100	4			
编制			审核		批准		共　页		第　页

二、自动编程

根据填写的加工工序卡，使用 CAD/CAM 软件绘制零件的三维模型，生成加工刀具路径，并将刀具路径后处理为数控加工程序，程序名与加工工序卡里的程序名一致。

1. 加工机床几何体处理

(1) 毛坯体准备。启动 NX10.0，打开 3D 图档 09.prt，单击________按钮，绘制 280mm ×100mm 的矩形，单击按钮，设置拉伸距离，开始为______，结束为_______，完成毛坯体创建。单击________按钮，自动弹出对话框，选择刚建立的毛坯体，按______键确定，在“编辑对象显示”对话框中拖动“透明度”滑条，使毛坯体显示为透明状态，如图 9-2 所示。

(2) 加工坐标准备。单击_____按钮，在下拉列表中选择________，进入加工模块，在弹出的“加工环境”对话框中单击“确定”按钮。在侧边栏中单击___________按钮，展开加工操作导航器。在操作导航器空白处右击，在下拉菜单中选择_____视图，双击 MCS_MILL，进入加工坐标设定对话框，此时，工作坐标系与加工坐标系重合，在“间隙”选项中指定加工“安全平面”高度。

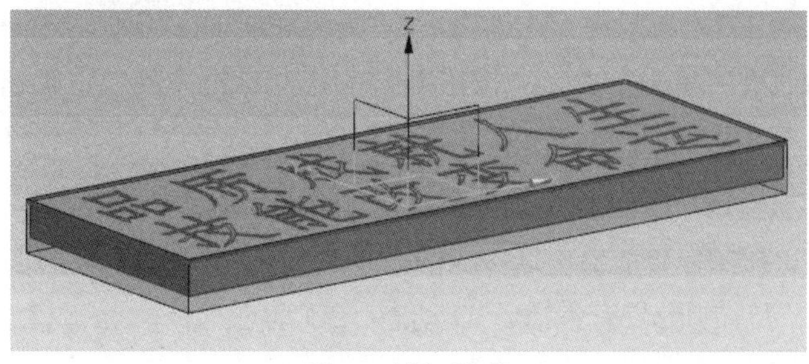

图9-2　创建毛坯体

(3) 加工几何体准备。双击 MCS_MILL 下的 WORKPIECE，进入“铣削几何体”对话框，完成部件与毛坯的设置。

2. 型腔铣：加工工件顶面和侧面

(1) 创建“型腔铣”操作。单击操作工具条中的___按钮，在“创建工序”对话框中选择加工类型为________，在操作子类型中选择_________，在几何体中选择____________，在名称中输入____________，操作如图 9-3 所示。

(2) 创建 D30 刀具。单击______按钮，在刀具子类型中选定______，在名称中输入_________。在刀具参数中，输入刀具直径为_________，底圆角半径为_________，刀具号和补偿号分别为_________和_________。

(3) 设置刀轨参数。采用______的切削模式，平面直径百分比为______，设置范围类型为_____，切削层为______，公共每刀切削深度为______，最大距离为______mm，分别选中工件的上顶面和深度为 14mm 的平面作为切削范围，单击“确定”按钮，完成切削层设置，如图 9-4 所示。

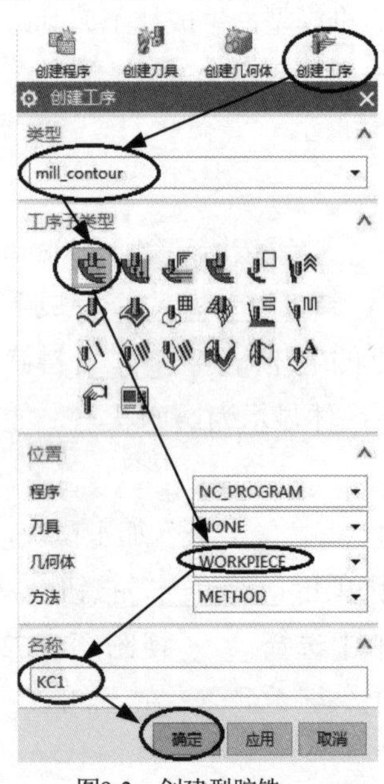

图9-3　创建型腔铣

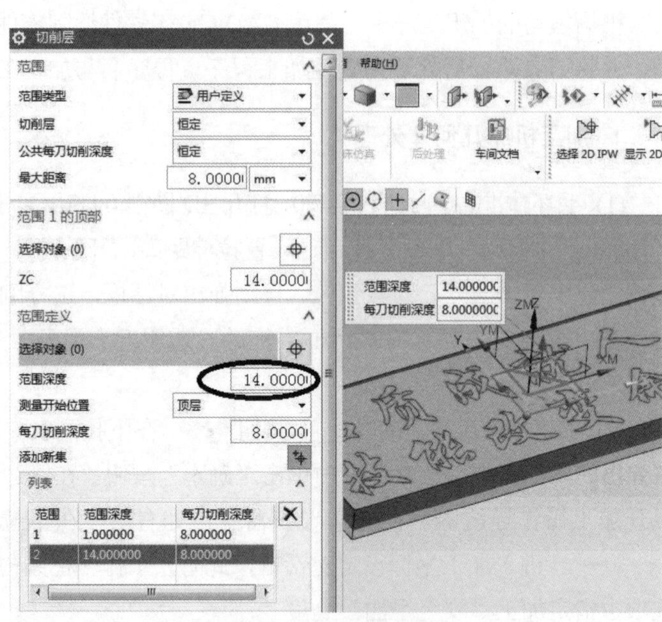

图9-4　设定切削参数

(4) 设定进给速度。单击_________按钮，勾选对话框中的“主轴速度”复选框，输入转速为_________，切削速度为_________。

(5) 单击_________按钮，计算生成刀轨，如图 9-5 所示。

(6) 仿真加工。在操作导航器中选中 KCI，单击_________按钮，进入“可视化刀轨”对话框，选择播放刀轨的形式(有重播、3D 动态、2D 动态三种)，按“播放”键即可模拟加工过程，结果如图 9-6 所示。

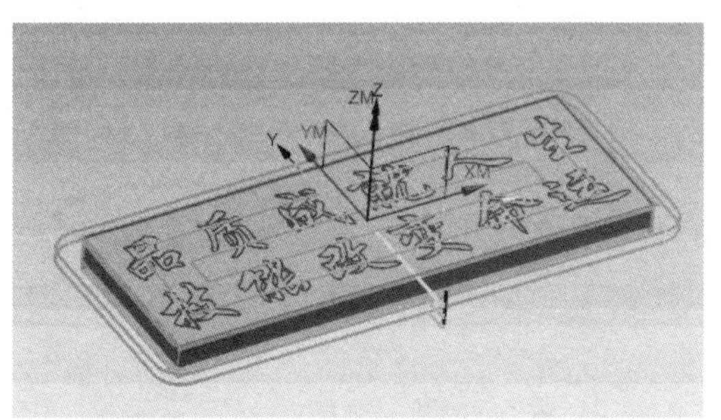

图9-5 生成刀轨

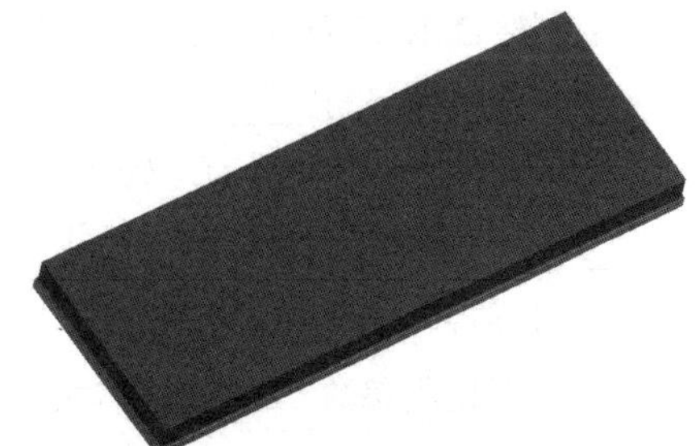

图9-6　刀轨仿真

3. 型腔铣：固定轮廓区域铣加工文字

(1) 创建“固定轮廓区域铣”操作。单击操作工具条中的________按钮，在“创建工序”对话框中选择加工类型为_______，在操作子类型中选择________，在几何体中选择___________，在名称中输入___________，操作如图 9-7 所示。

图9-7　创建固定轮廓区域铣

(2) 设置驱动方法。选取_____，操作如图 9-8 所示，单击_____按钮，进入曲线/点驱动方法设置界面编辑，通过添加新集选取曲线，操作如图 9-9 所示。

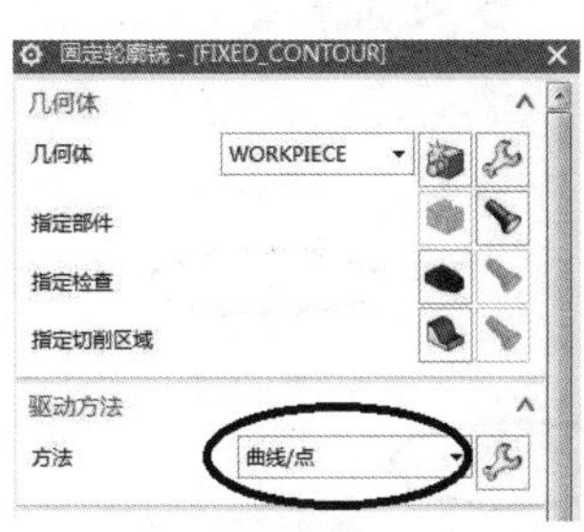

图9-8　设置驱动方法1

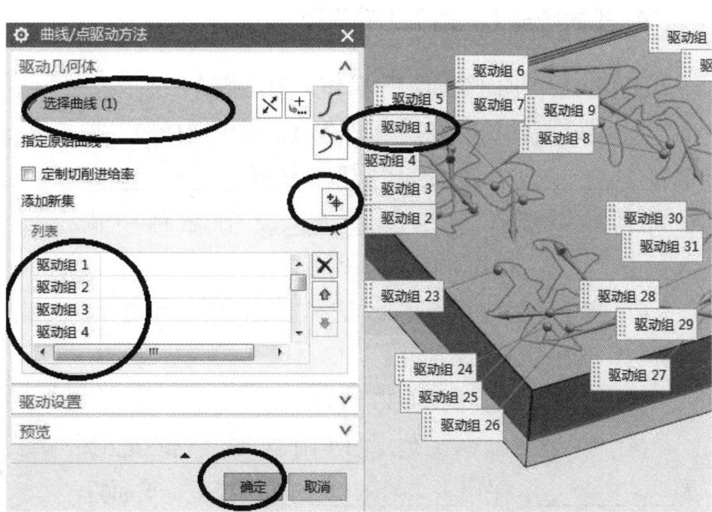

图9-9　设置驱动方法2

(3) 创建D3R1.5刀具。单击_____按钮，在刀具子类型中选定______，在名称中输入________。在刀具参数中，输入刀具直径为________，底圆角半径为________，刀具号和补偿号分别为________和________。

(4) 设置切削参数。部件余量为______，操作如图9-10所示。

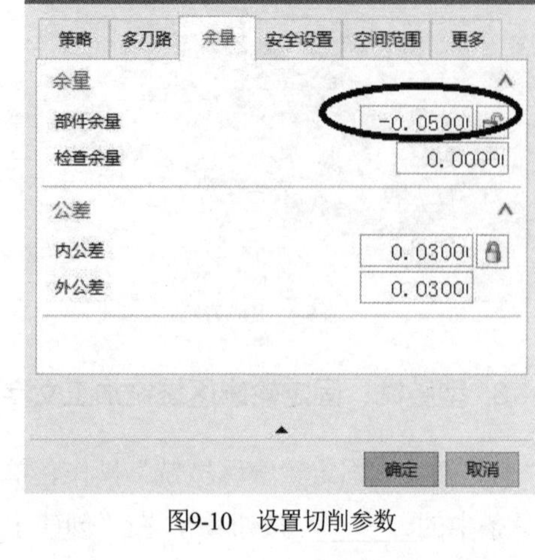

图9-10　设置切削参数

(5) 设定进给速度。单击________按钮，勾选对话框中的“主轴速度”复选框，输入转速为________，切削速度为________。

(6) 单击________按钮，计算生成刀轨，如图9-11所示。

(7) 仿真加工。结果如图9-12所示。

反面装夹工件，重新设置加工坐标。

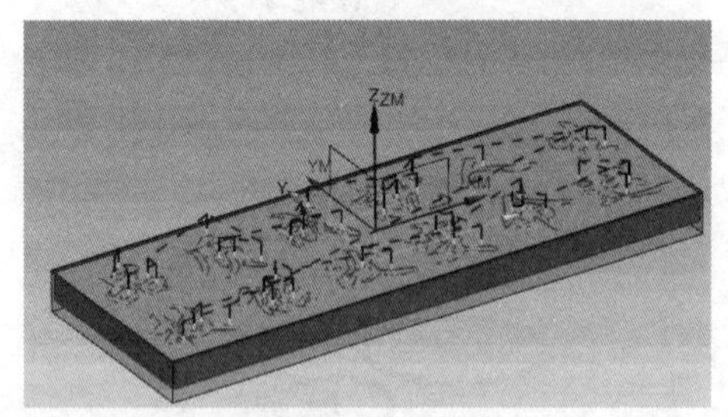
图9-11　生成刀轨

图9-12　仿真结果

4. 平面铣加工：加工工件底面

(1) 创建“平面铣加工”操作。单击操作工具条中的______按钮，在“创建工序”对话框中选择加工类型为__________，在操作子类型中选择__________，在几何体中选择______________，在名称中输入__________，操作如图9-13所示。

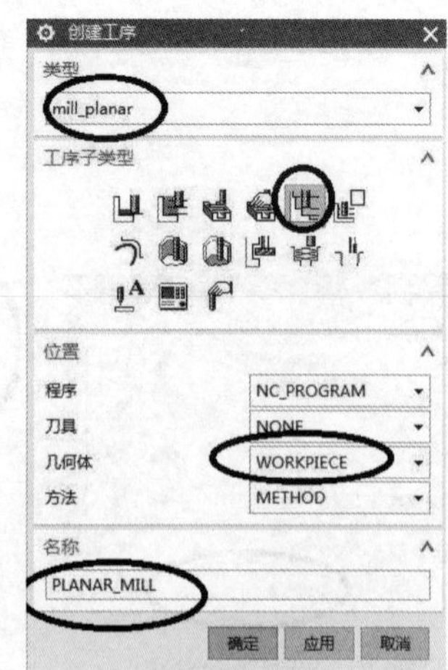

图9-13　创建平面铣工序

(2) 指定毛坯边界和底面，选择上表面为毛坯边界，选择*XY*平面为底面。

(3) 设置刀具，选择D30铣刀。

(4) 设置刀轨参数。切削区域空间范围为__________，采用__________的切削模式，平面直径百分比为________，每刀切削深度为__________，部件余量为________，操作如图9-14所示。

图9-14　设置刀轨参数

(5) 设定进给速度。单击________按钮，勾选对话框中的“主轴速度”复选框，输入转速为________，切削速度为________。

(6) 单击________按钮，计算并生成刀轨，如图 9-15 所示。

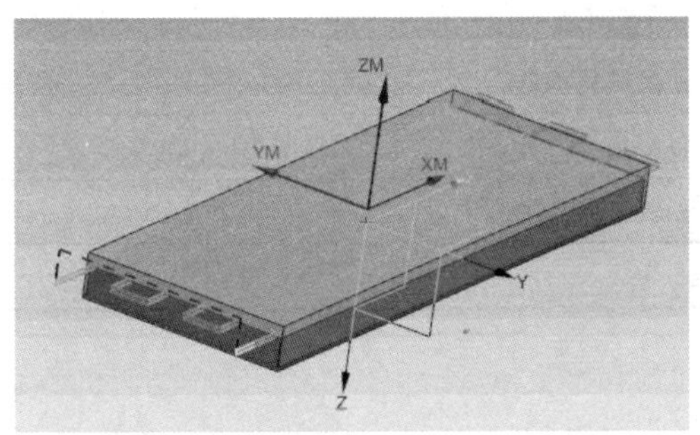

图9-15　生成刀轨

三、零件的加工

分步完成零件的加工，填写生产流程表，如表 9-3 所示。

表9-3　校训零件加工生产流程表

序号	生产内容	结果记录
1	装夹工件、刀具，对刀，建立工作坐标系	
2		
3		
4		
5		
6		
7		
8		

第三部分　评价与反馈

一、自我评价

自我评价如表 9-4 所示。

表9-4　校训零件加工自我评价表

班级：　　　　　　　　　姓名：　　　　　　　　　学习任务名称：

序号	评价项目	是	否
1	是否能正确分析零件形体		
2	前置作业是否全部完成		
3	是否完成了小组分配的任务		
4	是否认为自己在小组中不可或缺		
5	是否严格遵守课堂纪律		
6	在学习过程中，是否主动帮助其他同学		
7	对自己的表现是否满意		

二、小组评价

小组评价如表 9-5 所示。

表9-5　校训零件加工小组评价表

序号	评价项目	评分(1～10)
1	有团队合作意识，注重沟通	
2	能自主学习并相互协作，尊重他人	
3	学习态度积极主动，能参加安排的活动	
4	服从教师的教学安排，遵守学习场所的管理规定，遵守纪律	
5	能正确地领会他人提出的学习问题	
6	工作岗位的责任心	
7	能正确对待肯定和否定的意见	
8	团队中主动合作的情况	

评价人：　　　　　　　　　　　　　　　　　　　　　　年　月　日

三、教师评价

教师评价如表 9-6 所示。

表9-6　校训零件加工教师评价表

序号	评价项目	教师评价			
		优	良	中	差
1	按时上、下课				
2	着装符合要求				
3	遵守课堂纪律				
4	学习的主动性和独立性				
5	工具、仪器使用规范				
6	主动参与工作现场的6S工作				
7	工作页填写完整				
8	与小组成员积极沟通，并协助其他成员共同完成学习任务				
9	会快速查阅各种手册等资料				
10	教师综合评价				

第四部分　拓展

要完成 100 件如图 9-16 所示校训凸形文字高度 1mm 的加工，相对于前面制订的单件生产工艺，在夹具、刀具、工艺流程、程序等方面应进行哪些修改？

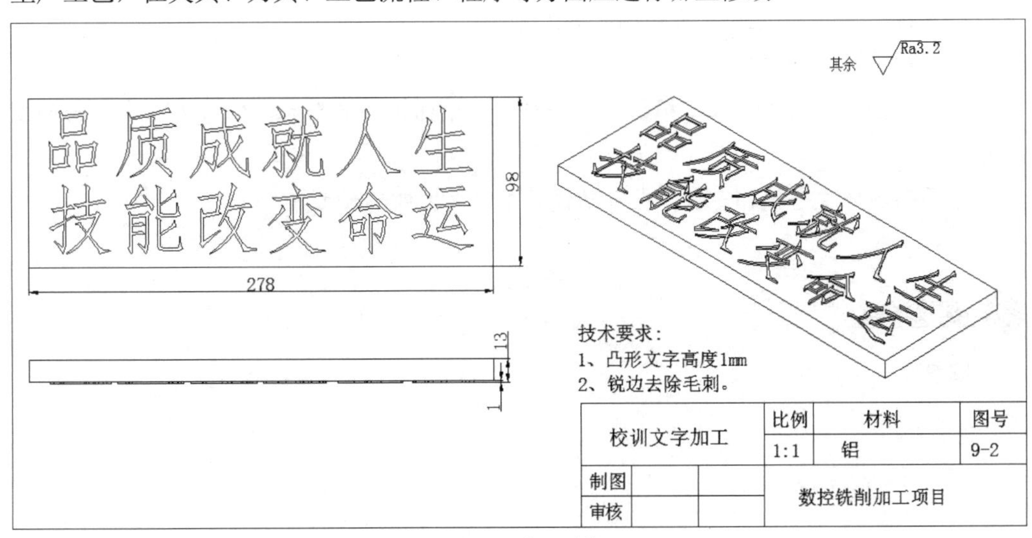

图9-16　校训零件

项目十 讲台桌面收纳盒的加工

学习目标

通过收纳盒零件(见图10-1)加工的学习，学生能够:

1. 熟悉UG加工编程命令和加工流程操作。
2. 熟练运用UG型腔铣的方法编程加工零件。
3. 了解零件设计过程。
4. 按照企业的生产要求，根据零件图样，以小组工作的形式，制订平面零件的加工工艺。
5. 严格按照安全操作规程，在自动模式下完成工件的加工。

建议学时

12学时。

学习结构

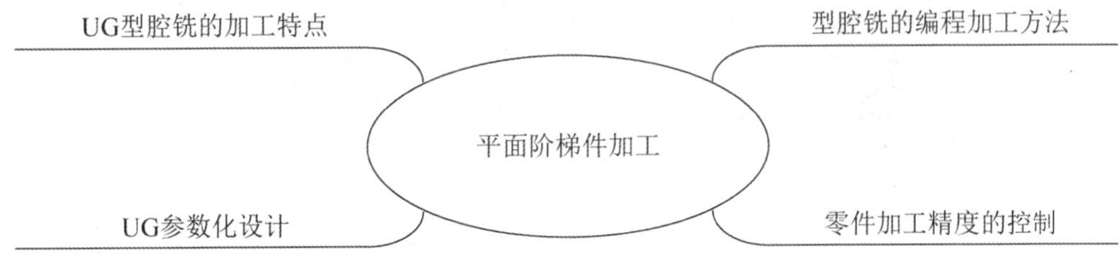

学习任务描述

某学校委托加工收纳盒(见图10-1)，要求在1天内完成加工。生产管理部门下达加工任务，工期为1天，任务完成后提交成品及检测报告。

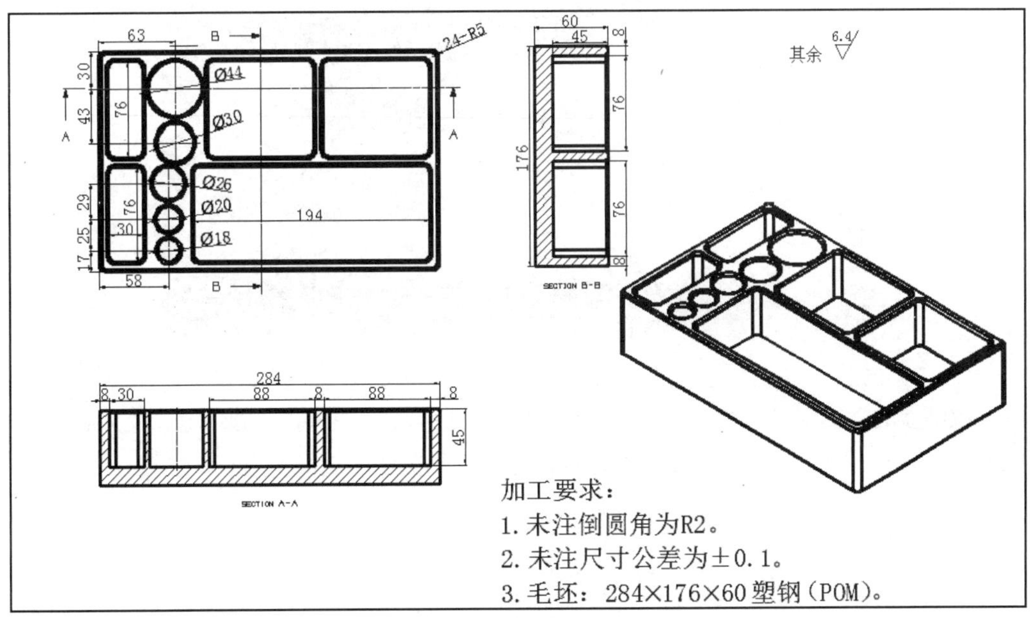

图10-1　收纳盒尺寸图

第一部分　学习准备

一、任务简述

教室讲台桌面要放置一些物品，如粉笔、黑板擦、笔、胶水、话筒、抹布、多媒体遥控器等，它们通常都是杂乱摆放，如果把这些物品都放在盒子里，讲台桌面就会干净整洁。目前市场上还没有匹配的功能盒子，即使有，尺寸也不合适。为了讲台桌面的美观，推行教室的6S管理，很有必要设计一个讲台收纳盒，如图10-2所示。

图10-2　收纳盒实物图

收纳盒的功能定义：可以存放一定的物品，包括粉笔、黑板擦、圆珠笔、大头油性笔、触屏笔、胶水、话筒、抹布、多媒体遥控器等，外形美观，功能实用。

二、收纳盒的设计

1. 物品外形尺寸的测量

用游标卡尺测量出各物品的外形尺寸，如表10-1所示。

表10-1　各物品的外形尺寸

序号	名称	实测尺寸/mm	序号	名称	实测尺寸/mm
1	粉笔(一盒)	75×72×82	6	胶水(一支)	ϕ310×150
2	黑板擦	107×62×37	7	话筒	64×24×1010
3	圆珠笔	ϕ13×150	8	抹布(折叠后)	75×150
4	大头油性笔	ϕ21×140	10	多媒体遥控器	44×20×105
5	触屏笔	ϕ20×133	11		

2. 加工材料为塑钢POM

备料毛坯外形尺寸(长×宽×高)为 290mm×180mm×65mm，加工六面后，尺寸为 284mm×176mm×60mm。

3. 收纳盒总体设计原则

(1) 就近原则。根据物品的使用习惯，采用就近原则，经常使用的物品放置在前，其他物品放置在后，并且长度较短的物品放置在前，较长的物品放置在后。笔和多媒体遥控器等竖起来放置，并放置在左边。

(2) 黄金比例原则。外形长宽比例为 176/284=0.6110，接近 0.618 黄金分割点，根据塑钢 POM 具有高硬度、高钢性、高耐磨的特性，设计壁厚 8mm，底厚 15mm，凹槽深 45mm。外形圆角 *R*5mm 处理，上表面边倒圆角 *R*2mm 处理。这样设计的盒子结实，美观大方，也方便加工。

4. 收纳盒UG建模参数化设计

利用 UG 草绘功能及约束功能，对图的尺寸进行即时修改，操作如图 10-3 所示，效果图如图 10-4 所示。

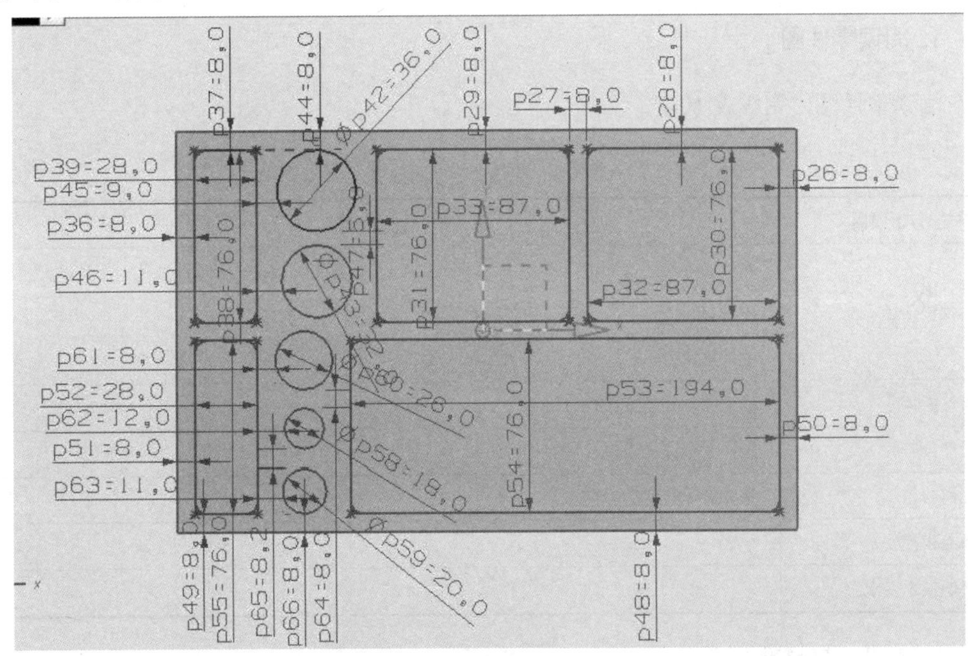

图10-3 收纳盒草绘建模尺寸修改

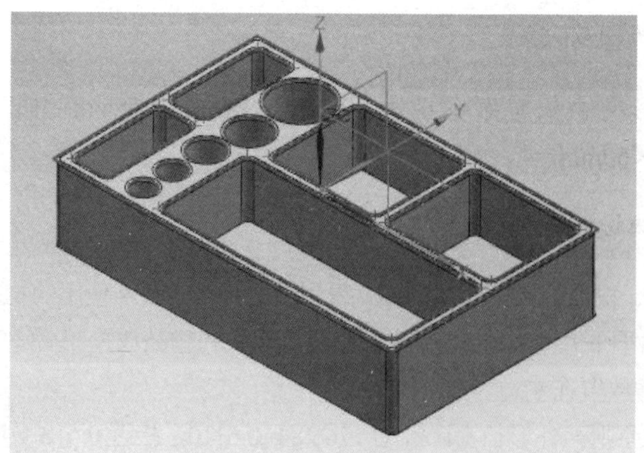

图10-4　收纳盒建模设计效果图

第二部分　计划与实施

一、生产前的准备

1. 阅读零件图

阅读零件图，完成表 10-2。

表10-2　收纳盒零件图分析

分析项目	分析内容
标题栏信息	零件名称： 零件材料： 毛坯规格：
零件形体	描述零件的主要结构：
尺寸公差	图样上标注公差的尺寸有：
几何公差	零件有无几何公差要求：
表面粗糙度	
其他技术要求	

2. 工具、量具准备

夹具：______________________________

刀具：______________________________

量具：______________________________

其他工具或辅件：______________________________

3. 填写工序卡

填写工序卡，如表 10-3 所示。

表10-3　收纳盒零件加工工序卡

工序简图										
								零件图号		
								工序名称		
								车间		
								使用设备		
								夹具名称		
								夹具编号		
工步	工步内容	程序名	刀具名称	切削用量			余量/mm		备注(程序号)	
				主轴转速/(r•min⁻¹)	进给量/(mm•min⁻¹)	切削深度/mm	侧面	底面		
1	型腔铣：粗加工工件凹槽		D10	4000	1500	5	0.3	0.2	O10001	
2	平面铣：精加工工件凹槽		D10	4500	800	45				
3	深度轮廓铣：粗加工4个$R5$圆角		D10	4500	800	20	0.2			
4	深度轮廓铣：精加工4个$R5$圆角		D10	4500	800	60				
5	区域轮廓铣：精加工$R2$圆角		D4R2	4500	800					
编制			审核		批准		共　页		第　页	

二、自动编程

根据填写的加工工序卡，使用 CAD/CAM 软件绘制零件的三维模型，生成加工刀具路径，并将刀具路径后处理为数控加工程序，程序名与加工工序卡里的程序名一致。

1. 加工机床几何体处理

(1) 毛坯体准备。启动 NX10.0，打开 3D 图档 010.prt，读图得知工件的坐标系原点在四面分中的顶平面上。单击______按钮 创建方块，自动弹出操作对话框，选择________的类型，选择_______对象，根据图纸，输入间隙值________，单击“确定”按钮，完成毛坯体创建。单击________按钮，自动弹出对话框，选择刚建立的毛坯体，按______键确定，在“编辑对象显示”对话框中拖动“透明度”滑条，使毛坯体显示为透明状态。

(2)加工坐标准备。单击_____按钮 开始·，在下拉列表中选择________，进入加工模块，在弹出的“加工环境”对话框中单击“确定”按钮。在侧边栏中单击___________按钮，展开加工操作导航器。在操作导航器空白处右击，在下拉菜单中选择_____视图，双击 MCS_MILL，进入加工坐标设定对话框，此时，工作坐标系与加工坐标系重合，在“间隙”选项中指定加工“安全平面”高度。

(3)加工几何体准备。双击 MCS_MILL 下的 WORKPIECE，进入“铣削几何体”对话框，完成部件与毛坯的设置，操作如图 10-5 所示。

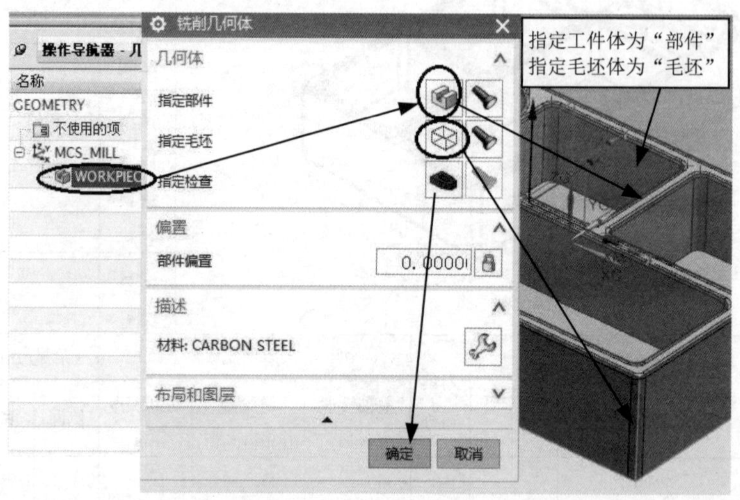

图10-5　设定加工几何体

2. 型腔铣：粗加工工件凹槽

(1) 创建“型腔铣”操作。单击操作工具条中的___按钮，在“创建工序”对话框中选择加工类型为______，在操作子类型中选择_______，在几何体中选择__________，在名称中输入__________，操作如图 10-6 所示。

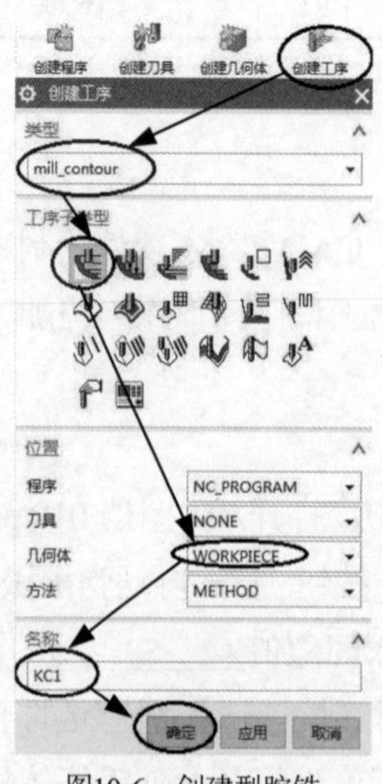

图10-6　创建型腔铣

(2) 指定修剪边界。单击______按钮，选定______边界曲线，如图 10-7 所示。

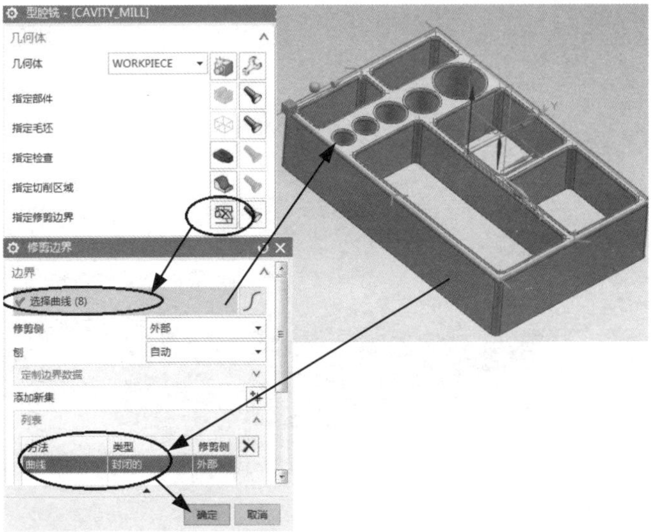

图10-7　修剪边界

(3) 创建 D10 刀具。单击______按钮，在刀具子类型中选定______，在名称中输入________。在刀具参数中，输入刀具直径为________，底圆角半径为________，刀具号和补偿号分别为________和________。

(4) 设置刀轨参数。采用______的切削模式，平面直径百分比为______，设置范围类型为______，切削层为______，公共每刀切削深度为______，最大距离为______mm，如图 10-8 所示。单击____按钮，在“余量”选项卡中，设置部件侧面余量为_______，设置部件底面余量为_______，内公差为_______，外公差为_______。

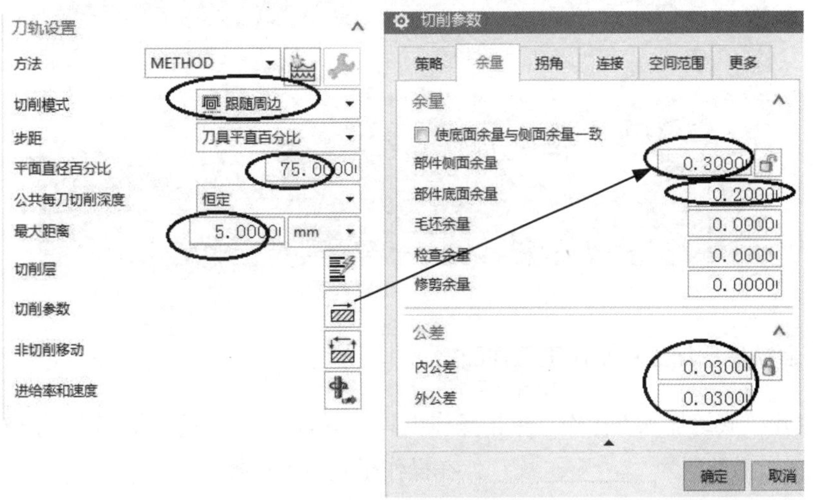

图10-8　设定切削参数及进给速度

(5) 设定进给速度。单击________按钮，勾选对话框中的“主轴速度”复选框，输入转速为________，切削速度为________。

(6) 单击________按钮，计算生成刀轨，如图 10-9 所示。

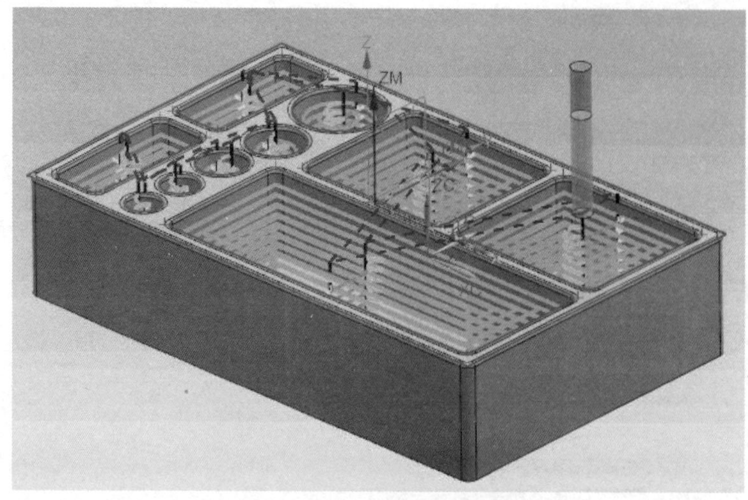

图10-9　生成刀轨

(7) 仿真加工。在操作导航器中选中 KCI，单击________按钮，进入“可视化刀轨”对话框，选择播放刀轨的形式(有重播、3D 动态、2D 动态三种)，按“播放”键即可模拟加工过程，结果如图 10-10 所示。

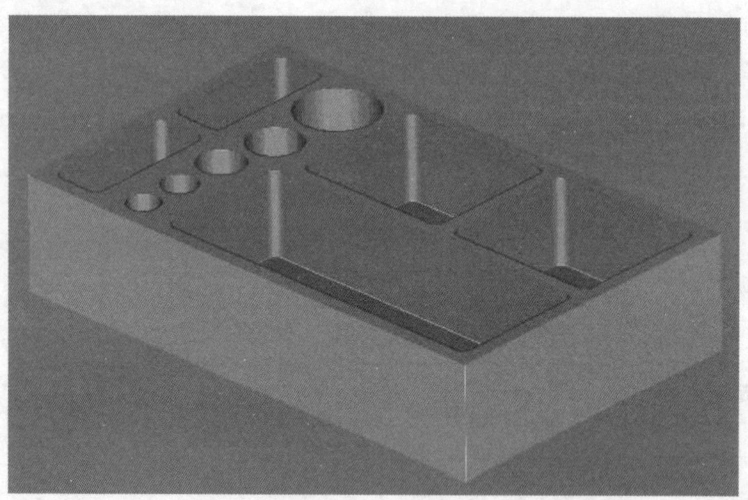

图10-10　刀轨仿真

3. 平面铣底壁加工：精加工工件凹槽

(1) 创建“底壁加工”操作。单击操作工具条中的______按钮，在“创建工序”对话框中选择加工类型为____________，在操作子类型中选择____________，在几何体中选择___________，在名称中输入__________。

(2) 设定切削区底面。选择两个平面，操作如图 10-11 所示。

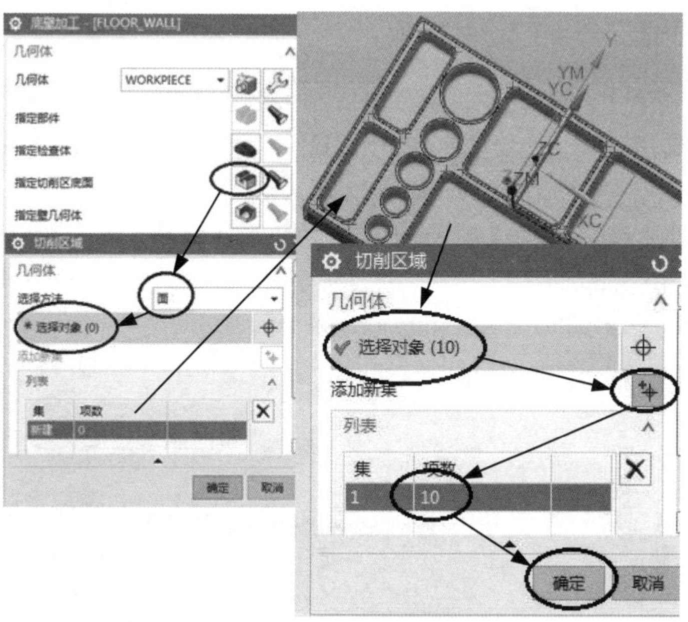

图10-11　设定切削区底面

(3) 选择 D10 铣刀。

(4) 设置刀轨参数。切削区域空间范围＿＿＿＿＿＿，采用＿＿＿＿＿＿的切削模式，平面直径百分比为＿＿＿＿＿，每刀切削深度为＿＿＿＿＿，部件余量为＿＿＿＿＿，操作如图 10-12 所示。

(5) 设定进给速度。单击＿＿＿＿＿按钮，勾选对话框中的“主轴速度”复选框，输入转速为＿＿＿＿＿，切削速度为＿＿＿＿＿。

(6) 单击＿＿＿＿＿按钮，计算生成刀轨，如图 10-13 所示。

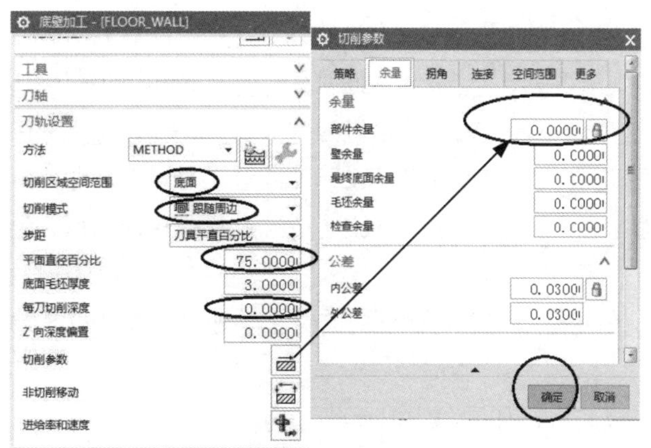

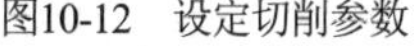
图10-12　设定切削参数

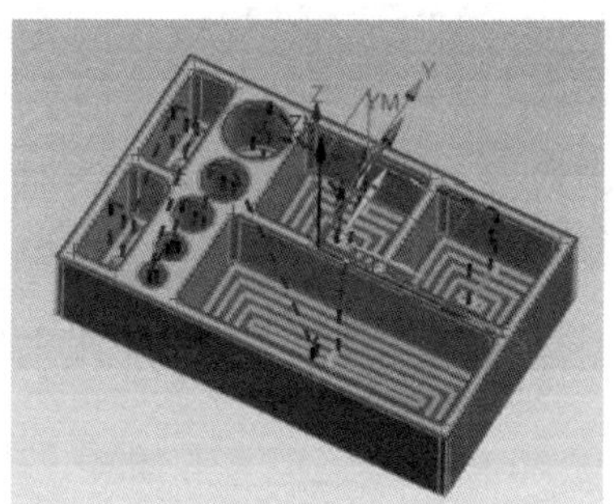
图10-13 生成刀轨

4. 深度轮廓铣：粗加工4个*R*5圆角

(1) 创建“型腔铣”操作。单击操作工具条中的___按钮，在“创建工序”对话框中选择加工类型为______，在操作子类型中选择_______，在几何体中选择__________，在名称中输入__________，操作如图 10-14 所示。

(2) 设定切削区底面。选择两个平面，操作如图 10-15 所示。

(3) 选择 D10 刀具。

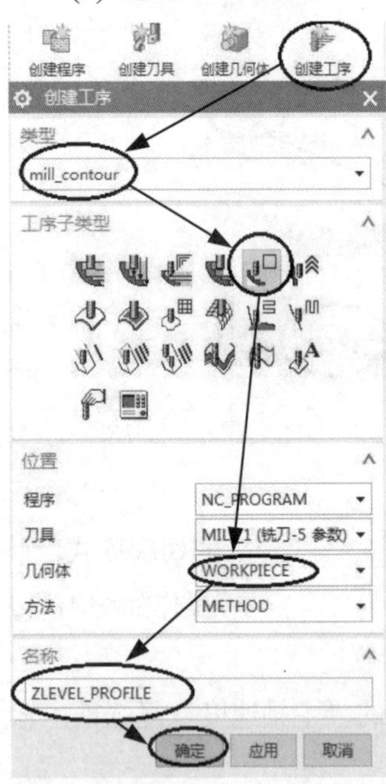

图10-14　创建型腔铣深度轮廓加工

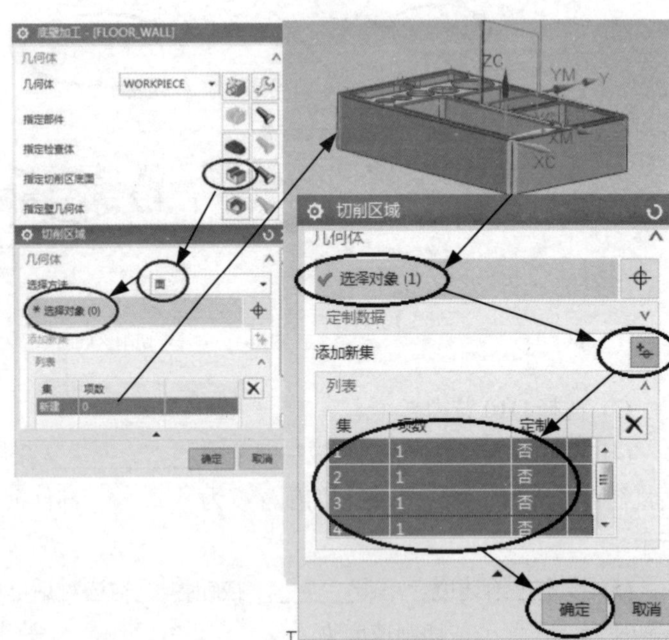

图10-15　设定切削区底面

(4) 设置刀轨参数。采用_____的切削模式，平面直径百分比为_____，设置范围类型为_____，切削层为_____，公共每刀切削深度为_____，最大距离为_____mm，如图 10-16 所示。单击____按钮，在“余量”选项卡中，设置部件余量为______。单击_______按钮，进入非切削参数设置的“进刀”选项卡，在“封闭区域”设置形式为螺旋，螺旋直径为______，倾斜角度为_______，高度为_______。在“开放区域”设置形式为圆弧，半径为_______，角度为_______。

(5) 设定进给速度。单击________按钮，勾选对话框中的“主轴速度”复选框，输入转速为________，切削速度为________。

(6) 单击________按钮，计算生成刀轨，如图 10-17 所示。

图10-16　设置刀轨参数

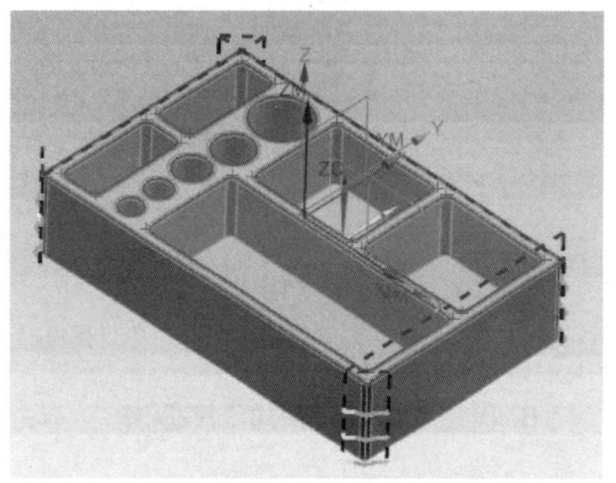
图10-17　生成刀轨

5. 深度轮廓铣：精加工4个R5圆角

(1) 在操作导航器中，选中上一步创建的操作，右击，在弹出的快捷菜单中选择“复制”命令；再选中 ZLEVEL_PROFILE，右击，在弹出的快捷菜单中选择“粘贴”命令；ZLEVEL_PROFILE 下方便多一个操作 ZLEVEL_PROFILE_COPY，双击，打开型腔铣设置刀轨切削参数对话框，如图 10-18 所示。

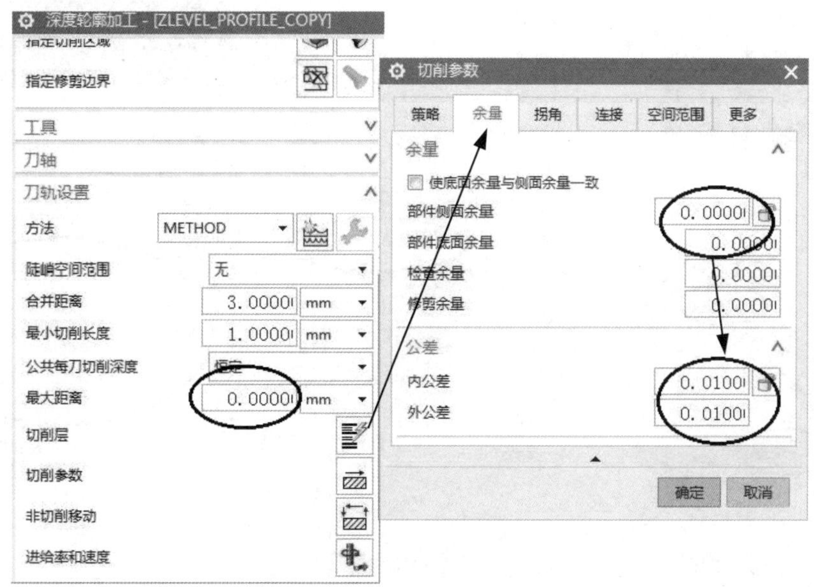

图10-18　设置刀轨参数

(2) 单击________按钮，计算生成刀轨，如图 10-19 所示。

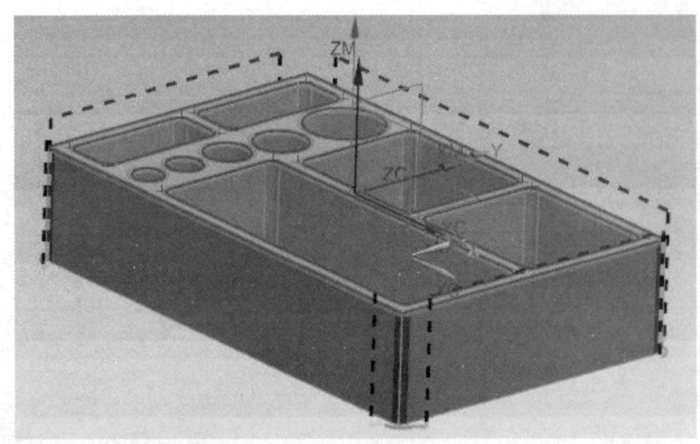

图10-19　生成刀轨

6. 区域轮廓铣：精加工*R*2圆角

(1) 创建“区域轮廓铣”操作。单击操作工具条中的______按钮，在“创建工序”对话框中选择加工类型为_______，在操作子类型中选择________按钮，在几何体中选择___________，在名称中输入___________，如图 10-20 所示。

(2) 选择_____作为切削区域(10 个圆角相交面)，操作如图 10-21 所示。

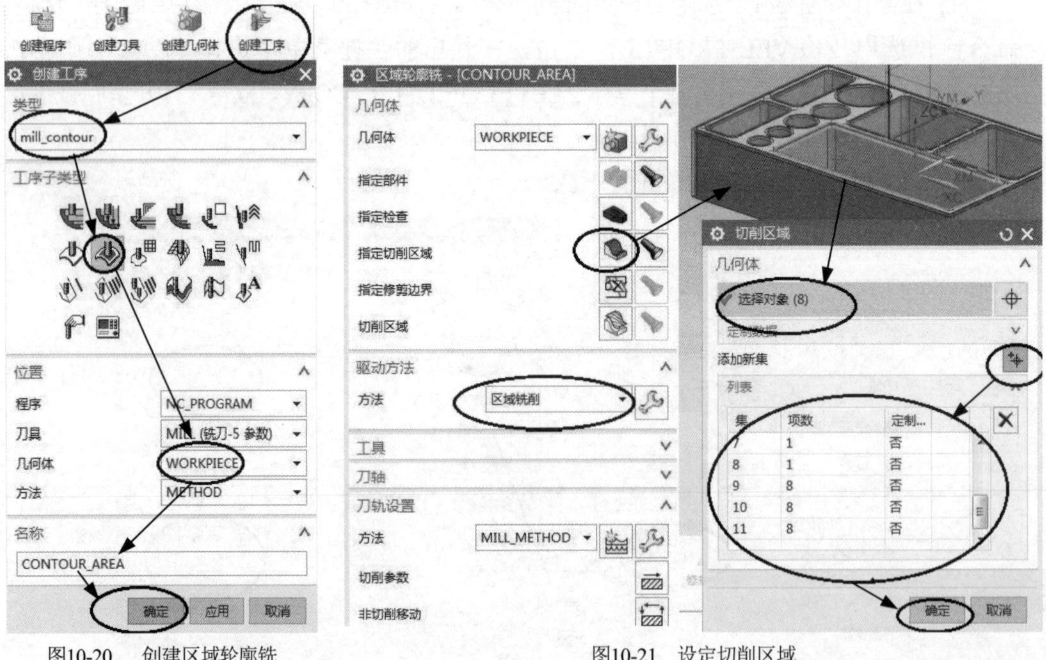

图10-20　创建区域轮廓铣　　　　图10-21　设定切削区域

(3) 选定驱动方法。选择流线作为本操作的驱动方法。选择步距为_____，最大距离为_____，操作如图 10-22 所示。

(4) 创建 D4R2 刀具。单击_____按钮，刀具子类型中选定_____，在名称中输入________。在刀具参数中，输入刀具直径为________，底圆角半径为________，刀具号和补偿号分别为________和________。

(5) 设置刀轨参数。单击____按钮，在“余量”选项卡中，设置部件余量为_______，公差分别为________。单击_______按钮，进入非切削参数设置的“进刀”选项卡，在“开放区域”设置形式为“圆弧-平行于刀轴”，如图10-23所示。

图10-22　驱动方法参数

图10-23　设定切削参数

(6) 设定进给速度。单击________按钮，勾选对话框中的“主轴速度”复选框，输入转速为________，切削速度为________。

(7) 单击________按钮，计算生成刀轨，如图10-24所示。

(8) 仿真加工。在操作导航器中选中全部操作，单击________按钮，进入“可视化刀轨”对话框，选择播放刀轨的形式(有重播、3D动态、2D动态三种)，按“播放”键即可模拟加工过程，结果如图10-25所示。

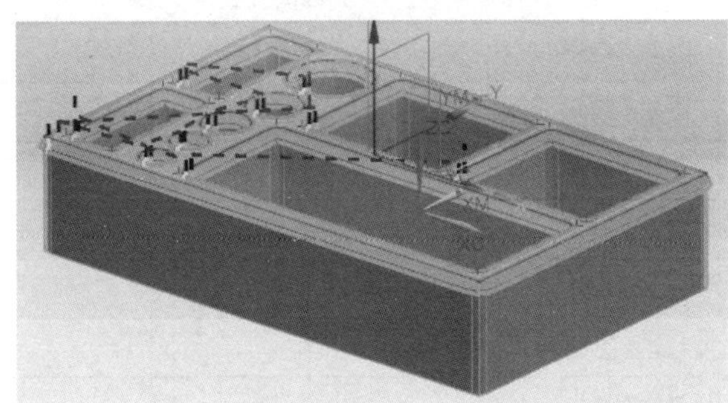

图10-24　生成刀轨

图10-25　刀轨仿真

三、零件的加工

1. 填写生产流程表

分步完成零件的加工，填写生产流程表，如表 10-4 所示。

表10-4　收纳盒零件加工生产流程表

序号	生产内容	结果记录
1	装夹工件、刀具，对刀，建立工作坐标系	
2		
3		
4		
5		
6		
7		

2. 测量工件尺寸

完成加工后，测量工件尺寸并填写表 10-5。

表10-5　收纳盒零件加工尺寸测量评价表

序号	考核内容	考核要求	配分	评分标准	自检	互检	得分
1	88×76	±0.1	5	超差不得分			
2	88×76	±0.1	5	超差不得分			
3	1104×76	±0.1	5	超差不得分			
4	76×30	±0.1	5	超差不得分			
5	76×30	±0.1	5	超差不得分			
6	ϕ44	±0.1	5	超差不得分			
7	ϕ30	±0.1	5	超差不得分			
8	ϕ26	±0.1	5	超差不得分			
9	ϕ20	±0.1	5	超差不得分			
10	ϕ18	±0.1	5	超差不得分			
11	63	±0.1	5	超差不得分			
12	30	±0.1	5	超差不得分			
13	43	±0.1	5	超差不得分			
14	58	±0.1	5	超差不得分			
15	17	±0.1	5	超差不得分			

(续表)

序号	考核内容	考核要求	配分	评分标准	自检	互检	得分
16	25	±0.1	5	超差不得分			
17	210	±0.1	5	超差不得分			
18	24-*R*5		5	超差不得分			
19	*R*2		5	超差不得分			
20	*Ra*6.4		5	超差不得分			

第三部分　评价与反馈

一、自我评价

自我评价如表 10-6 所示。

表10-6　收纳盒零件加工自我评价表

班级：　　　　　　　　姓名：　　　　　　　　学习任务名称：

序号	评价项目	是	否
1	是否能正确分析零件形体		
2	前置作业是否全部完成		
3	是否完成了小组分配的任务		
4	是否认为自己在小组中不可或缺		
5	是否严格遵守课堂纪律		
6	在学习过程中，是否主动帮助其他同学		
7	对自己的表现是否满意		

二、小组评价

小组评价如表 10-7 所示。

表10-7　收纳盒零件加工小组评价表

序号	评价项目	评分(1～10)
1	有团队合作意识，注重沟通	
2	能自主学习并相互协作，尊重他人	
3	学习态度积极主动，能参加安排的活动	
4	服从教师的教学安排，遵守学习场所的管理规定，遵守纪律	

(续表)

序号	评价项目	评分(1～10)
5	能正确地领会他人提出的学习问题	
6	工作岗位的责任心	
7	能正确对待肯定和否定的意见	
8	团队中主动合作的情况	

评价人：　　　　年　月　日

三、教师评价

教师评价如表 10-8 所示。

表10-8　收纳盒零件加工教师评价表

序号	评价项目	教师评价			
		优	良	中	差
1	按时上、下课				
2	着装符合要求				
3	遵守课堂纪律				
4	学习的主动性和独立性				
5	工具、仪器使用规范				
6	主动参与工作现场的6S工作				
7	工作页填写完整				
8	与小组成员积极沟通，并协助其他成员共同完成学习任务				
9	会快速查阅各种手册等资料				
10	教师综合评价				

第四部分　拓展

要完成 100 件图 10-26 所示收纳盒的加工，相对于前面制订的单件生产工艺，在夹具、刀具、工艺流程、程序等方面应进行哪些修改？

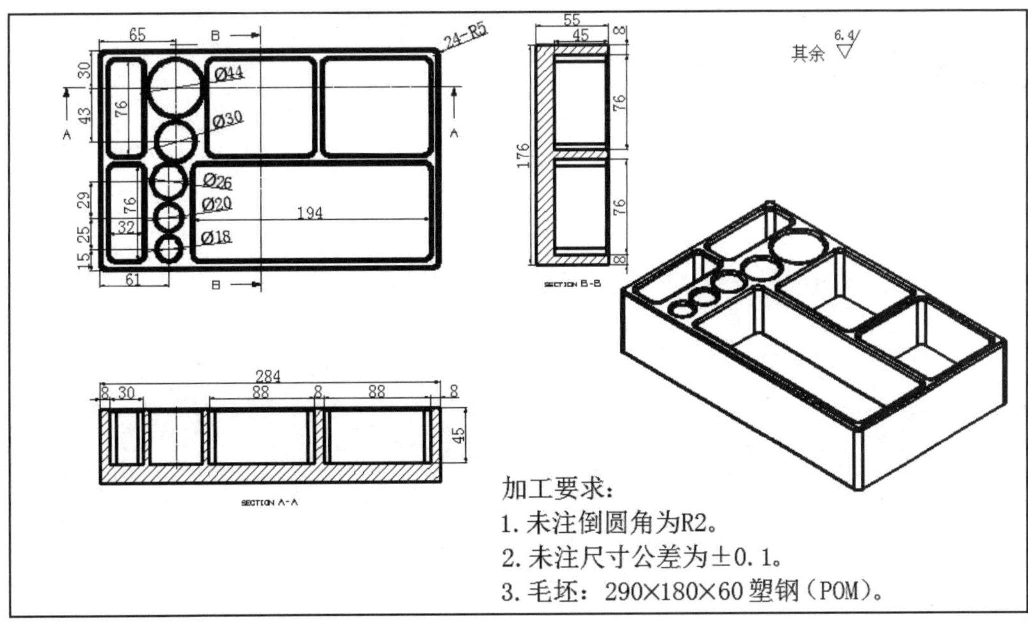
65
B
24-R5
30
43
76
Ø44
Ø30
A
A
29
25
15
76
32
Ø26
Ø20
Ø18
194
61
B
55
45
8
176
76
76
8
SECTION B-B
其余 6.4
284
8 30
88
8
88
8
45
SECTION A-A
加工要求：
1. 未注倒圆角为R2。
2. 未注尺寸公差为±0.1。
3. 毛坯：290×180×60 塑钢（POM）。

图10-26　收纳盒

读书笔记

模块五

数控铣工四级考证模块

项目十一 数控铣工国家职业资格四级技能样题和理论样题

学习目标

通过数控铣工国家职业资格四级技能样题的学习，学生能够：

1. 了解职业技能鉴定和职业资格证书制度。
2. 熟悉数控铣工中级工考证流程。
3. 了解数控铣工中级工考证方法。
4. 学会UG型腔铣编程方法，对模型进行编程加工操作。
5. 按照考证的要求，根据零件图样，以小组工作的形式，制订零件的加工工艺。
6. 严格按照安全操作规程，完成工件的加工。

建议学时

8学时。

学习结构

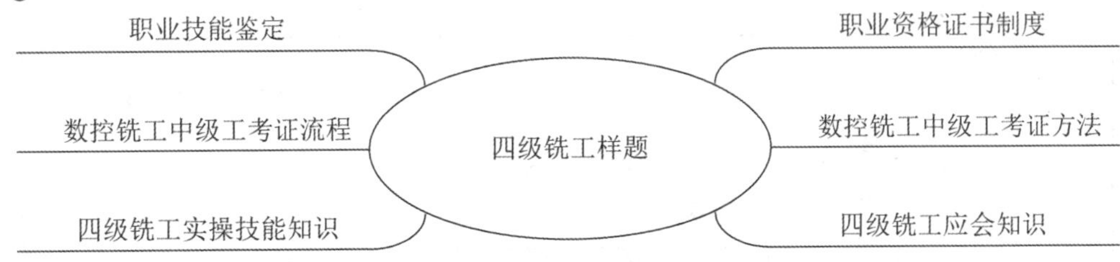

学习任务描述

按职业技能鉴定的要求，完成数控铣工四级考证的内容，包括实操技能和应会知识。

任务一　数控铣工国家职业资格四级技能样题

一、仿真加工

1. 本题分值：30 分。
2. 考核时间：90min。
3. 考核形式：操作。
4. 具体考核要求：

(1) 根据图纸(G423)在数控仿真系统上完成虚拟零件加工。

(2) 数控系统、机床由考生自选。

得　分	
评分人	

二、零件加工

1. 本题分值：70 分。
2. 考核时间：180min。
3. 考核形式：操作。
4. 具体考核要求：根据零件图纸(G423，见图 11-1)完成加工。
5. 否定项说明：

(1) 出现危及考生或他人安全的状况将中止考试，如果原因是考生操作失误所致，考生该题成绩记零分。

(2) 因考生操作失误所致，导致设备故障且当场无法排除将中止考试，考生该题成绩记零分。

(3) 因刀具、工具损坏而无法继续的应中止考试。

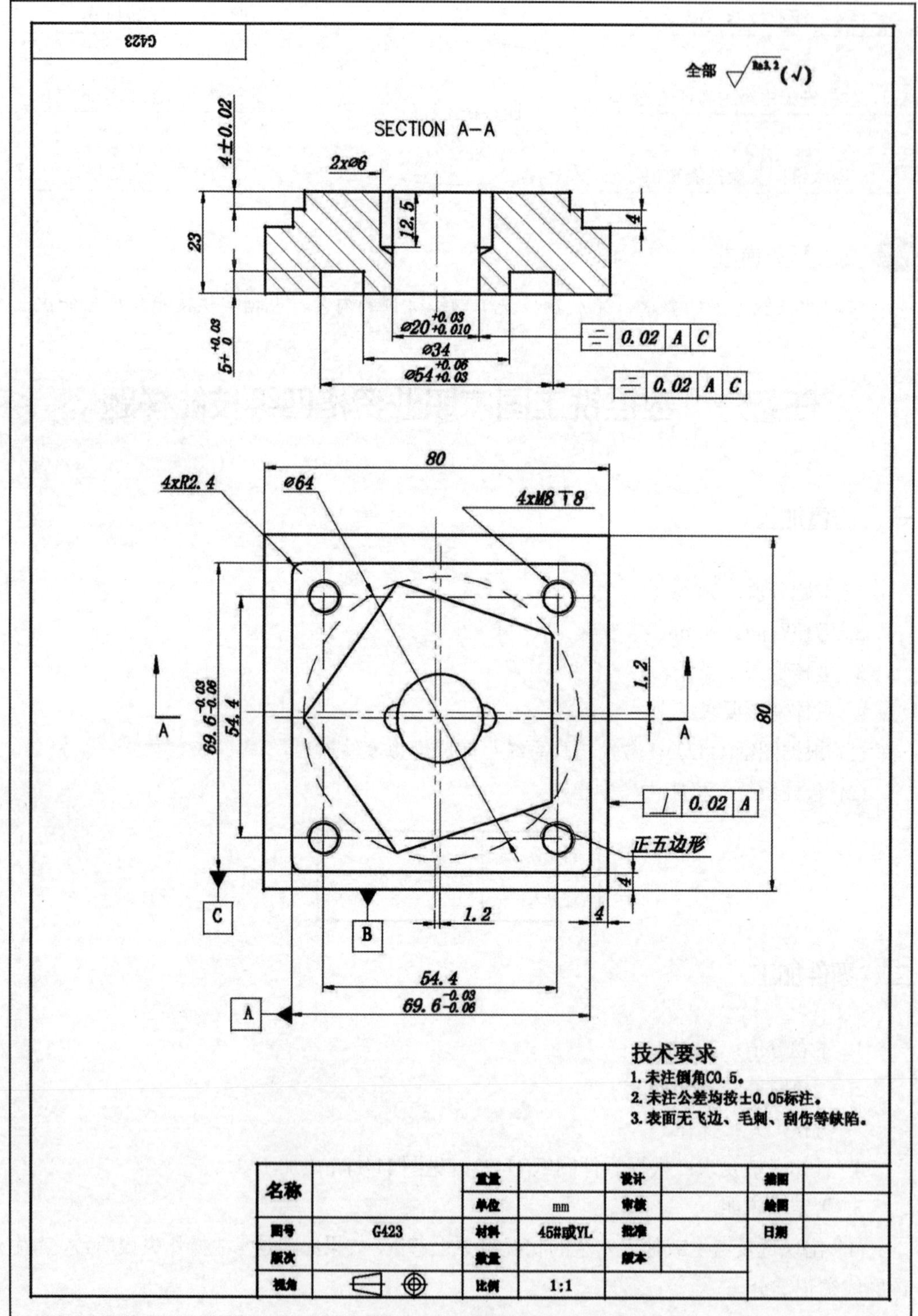

图11-1　零件图纸

第一部分 学习准备

一、职业技能鉴定及其主要内容

1. 职业技能鉴定

职业技能鉴定是一项基于职业技能水平的考核活动，属于标准参照型考试。它是由考试考核机构对劳动者从事某种职业所应掌握的技术理论知识和实际操作能力做出客观的测量与评价。职业技能鉴定是国家职业资格证书制度的重要组成部分。

2. 职业技能鉴定的主要内容

国家实施职业技能鉴定的主要内容包括职业知识、操作技能和职业道德三个方面。这些内容是根据国家职业技能标准、职业技能鉴定规范(考试大纲)和相应教材来确定的，并通过编制试卷来进行鉴定考核。

二、职业资格证书

1. 职业资格证书制度

职业资格证书制度是劳动就业制度的一项重要内容，也是一种特殊形式的国家考试制度，主要是按照国家制定的职业技能标准或任职资格条件，通过政府认定的考核鉴定机构，对劳动者的技能水平或职业资格进行客观公正、科学规范的评价和鉴定，对合格者授予相应的国家职业资格证书的政策规定和实施办法。

2. 职业资格

职业资格是对从事某一职业所必备的学识、技术和能力的基本要求。

职业资格包括从业资格和执业资格。从业资格是指从事某一专业(职业)学识、技术和能力的起点标准。执业资格是指政府对某些责任较大，社会通用性强，关系公共利益的专业(职业)实行准入控制，是依法独立开业或从事某一特定专业(职业)学识，技术和能力的必备标准。

3. 职业资格证书及其用途

职业资格证书是表明劳动者具有从事某一职业所必备的学识和技能的证明。它是劳动者求职、任职、开业的资格凭证，是用人单位招聘、录用劳动者的主要依据，也是境外就业、对外劳务合作人员办理技能水平公证的有效证件。

4. 职业资格证书等级

技术层：国家职业资格一级高级技师、国家职业资格二级技师。

技能层：国家职业资格三级高级技能、国家职业资格四级中级技能、国家职业资格五级初级技能。

5. 职业资格证书与学历证书的不同

职业资格是对从事某一职业所必备的学识、技术和能力的基本要求，反映了劳动者为适应职业劳动需要而运用特定的知识、技术和技能的能力。与学历文凭不同，学历文凭主要反映学生学习的经历，是文化理论知识水平的证明。职业资格与职业劳动的具体要求密切结合，更直接、更准确地反映了特定职业的实际工作标准和操作规范，以及劳动者从事该职业所达到的实际工作能力水平。

三、实施职业资格证书制度的法律法规

《中华人民共和国劳动法》第八章第六十九条规定："国家确定职业分类，对规定的职业制定职业技能标准，实行职业资格证书制度，由经备案的考核鉴定机构负责对劳动者实施职业技能考核鉴定。"

《中华人民共和国职业教育法》第一章第八条明确指出："实施职业教育应当根据实际需要，同国家制定的职业分类和职业等级标准相适应，实行学历文凭、培训证书和职业资格证书制度。"

四、数控铣工鉴定要求

1. 适用对象

从事或准备从事本职业的人员。

2. 申报条件

(1) 初级(具备以下条件之一者)：

- 经本职业初级正规培训达规定标准学时数，并取得毕(结)业证书。
- 在本职业连续见习工作2年以上。
- 本职业学徒期满。

(2) 中级(具备以下条件之一者)：

- 取得本职业初级职业资格证书后，连续从事本职业工作3年以上，经本职业中级正规培训达规定标准学时数，并取得毕(结)业证书。
- 取得本职业初级职业资格证书后，连续从事本职业工作5年以上。

- 连续从事本职业工作7年以上。
- 取得经劳动保障行政部门审核认定的、以中级技能为培养目标的中等以上职业学校本职业(专业)毕业证书。

(3) 高级(具备以下条件之一者)：

- 取得本职业中级职业资格证书后，连续从事本职业工作4年以上，经本职业高级正规培训达规定标准学时数，并取得毕(结)业证书。
- 取得本职业中级职业资格证书后，连续从事本职业工作7年以上。
- 取得高级技工学校或经劳动保障行政部门审核认定的、以高级技能为培养目标的高等职业学校本职业(专业)毕业证书。
- 取得本职业中级职业资格证书的大专以上本专业或相关专业毕业生，连续从事本职业工作2年以上。

(4) 技师(具备以下条件之一者)：

- 取得本职业高级职业资格证书后，连续从事本职业工作5年以上，经本职业技师正规培训达规定标准学时数，并取得毕(结)业证书。
- 取得本职业高级职业资格证书后，连续从事本职业工作8年以上。
- 取得本职业高级职业资格证书的高级技工学校本职业(专业)毕业生和大专以上本专业或相关专业的毕业生，连续从事本职业工作2年以上。

(5) 高级技师(具备以下条件之一者)：

- 取得本职业技师职业资格证书后，连续从事本职业工作3年以上，经本职业高级技师正规培训达规定标准学时数，并取得毕(结)业证书。
- 取得本职业技师职业资格证书后，连续从事本职业工作5年以上。

五、数控铣工鉴定方式

数控铣工的鉴定包括理论知识考试和技能操作考核。理论知识考试采用闭卷笔试方式，技能操作考核采用现场实际操作方式。理论知识考试和技能操作考核均实行百分制，成绩皆达 60 分以上者为合格。技师、高级技师的鉴定还应进行综合评审。

第二部分　计划与实施

一、生产前的准备

1. 阅读零件图

阅读零件图，完成表 11-1。

表11-1　零件图分析

分析项目	分析内容
标题栏信息	零件名称： 零件材料： 毛坯规格：
零件形体	描述零件的主要结构：
尺寸公差	图样上标注公差的尺寸有：
几何公差	零件有无几何公差要求：
表面粗糙度	
其他技术要求	

2. 工具、量具准备

夹具：________________

刀具：________________

量具：________________

其他工具或辅件：________________

3. 填写工序卡

填写工序卡，如表 11-2 所示。

表11-2　零件加工工序卡

<table>
<tr><td colspan="6" rowspan="6">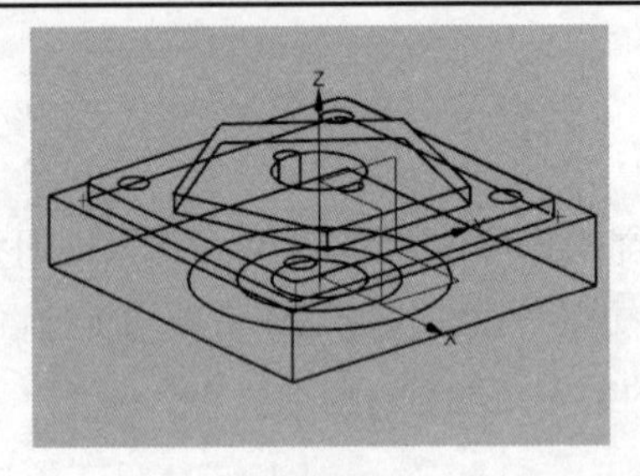
工序简图</td><td colspan="2">零件图号</td><td colspan="2"></td></tr>
<tr><td colspan="2">工序名称</td><td colspan="2"></td></tr>
<tr><td colspan="2">车间</td><td colspan="2"></td></tr>
<tr><td colspan="2">使用设备</td><td colspan="2"></td></tr>
<tr><td colspan="2">夹具名称</td><td colspan="2"></td></tr>
<tr><td colspan="2">夹具编号</td><td colspan="2"></td></tr>
<tr><td rowspan="2">工步</td><td rowspan="2">工步内容</td><td rowspan="2">程序名</td><td rowspan="2">刀具名称</td><td colspan="3">切削用量</td><td colspan="2">余量/mm</td><td rowspan="2">备注（程序号）</td></tr>
<tr><td>主轴转速/(r•min⁻¹)</td><td>进给量/(mm•min⁻¹)</td><td>切削深度/mm</td><td>侧面</td><td>底面</td></tr>
<tr><td>1</td><td>型腔铣：精加工工件上半部分深17</td><td></td><td>D8</td><td>4000</td><td>800</td><td>每刀1，范围17</td><td></td><td></td><td>O1101</td></tr>
<tr><td>2</td><td>型腔铣：精加工圆 $\phi20$ 反面装夹</td><td></td><td>D8</td><td>4000</td><td>800</td><td>每刀1，范围25</td><td></td><td></td><td></td></tr>
</table>

(续表)

工步	工步内容	程序名	刀具名称	切削用量			余量/mm		备注(程序号)
				主轴转速/(r•min^{-1})	进给量/(mm•min^{-1})	切削深度/mm	侧面	底面	
3	型腔铣：精加工工件下半部分深9		D8	4000	800	每刀1，范围9			
4	深度轮廓铣：精加工2× ϕ6		D4	4500	500	每刀0.5，范围12.5			
5	铣孔 ϕ6.75：4×M8		D4	4500	500	每刀0.5，范围8			
6	攻螺纹M8		M8	3000	500				或手工攻丝
编制			审核		批准		共　页		第　页

二、自动编程

根据填写的加工工序卡，使用 CAD/CAM 软件绘制零件的三维模型，生成加工刀具路径，并将刀具路径后处理为数控加工程序，程序名与加工工序卡里的程序名一致。

1. 加工机床几何体处理

(1) 毛坯体准备。启动 NX11.0，打开 3D 图档 11.prt，读图得知工件的坐标系原点在四面分中的顶平面上。单击______按钮，自动弹出操作对话框，选择________的类型，选择______对象，根据图纸，输入间隙值________，设置 Z 轴正向间隙值________，改变 Z 轴负向间隙值________，单击“确定”按钮，完成毛坯体创建，如图 11-2 所示。单击按钮，自动弹出对话框，选择刚建立的毛坯体，按______键确定，在“编辑对象显示”对话框中拖动“透明度”滑条，使毛坯体显示为透明状态。

图11-2　建立毛坯体

(2) 加工坐标准备。单击_____按钮，在下拉列表中选择________，进入加工模块，在弹出的“加工环境”对话框中单击“确定”按钮。在侧边栏中单击___________按钮，展开加工操作导航器。在操作导航器空白处右击，在下拉菜单中选择_____视图，双击 MCS_MILL，进入加工坐标设定对话框，在毛坯上表面建立加工坐标系，在“间隙”选项中指定加工“安全平面”高度，如图 11-3 所示。

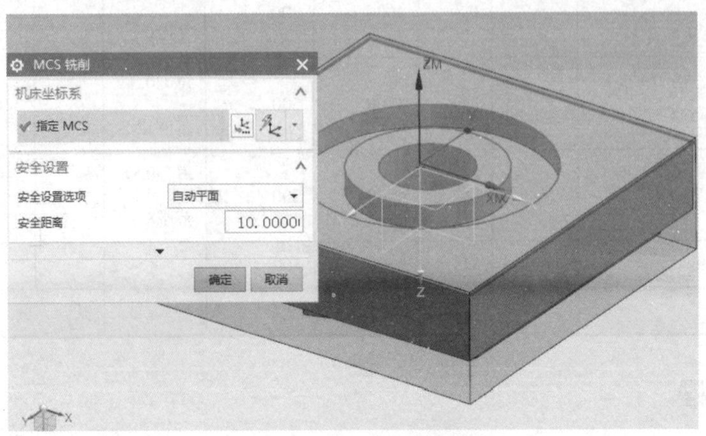

图11-3　建立加工坐标系

(3) 加工几何体准备。双击 MCS_MILL 下的 WORKPIECE，进入“工件”对话框，完成部件与毛坯的设置，操作如图 11-4 所示。

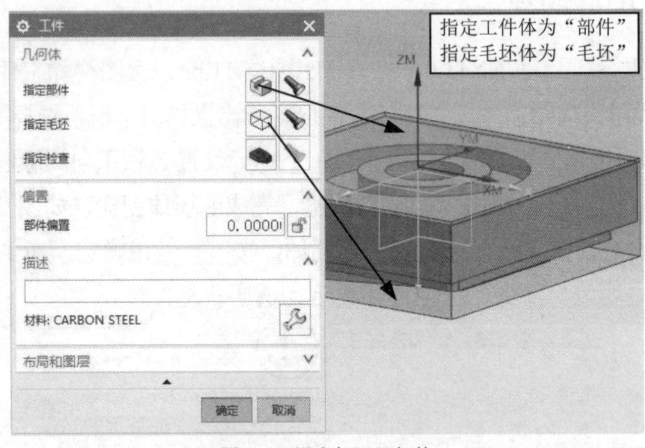

图11-4　设定加工几何体

2. 型腔铣：精加工工件上半部分，深度17mm

(1) 创建“型腔铣”操作。单击操作工具条中的___按钮，在“创建工序”对话框中选择加工类型为_______，在操作子类型中选择________，在几何体中选择___________，在名称中输入___________，操作如图 11-5 所示。

(2) 指定修剪边界。选 ϕ20 边为修剪边界，操作如图 11-6 所示。

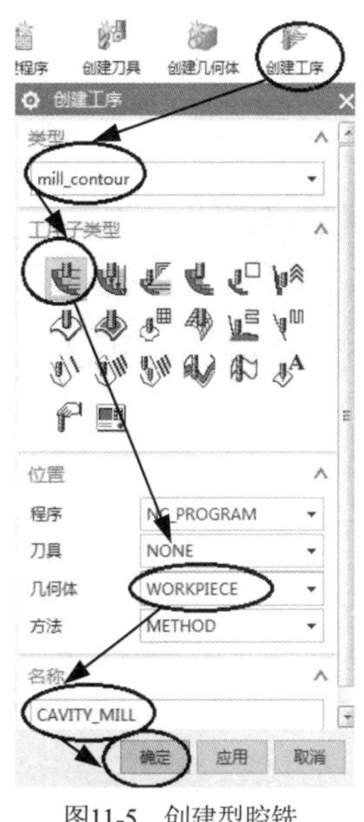

图11-5　创建型腔铣

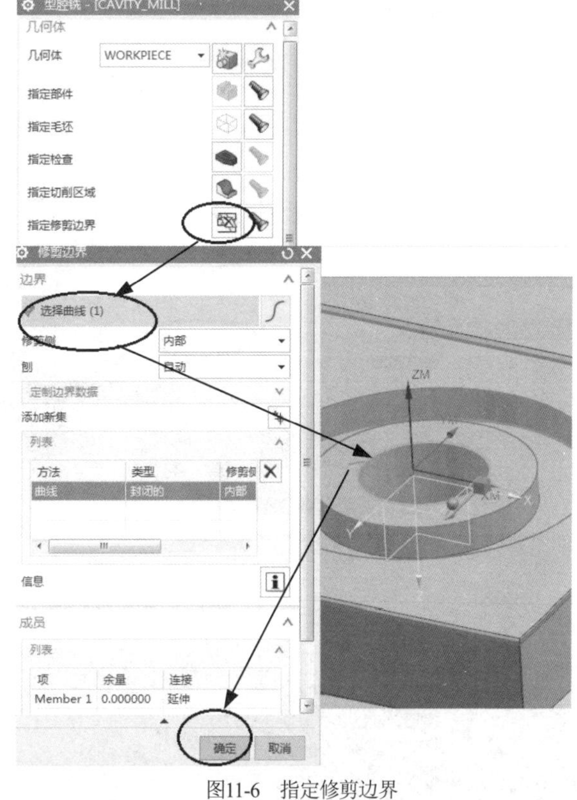

图11-6　指定修剪边界

(3) 创建 D8 刀具。单击______按钮，在刀具子类型中选定______，在名称中输入________。在刀具参数中，输入刀具直径为________，底圆角半径为________，刀具号和补偿号分别为________和________。

(4) 设置刀轨参数。采用______的切削模式，平面直径百分比为______，设置范围类型为_____，切削层为______，公共每刀切削深度为_______，最大距离为______mm，分别选中工件的上顶面和深度为 17mm 的平面作为切削范围，单击“确定”按钮，完成切削层设置，如图 11-7 所示。单击____按钮，进入“策略”选项卡，定义切削方向为______，切削顺序为________，在“余量”选项卡中，设置部件余量为_______。单击_______按钮，进入非切削参数设置的“进刀”选项卡，在“封闭区域”设置形式为螺旋，螺旋直径为______，倾斜角度为_______，高度为_______。在“开放区域”设置形式为圆弧，半径为_______，角度为_______。

(5) 设定进给速度。单击________按钮，勾选对话框中的“主轴速度”复选框，输入转速为________，切削速度为________。

(6) 单击________按钮，计算生成刀轨，如图 11-8 所示。

(7) 仿真加工。在操作导航器中选中 cavity mill，单击________按钮，进入“可视化刀轨”对话框，选择播放刀轨的形式(有重播、3D 动态、2D 动态三种)，按“播放“键即可模拟加工过程，结果如图 11-9 所示。

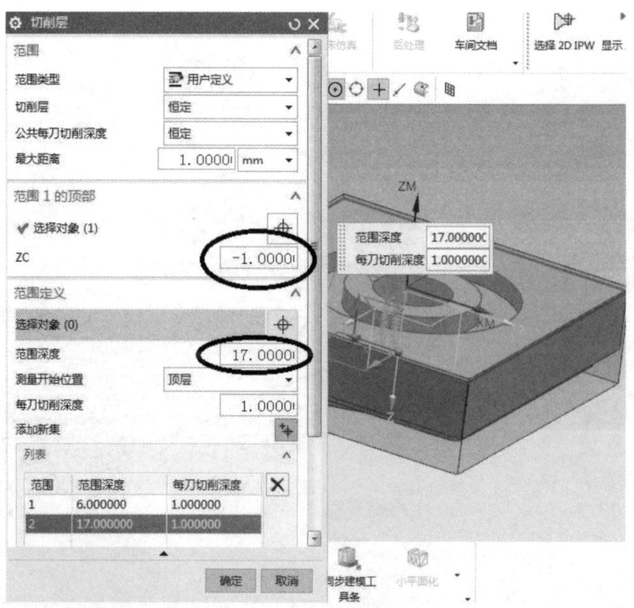

图11-7 设定切削参数

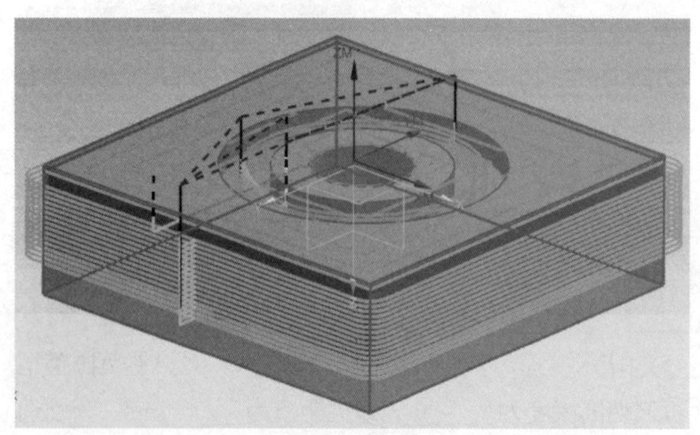

图11-8 生成刀轨

图11-9 刀轨仿真

3. 型腔铣：精加工圆 ϕ20

(1) 创建“型腔铣”操作。在操作导航器中，选中上一步创建的型腔铣操作，右击，在弹出的快捷菜单中选择“复制”命令；再选中 cavity mill，右击，在弹出的快捷菜单中选择“粘贴”命令；cavity mill 下便多一个操作 cavity mill_COPY，选中 KC1-COPY 后右击，在弹出的快捷菜单中选择“重命名”命令，命名为 cavity mill2。双击，打开型腔铣参数设置对话框。

(2) 指定切削区域。选 ϕ20 圆柱面，操作如图 11-10 所示。

(3) 创建 D8 刀具。单击______按钮，在刀具子类型中选定______，在名称中输入________。在刀具参数中，输入刀具直径为________，底圆角半径为________，刀具号和补偿号分别为________和________。

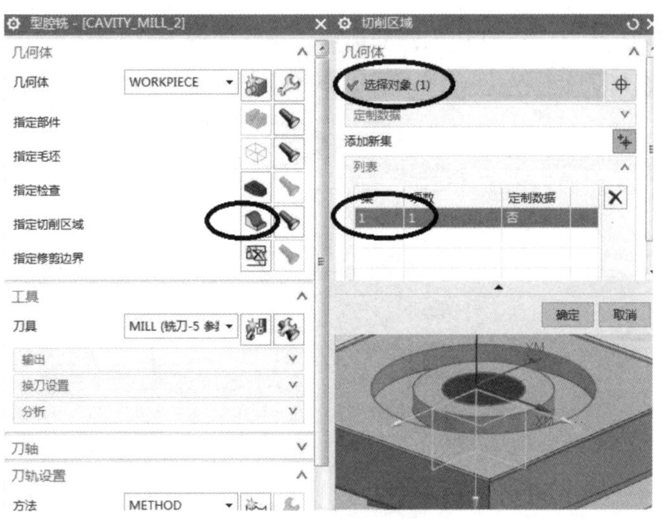

图11-10　指定切削区域

(4) 设置刀轨参数。采用______的切削模式，平面直径百分比为______，公共每刀切削深度为______，最大距离为______，单击____按钮，在“余量”选项卡中，设置部件余量为_______。

(5) 设定进给速度。单击________按钮，勾选对话框中的“主轴速度”复选框，输入转速为________，切削速度为________。

(6) 单击________按钮，计算生成刀轨。

(7) 仿真加工。在操作导航器中选中KC2，单击________按钮，进入“可视化刀轨”对话框，选择播放刀轨的形式(有重播、3D动态、2D动态三种)，按“播放”键即可模拟加工过程，结果如图11-11所示。

图11-11　仿真结果

保存文件，文件名为11-1-1，且另存一个文件名为11-1-2。打开11-1-2文件，进行如下操作，删除前两个步骤的程序，重新设置加工坐标。

4. 型腔铣：反面装夹，精加工工件下半部分

(1) 创建“型腔铣”操作。单击操作工具条中的___按钮，在“创建工序”对话框中选择加工类型为_______，在操作子类型中选择________，在几何体中选择___________，在名称中输入___________。

(2) 指定修剪边界。选 ϕ20 边为修剪边界，操作如图 11-12 所示。

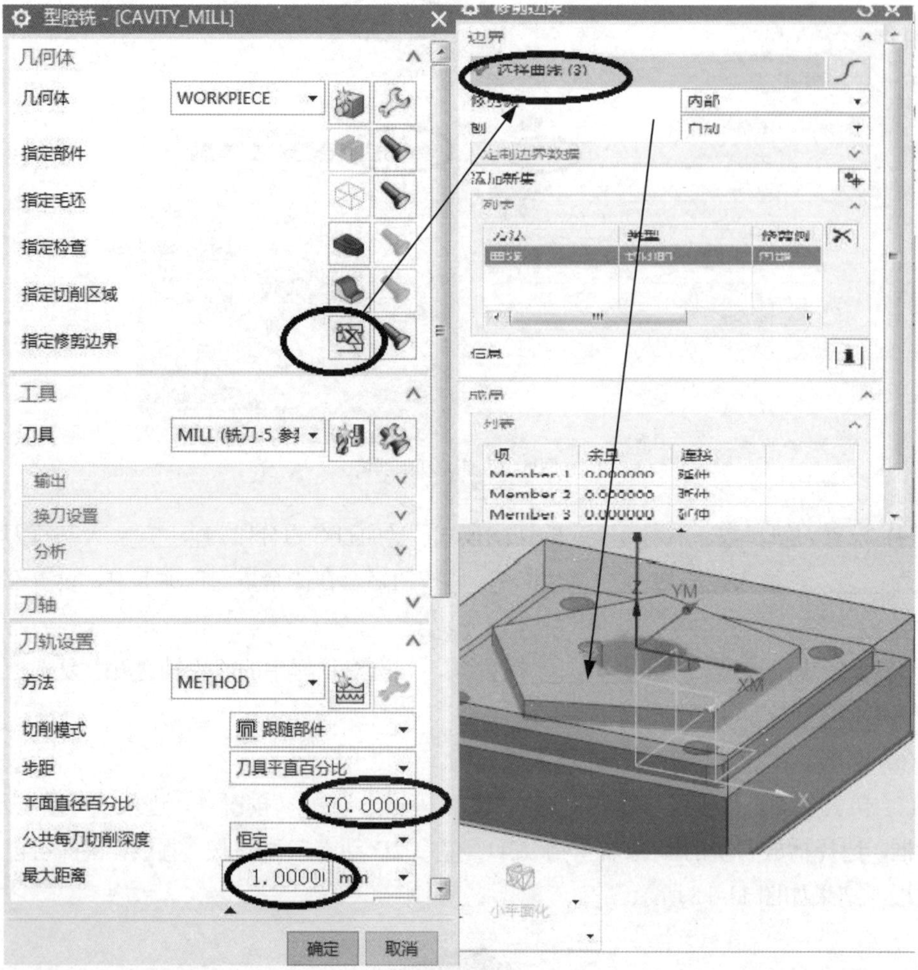

图11-12　创建型腔铣

(3) 选择 D8 刀具。

(4) 设置刀轨参数。采用______的切削模式，平面直径百分比为______，设置范围类型为_____，切削层为______，公共每刀切削深度为_______，最大距离为______mm，分别选中工件的上顶面和深度为 9mm 的平面作为切削范围，单击“确定”按钮，完成切削层设置，如图 11-13 所示。单击____按钮，进入“策略”选项卡，定义切削方向为______，切削顺序为________，在“余量”选项卡中，设置部件余量为_______。单击_______按钮，进入非切削参数设置的“进刀”选项卡，在“封闭区域”设置形式为螺旋，螺旋直径为______，倾斜角度为_______，高度为_______。在“开放区域”设置形式为圆弧，半径为_______，角度为_______。

(5) 设定进给速度。单击________按钮，勾选对话框中的“主轴速度”复选框，输入转速为________，切削速度为________。

(6) 单击________按钮，计算生成刀轨。

(7) 仿真加工。结果如图 11-14 所示。

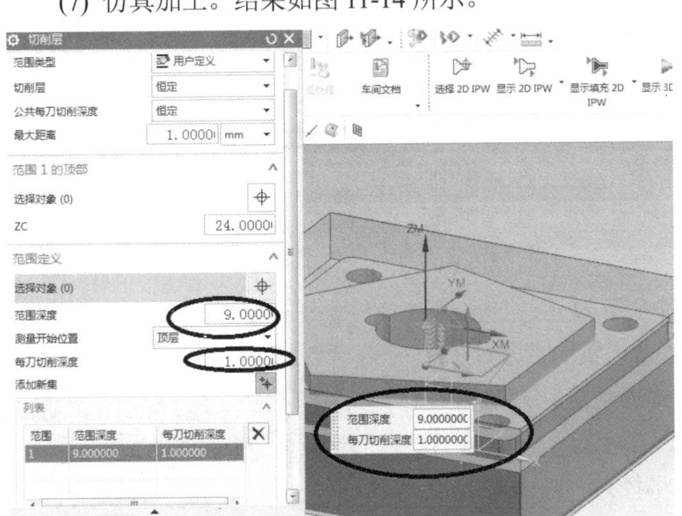

图11-13　设定切削参数

图11-14　仿真结果

5. 反面装夹，深度轮廓加工：精加工2× ϕ6，深12.5mm

(1) 创建“型腔铣”操作。单击操作工具条中的___按钮，在“创建工序”对话框中选择加工类型为______，在操作子类型中选择_______，在几何体中选择_________，在名称中输入_________，操作如图 11-15 所示。

(2) 指定切削区域。选 ϕ6 圆柱面，操作如图 11-16 所示。

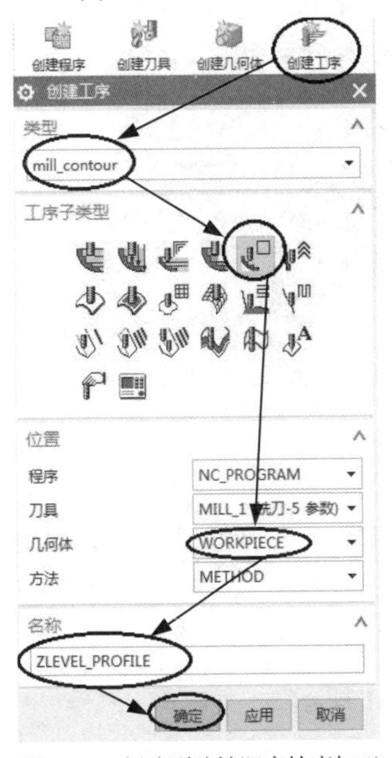

图11-15　创建型腔铣深度轮廓加工

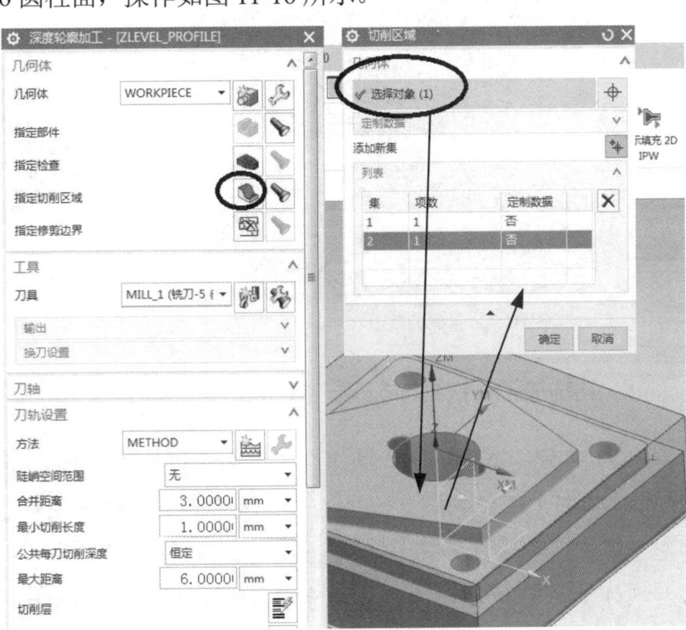

图11-16　指定切削区域

(3) 创建 D4 刀具。单击______按钮，在刀具子类型中选定______，在名称中输入________。在刀具参数中，输入刀具直径为________，底圆角半径为________，刀具号和补偿号分别为________和________。

(4) 设置刀轨参数。采用______的切削模式，平面直径百分比为______，设置范围类型为______，切削层为______，公共每刀切削深度为_______，最大距离为______mm，如图 11-17 所示。单击______按钮，在“余量”选项卡中，设置部件余量为_______。单击_______按钮，进入非切削参数设置的“进刀”选项卡，在“封闭区域”设置形式为螺旋，螺旋直径为______，倾斜角度为_______，高度为_______。在“开放区域”设置形式为圆弧，半径为_______，角度为_______。

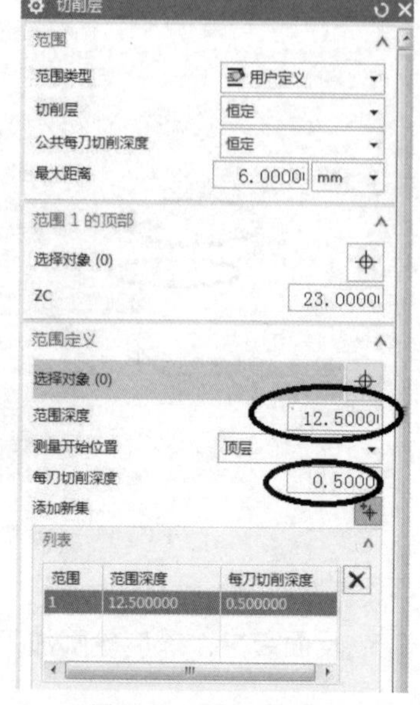

图11-17　设置刀轨参数

(5) 设定进给速度。单击________按钮，勾选对话框中的“主轴速度”复选框，输入转速为________，切削速度为________。

(6) 单击___________按钮，计算生成刀轨，如图 11-18 所示。

(7) 仿真加工，结果如图 11-19 所示。

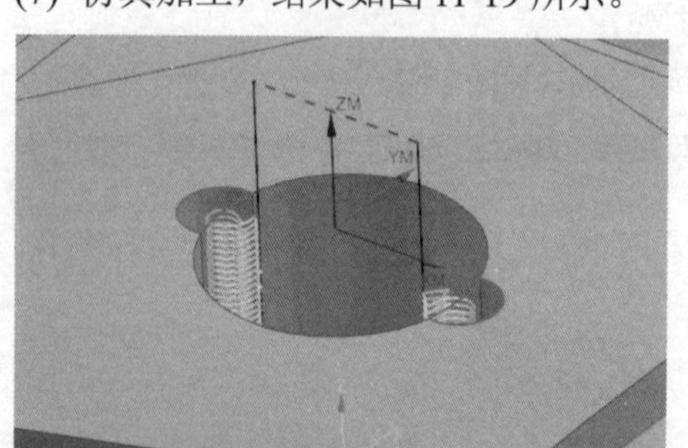

图11-18　生成刀轨图

图11-19　仿真结果

6. 孔铣加工：铣孔 ϕ6.75：4×M8

(1) 创建“底壁加工”操作。单击操作工具条中的___按钮，在“创建工序”对话框中选择加工类型为___________，在操作子类型中选择___________，在几何体中选择___________，在名称中输入__________，操作如图 11-20 所示。

(2) 设定特征几何体。选择 4 个 ϕ6.75 孔，操作如图 11-21 所示。

图11-20　创建孔铣操作

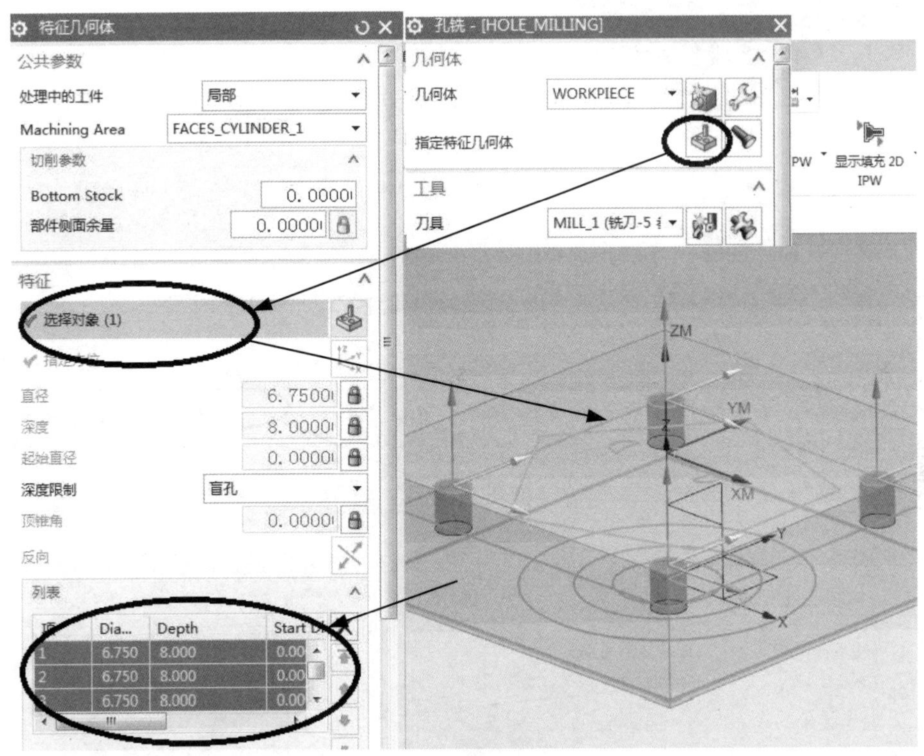

图11-21　设定特征几何体

(3) 选择 D4 铣刀。

(4) 设置刀轨参数。切削区域空间范围为____________，采用____________的切削模式，平面直径百分比为________，每刀切削深度为________，部件余量为________。

(5) 设定进给速度。单击________按钮，勾选对话框中的“主轴速度”复选框，输入转速为________，切削速度为________。

(6) 单击________按钮，计算生成刀轨，如图 11-22 所示。

7. 螺纹铣加工：铣4XM8(或手工攻丝)

(1) 创建“螺纹铣”操作。单击操作工具条中的___按钮，在“创建工序”对话框中选择加工类型为___________，在操作子类型中选择___________，在几何体中选择_________，在名称中输入_________，操作如图 11-23 所示。

图11-22 生成刀轨

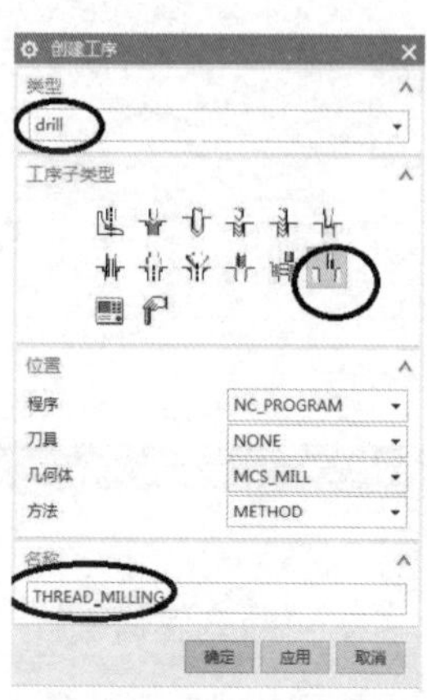

图11-23 创建“螺纹铣”操作

(2) 设定特征几何体。选择 4 个 ϕ6.75 孔，操作如图 11-24 所示。

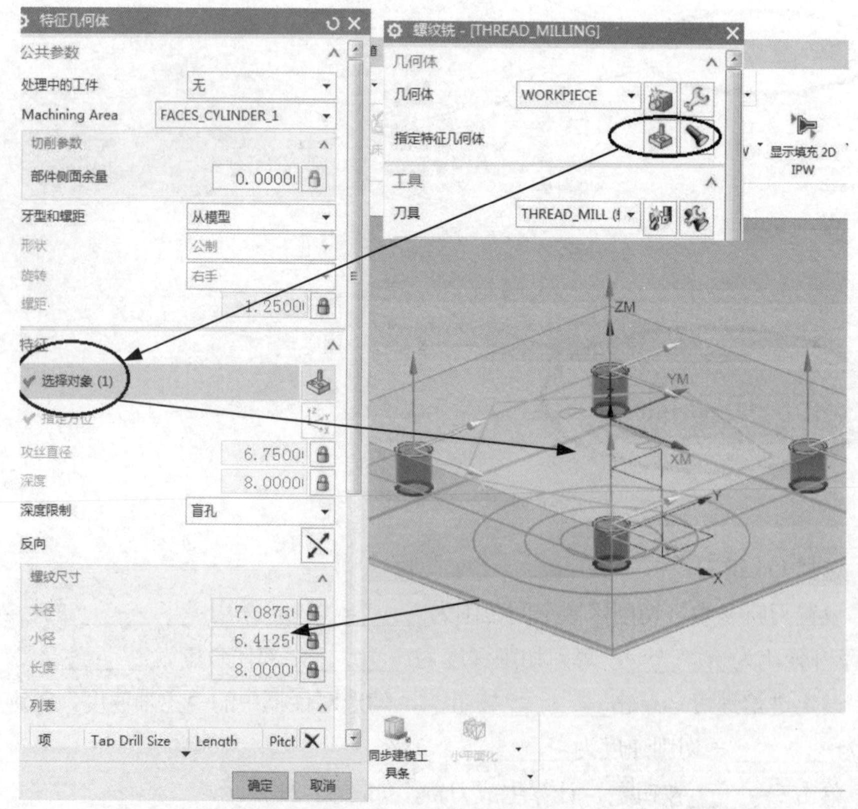

图11-24 设定特征几何体

(3) 选择 M8 螺丝铣刀。

(4) 设定进给速度。单击________按钮，勾选对话框中的“主轴速度”复选框，输入转速为________，切削速度为________。

(5) 单击__________按钮，计算生成刀轨，如图 11-25 所示。

图11-25　生成刀轨

三、零件的加工

1. 填写生产流程表

分步完成零件的加工，填写生产流程表，如表 11-3 所示。

表11-3　零件加工生产流程表

序号	生产内容	结果记录
1	装夹工件、刀具，对刀，建立工作坐标系	
2		
3		
4		
5		
6		
7		
8		
9		
10		
11		

2. 测量工件尺寸

完成加工后，测量工件尺寸并填写表 11-4。

表11-4　零件加工尺寸测量评价表

序号	考核内容	考核要求	配分	评分标准	自检	互检	得分
1	80×80×23	±0.1	5	超差不得分			
2	ϕ20	+0.03～+0.01	8	超差不得分			
3	ϕ34		5	超差不得分			
4	ϕ54	+0.06～+0.03	8	超差不得分			
5	5	+0.03～0	8	超差不得分			

(续表)

序号	考核内容	考核要求	配分	评分标准	自检	互检	得分
6	4	±0.02	5	超差不得分			
7	4		2	超差不得分			
8	69.6	−0.03～−0.06	8	超差不得分			
9	54.4		2	超差不得分			
10	4×*R*2.4		5	超差不得分			
11	ϕ64		5	超差不得分			
12	2× ϕ6		5	超差不得分			
13	4×M8		11	超差不得分			
14	1.2		2	超差不得分			
15	4		2	超差不得分			
16	*R*a3.2		5	超差不得分			
17	⊥ 0.02 A		5	超差不得分			
18	⌯ 0.02 A C		5	超差不得分			
19	⌯ 0.02 A C		5	超差不得分			

第三部分　评价与反馈

一、自我评价

自我评价如表11-5所示。

表11-5　零件加工自我评价表

班级:　　　　　　　　　姓名:　　　　　　　　　学习任务名称:

序号	评价项目	是	否
1	是否能正确分析零件形体		
2	前置作业是否全部完成		
3	是否完成了小组分配的任务		
4	是否认为自己在小组中不可或缺		
5	是否严格遵守课堂纪律		
6	在学习过程中，是否主动帮助其他同学		
7	对自己的表现是否满意		

二、小组评价

小组评价如表 11-6 所示。

表11-6　零件加工小组评价表

序号	评价项目	评分(1～11)
1	有团队合作意识，注重沟通	
2	能自主学习并相互协作，尊重他人	
3	学习态度积极主动，能参加安排的活动	
4	服从教师的教学安排，遵守学习场所的管理规定，遵守纪律	
5	能正确地领会他人提出的学习问题	
6	工作岗位的责任心	
7	能正确对待肯定和否定的意见	
8	团队学习中主动与合作的情况	

评价人：　　　　　　　　　　　　　　　　　　　　　　　　　　年　月　日

三、教师评价

教师评价如表 11-7 所示。

表11-7　零件加工教师评价表

序号	评价项目	教师评价			
		优	良	中	差
1	按时上、下课				
2	着装符合要求				
3	遵守课堂纪律				
4	学习的主动性和独立性				
5	工具、仪器使用规范				
6	主动参与工作现场的6S工作				
7	工作页填写完整				
8	与小组成员积极沟通，并协助其他成员共同完成学习任务				
9	会快速查阅各种手册等资料				
11	教师综合评价				

任务二　数控铣工国家职业资格四级理论样题

一、单选题(第1题～第160题。选择一个正确的答案，将相应的字母填入题内的括号中。每题0.5分，满分80分。)

1. 企业文化的整合功能指的是它在(　　)方面的作用。

A. 批评与处罚　　B. 凝聚人心　　C. 增强竞争意识　D. 自律

2. 下述原因中，不会影响球面加工表面粗糙度的是(　　)。

A. 切削步距及顺逆铣　　B. 切削速度、进给速度

C. 刀具　　D. 加工方向

3. 企业的质量方针不是(　　)。

A. 工艺规程的质量记录　　B. 每个职工必须贯彻的质量准则

C. 企业的质量宗旨　　D. 企业的质量方向

4. 不爱护设备的做法是(　　)。

A. 定期拆装设备　　B. 正确使用设备

C. 保持设备清洁　　D. 及时保养设备

5. 生产人员在质量管理方面须做好“三按和一控”工作，一控是指自控正确率应达(　　)。

A. 90%　　B. 95%　　C. 99%　　D. 110%

6. 按断口颜色，铸铁可分为(　　)。

A. 灰口铸铁、白口铸铁、麻口铸铁　　B. 灰口铸铁、白口铸铁、可锻铸铁

C. 灰口铸铁、球墨铸铁、可锻铸铁　　D. 普通铸铁、合金铸铁

7. 在CAD命令输入方式中，以下不可采用的方式有(　　)。

A. 单击取命令图标　　B. 在菜单栏选择命令

C. 用键盘直接输入　　D. 利用数字键输入

8. 使用键槽铣刀加工键槽时，造成键槽宽度尺寸超差的主要原因是(　　)。

A. 键槽刀与刀柄中心存在误差

B. 刀柄刀与主轴中心存在误差

C. 工艺系统的变形

D. 键槽刀与刀柄中心存在误差、刀柄刀与主轴中心存在误差、工艺系统的变形都有可能

9. 在未装夹工件前，为了检查(　　)，可以空运行一次程序。

A. 程序　　B. 机床的加工范围

C. 工件坐标系　　D. 刀具、夹具选取与安装的合理性

10. 粗加工钢件，刀具材料应选用(　　)为宜。

A. YG3　　B. YT5　　C. YT30　　D. YG8

11. 通常使用的标准立铣刀，不包括直径为(　　)的规格。

A. $\phi5$　　B. $\phi6$　　C. $\phi7$　　D. $\phi8$

12. 空间互相平行的两线段，在同一基本投影图中(　　)。

A. 根据具体情况，有时相互平行，有时两者不平行

B. 互相不平行

C. 一定相互垂直

D. 一定相互平行

13. 加工较大平面的工件时，一般采用(　　)。

A. 立铣刀　　B. 端铣刀　　C. 圆柱铣刀　　D. 镗刀

14. 常用规格的千分尺的测微螺杆移动量是(　　)。

A. 85mm　　B. 35mm　　C. 25mm　　D. 15mm

15. 夹紧力的方向应尽量(　　)于主切削力。

A. 垂直　　B. 平行同向　　C. 倾斜指向　　D. 平行反向

16. 已知直径为11mm球头铣刀，推荐切削速度157m/min，切削深度3mm，主轴转速应为(　　)。

A. 4000 r/min　　B. 5000 r/min　　C. 6250 r/min　　D. 7500 r/min

17. 数控铣床一般不适用于加工(　　)零件。

A. 板类　　B. 盘类　　C. 壳具类　　D. 轴类

18. 进行数控程序空运行时，无法实现(　　)。

A. 检查程序是否存在句法错误　　B. 检查程序的走刀路径是否正确

C. 检查轮廓尺寸精度　　D. 检查换刀是否正确

19. 加工封闭的槽应选择(　　)。

A. 鼓形铣刀　　B. 成形铣刀　　C. 立铣刀　　D. 键槽铣刀

20. 关于尺寸公差，下列说法正确的是(　　)。

A. 尺寸公差只能大于零，故公差值前应标“＋”号

B. 尺寸公差是用绝对值定义的，没有正、负的含义，故公差值前不应标“＋”号

C. 尺寸公差不能为负值，但可以为零

D. 尺寸公差为允许尺寸变动范围的界限值

21. 一般情况下，直径(　　)的孔可直接在加工中心上完成。

A. 大于30mm　　B. 小于30mm　　C. 等于35mm　　D. 大于40mm

22. 完成Auto CAD的剖面线填充，下列选项中，(　　)不是必要的条件。

A. 封闭的区域　　B. 被填充区域必须在屏幕范围内

C. 剖面线会自动避开已标注的尺寸　　D. 对组成封闭区域的线条没有线形要求

23. 国标中对图样中除角度以外的尺寸的标注已统一以(　　)为单位。

A. 厘米　　B. 英寸　　C. 毫米　　D. 米

24. 用于调整机床的垫铁种类有多种，其作用不包括(　　)。

A. 减轻紧固螺栓时机床底座的变形　　B. 限位作用

C. 调整高度　　D. 紧固作用

25. 下列材料中，抗拉强度最高的是(　　)。

A. HT200　　B. HT250　　C. HT300　　D. HT350

26. 加工凹槽、较小的台阶面及平面轮廓应选用(　　)。

A. 面铣刀　　B. 立铣刀　　C. 键槽铣刀　　D. 模具铣刀

27. 夹紧装置的基本要求中，重要的是(　　)。

A. 夹紧动作迅速　　B. 定位正确

C. 正确施加夹紧力　　D. 夹紧刚度高

28. 企业诚实守信的内在要求是(　　)。

A. 维护企业信誉　　B. 增加职工福利　　C. 注重经济效益　　D. 开展员工培训

29. 在 AutoCAD 软件中，不是查询图形上某一点的坐标尺寸的方法是(　　)。

A. 查看此点属性　　B. 标注尺寸　　C. 测量单位比例　　D. 换算单位

30. 曲面加工中，在接近拐角处应适当降低(　　)，以避免加工中的“过切”与“欠切”现象。

A. 主轴转速　　B. 切削速度　　C. 进给速度　　D. 背吃刀量

31. 机床转动轴中的滚珠丝杠必须(　　)进行检查。

A. 每一年　　B. 每两年　　C. 每三年　　D. 每半年

32. 安全文化的核心是树立(　　)的价值观念，真正做到“安全第一，预防为主”。

A. 以产品质量为主　　B. 以经济效益为主

C. 以人为本　　D. 以管理为主

33. 加工多个形状、尺寸相同的封闭形键槽时，一般应采用的工艺方法是(　　)。

A. 先全部粗加工，然后精加工

B. 粗加工后马上精加工

C. 部分先粗、精加工，然后进行其余的

D. 随心所欲

34. 在使用绝对坐标指令编程时，预先要确定工作坐标系，通过(　　)可以确定当前工作坐标系，该坐标系在机床重开时消失。

A. G54　　B. G50　　C. G92　　D. G53

35. 加工空间曲面、模具型腔或凸模成形表面常选用(　　)。

A. 立铣刀　　B. 面铣刀　　C. 模具铣刀　　D. 成形铣刀

36. 程序是由多行指令组成，每一行称为一个(　　)。

A. 程序字　　B. 地址字　　C. 子程序　　D. 程序段

37. 工件上用于定位的表面是确定工件位置的依据，称为(　　)面。
A. 定位基准　　B. 加工基准　　C. 测量基准　　D. 设计基准

38. 金属抵抗永久变形和断裂的能力是钢的(　　)。
A. 强度和塑性　　B. 韧性　　C. 硬度　　D. 疲劳强度

39. 下列选项中，(　　)的工件不适用于在数控机床上加工。
A. 普通机床难加工　　B. 毛坯余量不稳定
C. 精度高　　D. 形状复杂

40. 铣削工序的划分主要有刀具集中法、(　　)和按加工部位划分。
A. 先面后孔　　B. 先铣后磨　　C. 粗、精分开　　D. 先难后易

41. 在铣削加工余量不大且加工精度要求不高的平面时，可按(　　)进行加工。
A. 一次铣去全部余量　　B. 先粗后精
C. 阶梯铣削　　D. 粗铣—半精铣—精铣

42. 习近平总书记提出“中国梦”的内容是(　　)。
A. 实现中华民族伟大复兴，就是中华民族近代以来最伟大梦想
B. 富强、民主、文明、和谐
C. 爱国、敬业、诚信、友善
D. 自由、平等、公正、法治

43. 按数控机床故障频率的高低，通常将机床的使用寿命分为(　　)阶段。
A. 2　　B. 3　　C. 4　　D. 5

44. 碳的质量分数小于(　　)的铁碳合金称为碳素钢。
A. 1.4%　　B. 2.11%　　C. 0.6%　　D. 0.25%

45. 程序段序号通常用(　　)位数字表示。
A. 8　　B. 11　　C. 4　　D. 11

46. 优质碳素结构钢的牌号由(　　)数字组成。
A. 一位　　B. 两位　　C. 三位　　D. 四位

47. 数控铣刀的拉钉与刀柄通常采用(　　)联结。
A. 右旋螺纹　　B. 左旋螺纹　　C. 平键　　D. 花键

48. 在下列制图比例中，缩小的比例是(　　)。
A. 2∶1　　B. 5∶1　　C. 1∶3　　D. 1∶1

49. 铰孔是(　　)加工孔的主要方法之一。
A. 粗　　B. 半精　　C. 精　　D. 精细

50. 员工在着装方面，正确的做法是(　　)。
A. 服装颜色鲜艳　　B. 服装款式端庄大方
C. 皮鞋不光洁　　D. 香水味浓烈

51. 采用键槽铣刀直接一刀加工轴类零件键槽时，会出现(　　)。
A. 加工深度浅　　B. 对称度差　　C. 键槽宽度误差　　D. 正好合适

52. 刀具半径补偿功能为模态指令，数控系统初始状态是(　　)。

A. G41　　B. G42　　C. G40　　D. 由操作者指定

53. 相同条件下，使用立铣刀切削加工，表面粗糙度最好的刀具齿数应为(　　)。

A. 2　　B. 3　　C. 4　　D. 6

54. 左视图反映物体的(　　)的相对位置关系。

A. 上下和左右　　B. 前后和左右　　C. 前后和上下　　D. 左右和上下

55. 加工带台阶的大平面要用主偏角为(　　)的面铣刀。

A. 60°　　B. 70°　　C. 80°　　D. 90°

56. 在工作中保持同事间和谐的关系，要求职工做到(　　)。

A. 对感情不和的同事仍能给予积极配合

B. 如果同事不经意给自己造成伤害，要求对方当众道歉，以挽回影响

C. 对故意的诽谤，先通过组织途径解决，实在解决不了，再以武力解决

D. 保持一定的嫉妒心，激励自己上进

57. 当材料强度低、硬度低，用小直径钻头加工时宜选用(　　)转速。

A. 很高　　B. 较高　　C. 很低　　D. 较低

58. 切削的三要素是指进给量、切削深度和(　　)。

A. 切削厚度　　B. 切削速度　　C. 进给速度　　D. 主轴转速

59. 螺旋线下刀时，螺旋角通常采用(　　)。

A. 0～5°　　B. 5°～11°　　C. 11°～15°　　D. 15°～20°

60. 由主切削刃直接切成的表面叫(　　)。

A. 切削平面　　B. 切削表面　　C. 已加工面　　D. 待加工面

61. 下列各组指令中，(　　)组全是非模态指令。

A. G0 G02 G04　　B. G01 G41 G28　　C. G28 G70 G04　　D. G01 G02 G92

62. 将零件中某局部结构向不平行于任何基本投影面的投影面投影，所得视图称为(　　)。

A. 剖视图　　B. 俯视图　　C. 局部视图　　D. 斜视图

63. 修磨麻花钻横刃的目的是(　　)。

A. 减小横刃处前角　　B. 增加横刃强度

C. 增大横刃处前角、后角　　D. 缩短横刃，降低钻削力

64. 定位套用于外圆定位，其中长套限制(　　)个自由度。

A. 6　　B. 4　　C. 3　　D. 8

65. 基准代号由基准符号、圆圈、连线和(　　)组成。

A. 字母　　B. 数字　　C. 弧线　　D. 三角形

66. 主轴转速 n(r/min)与切削速度 v(m/min)的关系表达式是(　　)。

A. $n=\pi vD/1100$　　B. $n=1100\pi vD$　　C. $v=\pi nD/1100$　　D. $v=1100\pi nD$

67. 选用刀具直径为110mm的面铣刀时，切削速度为110m/min，则转速应为(　　)。

A. 520r/min　　B. 3180r/min　　C. 110r/min　　D. 318r/min

68. 铣削加工时，为了减小工件表面粗糙度 *Ra* 的值，应该采用(　　)。

A. 顺铣　　B. 逆铣

C. 顺铣和逆铣都一样　　D. 依被加工表面材料决定

69. 铣削轮廓时，铣刀的切入和切出路线应(　　)。

A. 沿轮廓切向　　B. 沿轮廓法向

C. *Z*方向　　D. 任何方向

70. 一个物体在空间如果不加任何约束限制，应有(　　)个自由度。

A. 3　　B. 4　　C. 6　　D. 8

71. 切削加工时，工件材料抵抗刀具切削所产生的阻力称为(　　)。

A. 切削力　　B. 径向切削力　　C. 轴向切削力　　D. 法向切削力

72. 数控铣床精加工轮廓时，应采用(　　)。

A. 切向进刀　　B. 顺铣　　C. 逆铣　　D. 法向进刀

73. 铰削一般钢材时，切削液通常选用(　　)。

A. 水溶液　　B. 煤油　　C. 乳化液　　D. 极压乳化液

74. 造成键槽对称度超差的原因有(　　)。

A. 切削深度不一致

B. 工艺系统变形

C. 零件在存在定位误差

D. 切削深度不一致、工艺系统变形、零件存在定位误差都有可能

75. 镗削不通孔时，镗刀的主偏角应取(　　)。

A. 45°　　B. 60°　　C. 75°　　D. 90°

76. 主运动的速度最高，消耗功率(　　)。

A. 最小　　B. 最大　　C. 一般　　D. 不确定

77. 主轴速度S指令是以(　　)作为单位。

A. mm/min　　B. r/min　　C. 包含A和B　　D. mm/r

78. 过定位是指定位时工件的同一(　　)被二个定位元件重复限制的定位状态。

A. 平面　　B. 自由度　　C. 圆柱面　　D. 方向

79. 加工 ϕ50H7 的孔，已查知该镗刀推荐切削速度(Vc)78.5m/min，合适的主轴旋转速度(*N*)是(　　)。

A. 300r/min　　B. 400 r/min　　C. 500 r/min　　D. 600 r/min

80. 下列关于局部视图的说法中，错误的是(　　)。

A. 局部放大图可画成视图

B. 局部放大图应尽量配置在被放大部位的附近

C. 局部放大图与被放大部分的表达方式有关

D. 绘制局部放大图时，应用细实线圈出被放大部分的部位

81. 用于承受冲击、振动的零件(如电动机机壳、齿轮箱等)用(　　)牌号的球墨铸铁。

A. QT400-18　　B. QT600-3　　C. QT700-2　　D. QT800-2

82. 铣削内轮廓时，假定最小内拐角圆弧半径为 *R*，刀具直径为 *D*，下列表达式较为合理的是(　　)。

A. $R>D$　　B. $R<D$　　C. $R>D/2$　　D. $R<D/2$

83. 加工无岛屿圆槽时，要获得好的表面粗糙度，切入时应采用(　　)。

A. 圆弧切线切入　　B. 直线切线切入

C. 法线切线切入　　D. 圆弧切线切入、直线切线切入都可以

84. 框式水平仪主要应用于检验各种机床及其他类型设备导轨的直线度和设备安装的水平位置、垂直位置。在数控机床水平时，通常需要(　　)块水平仪。

A. 2　　B. 3　　C. 4　　D. 5

85. 道德和法律是(　　)。

A. 互不相干　　B. 相辅相成、相互促进

C. 相对矛盾和冲突　　D. 法律涵盖了道德

86. 基本尺寸是(　　)的尺寸。

A. 设计时给定　　B. 测量出来　　C. 计算出来　　D. 实际

87. 麻花钻的两个螺旋槽表面就是(　　)。

A. 主后刀面　　B. 副后刀面　　C. 前刀面　　D. 切削平面

88. 职业道德的实质内容是(　　)。

A. 树立新的世界观　　B. 树立新的就业观念

C. 增强竞争意识　　D. 树立全新的社会主义劳动态度

89. 数控机床定位精度超差是由(　　)所导致。

A. 软件故障　　B. 弱电故障

C. 随机故障　　D. 机床品质下降引起的故障

90. 曲面加工实际上是刀具运动轨迹的逼近过程，所以保证曲面的加工精度不仅需要考虑工艺系统产生的误差，而且还要在程序编制时考虑(　　)对其的影响。

A. 刀具误差　　B. 系统误差　　C. 插补误差　　D. 逼近误差

91. 使主轴定向停止的指令是(　　)。

A. M99　　B. M05　　C. M19　　D. M06

92. 在数控机床的操作面板上，HANDLE 表示(　　)。

A. 手动进给　　B. 主轴　　C. 回零点　　D. 手轮进给

93. 用平口虎钳装夹工件时，必须使余量层(　　)钳口。

A. 略高于　　B. 稍低于　　C. 大量高出　　D. 高度相同

94. 当定位点(　　)工件的应该限制自由度，使工件不能正确定位的，称为欠定位。

A. 不能在　　B. 多于　　C. 等于　　D. 少于

95. 画半剖视图时，习惯上将上下对称图形的(　　)画成剖视图。

A. 上半部　　B. 下半部

C. 上、下半部皆可　　D. 未知

96. 刀具的耐用度是指刀具在两次重磨之间(　　)的总和。

A. 切削次数　　B. 切削时间　　C. 磨损度　　D. 装拆次数

97. 加工内廓类零件时，(　　)。

A. 要留有精加工余量

B. 为保证顺铣，刀具要沿内廓表面顺时针运动

C. 不用留有精加工余量

D. 为保证顺铣，刀具要沿工件表面左右滑动

98. 不需要采用轮廓控制的数控机床是(　　)。

A. 数控车床　　B. 数控铣床　　C. 数控磨床　　D. 数控镗铣床

99. 坐标系内某一位置的坐标尺寸上，以相对于(　　)一位置坐标尺寸的增量进行标注或计量的，这种坐标值称为增量坐标。

A. 第　　B. 后　　C. 前　　D. 左

100. G21 指令表示程序中尺寸字的单位为(　　)。

A. m　　B. inch　　C. mm　　D. um

101. 数控机床由(　　)组成。

A. 硬件、软件、机床、程序

B. I/O、数控装置、伺服系统、机床主体及反馈装置

C. 数控装置、主轴驱动、主机及辅助设备

D. I/O、数控装置、控制软件、主机及辅助设备

102. 千分尺微分筒上均匀刻有(　　)格。

A. 50　　B. 110　　C. 150　　D. 200

103. 机床数控系统是一种(　　)。

A. 速度控制系统　　B. 电流控制系统　　C. 位置控制系统　　D. 压力控制系统

104. 加工一般金属材料用的高速钢，常用牌号有 W18Cr4V 和(　　)两种。

A. CrWMn　　B. 9SiCr　　C. 1Cr18Ni9　　D. W6Mo5Cr4V2

105. 在正确使用刀具半径补偿指令情况下，当所用刀具与理想刀具半径出现偏差时，可将偏差值输入(　　)。

A. 长度补偿形状值　　B. 长度、半径磨损补偿值

C: 半径补偿形状值　　D. 半径补偿磨损值

106. 程序段 N006G91G18G94G02 X30 Y35 I30 F110；中不应该使用(　　)。

A. G90　　B. G18　　C. G94　　D. G02

107. 一般钻头的材质是(　　)。

A. 高碳钢　　B. 高速钢　　C. 高锰钢　　D. 碳化物

108. 液压马达是液压系统中的(　　)。

A. 动力元件　　B. 执行元件　　C. 控制元件　　D. 增压元件

109. 外径千分尺分度值一般为(　　)。

A. 0.2m　　B. 0.5mm　　C. 0.01mm　　D. 0.1cm

110. 当以较小刀具前角、很大的进给量和很低的切削速度切削钢等塑金属材料时，容易产生(　　)。

A. 带状切屑　　B. 节状切屑　　C. 崩碎切屑　　D. 粒状切屑

111. 万能角度尺在 50°～140°范围内，应装(　　)。

A. 角尺　　B. 直尺　　C. 角尺和直尺　　D. 角尺、直尺和夹块

112. X6132 是常用的铣床型号，其中数字 6 表示(　　)。

A. 立式　　B. 卧式　　C. 龙门　　D. 仪表

113. 常用润滑油有机械油及(　　)等。

A. 齿轮油　　B. 石墨　　C. 二硫化钼　　D. 冷却液

114. 刀具半径补偿指令中，G41 代表(　　)。

A. 刀具半径左补偿　　B. 刀具半径右补偿

C. 取消刀具补偿　　D. 选择平面

115. 磨削加工时，提高砂轮速度可使加工表面粗糙度数值(　　)。

A. 变大　　B. 变小　　C. 不变　　D. 不一定

116. (　　)是切削过程产生自激振动的原因。

A. 切削时刀具与工件之间的摩擦　　B. 不连续的切削

C. 加工余量不均匀　　D. 回转体不平衡

117. 刀具长度补偿由准备功能 G43、G44、G49 及(　　)代码指定。

A. K　　B. J　　C. I　　D. H

118. 刀具长度补偿使用地址(　　)。

A. H　　B. T　　C. R　　D. D

119. 机床开机回零，输入并运行程序段 G54 G90 X110 Y50 F110;，机床状态为(　　)。

A. 机床不运行　　B. 机床以G0方式运行

C. 机床以G01 F110方式运行　　D. 机床出现程序错误报警

120. 为了消除焊接零件的应力，应采取(　　)热处理工艺。

A. 回火　　B. 正火　　C. 退火　　D. 调质

121. 弹簧在(　　)下中温回火，可获得较高的弹性和必要的韧性。

A. 50～110℃　　B. 150～200℃　　C. 250～300℃　　D. 350～500℃

122. 主程序结束，程序返回至开始状态，其指令为(　　)。

A. M00　　B. M02　　C. M05　　D. M30

123. 零件图技术要求栏中注明 C42，表示热处理淬火后的硬度为(　　)。

A. HRC50～55　　B. HB500　　C. HV1100　　D. HRC42～45

124. FANUC 0I 数控系统中，在主程序中调用子程序 O1111，其正确的指令是(　　)。

A. M99 01111　　B. M98 01111　　C. M99 P1111　　D. M98 P1111

125. position 可翻译为(　　)。

A. 位置　　B. 坐标　　C. 程序　　D. 原点

126. 子程序返回主程序的指令为(　　)。

A. P98　　B. M99　　C. M08　　D. M09

127. 数控系统计算刀具运动轨迹的过程称为(　　)。

A. 拟合　　B. 逼近　　C. 插值　　D. 插补

128. 逐步比较插补法的工作顺序为(　　)。

A. 偏差判别、进给控制、新偏差计算、终点判别

B. 进给控制、偏差判别、新偏差计算、终点判别

C. 终点判别、新偏差计算、偏差判别、进给控制

D. 终点判别、偏差判别、进给控制、新偏差计算

129. 欲加工第一象限的斜线(起始点在坐标原点)，用逐点比较法直线插补，若偏差函数大于零，说明加工点在(　　)。

A. 坐标原点　　B. 斜线上方　　C. 斜线下方　　D. 斜线上

130. 工件坐标系的 Z 轴一般与主轴轴线重合，其原点随(　　)位置不同而异。

A. 工件　　B. 机床参考点　　C. 刀具　　D. 夹具

131. 在数控系统中都有子程序功能，并且子程序(　　)嵌套。

A. 只能有一层　　B. 可以有限层　　C. 可以无限层　　D. 不能

132. 机床原点和机床参考点都是数控机床上固定的点，(　　)确定的。

A. 机床原点和机床参考点都是制造厂

B. 机床原点是制造厂确定的，机床参考点是编程人员

C. 机床原点是编程人员确定的，机床参考点是制造厂

D. 机床原点和机床参考点都是编程人员

133. 数控铣床是工作台运动形式，编写程序时，采用(　　)的原则编写程序。

A. 刀具固定不动，工件移动　　B. 工件固定不动，刀具移动

C. 分析机床运动关系后再定　　D. 由机床说明书说明

134. 刀具半径补偿的建立只能通过(　　)来实现。

A. G01和G00　　B. G01和G02　　C. G01和G03　　D. G00和G02

135. 刀具半径补偿的取消只能通过(　　)来实现。

A. G01和G00　　B. G01和G02　　C. G01和G03　　D. G00和G02

136. 在加工 X、Z 平面的圆弧时，应选择(　　)作为补偿平面。

A. X、Z　　B. X、Y　　C. Y、Z　　D. X、Y、Z

137. 如果刀具长度补偿值是5mm，执行程序段G19 G43 H01 G90 G01 X110 Y30 Z50后，刀位点在工件坐标系的位置是(　　)。

A. X115 Y35 Z55　B. X110 Y35 Z50　C. X115 Y30 Z50　D. X110 Y30 Z55

138. (　　)故障会产生报警信号。

A. 机床失控　B. 机床振动

C. 机床移动时噪声过大　D. 坐标轴超程

139. 面板中输入程序段结束符的键是(　　)。

A. CAN　B. POS　C. EOB　D. SHIFT

140. 在刀具补偿参数输入画面中，形状与摩耗中的数值为(　　)关系。

A. 相加　B. 相减　C. 相乘　D. 没有关系

141. 数控机床应当(　　)检查切削液、润滑油的油量是否充足。

A. 每日　B. 每周　C. 每月　D. 一年

142. 执行G01Z0；G90 G01 G43 Z−50 H01；(H01＝−2.00)程序后，钻孔深度是(　　)。

A. 48mm　B. 52mm　C. 50mm　D. 51mm

143. 在钻孔指令G90G81X-Y-Z-R-F-格式中，"R-"表示(　　)。

A. 初始点坐标　B. G99返回点坐标

C. G98返回点坐标　D. 每次进给深度

144. 带传动是利用(　　)作为中间挠性件，依靠带与带之间的摩擦力或捏合来传递运动和动力。

A. 从动轮　B. 主动轮　C. 带　D. 带轮

145. 操作面板上的DELETE键的作用是(　　)。

A. 删除　B. 复位　C. 输入　D. 启动

146. 工企对环境污染的防治不包括(　　)。

A. 防治固体废弃物污染　B. 开发防治污染新技术

C. 防治能量污染　D. 防治水体污染

147. 当第二次按下程序段跳过按钮，指示灯灭，表示取消“程序段跳过”机能。此时程序中的“/”标记(　　)，程序中所有程序段将被依次执行。

A. 弹出　B. 有效　C. 无效　D. 取消

148. 量块使用后应擦净，(　　)装入盒中。

A. 涂油　B. 包好　C. 密封　D. 轻轻

149. 固定循环路线中的(　　)是为安全进刀切削而规定的一个平面。

A. 初始平面　B. *R*点平面　C. 孔底平面　D. 零件表面

150. 利用铣床加工凸轮时，要求主轴有一定的精度，其精度主要是指(　　)。

A. 运动精度　B. 几何精度　C. 尺寸精度　D. 表面粗糙度

151. 基本偏差代号为J、K、M的孔与基本偏差代号为h的轴可以构成(　　)。
   A. 间隙配合　　B. 间隙或过渡配合
   C. 过渡配合　　D. 过盈配合

152. 机床通电后，应首先检查(　　)是否正常。
   A. 机床导轨　　B. 各开关按钮和键
   C. 工作台面　　D. 护罩

153. 下列配合代号中，属于基孔制配合的是(　　)。
   A. H7/f6　　B. F7/h6
   C. F7/n6　　D. N7/h5

154. 对于“一般公差”“线性尺寸的未注公差”，下列说法中错误的是(　　)。
   A. 图样上未标注公差的尺寸，表示加工时没有公差要求及相关的加工技术要求
   B. 零件上的某些部位在使用功能上无特殊要求时，可给出一般公差
   C. 线性尺寸的一般公差是在车间普通工艺条件下，机床设备一般加工能力可保证的公差
   D. 一般公差主要用于较低精度的非配合尺寸

155. 国标规定标准公差用IT表示，划分为(　　)。
   A. 20个等级，表示为IT1、IT2、…、IT20
   B. 20个等级，表示为IT01、IT0、IT1、IT2、…、IT18
   C. 18个等级，表示为IT1、IT2、…、IT18
   D. 18个等级，表示为IT01、IT0、IT1、IT2、…、IT16

156. 下列配合中，零件不应选用基轴制的是(　　)。
   A. 滚动轴承内圈与轴　　B. 滚动轴承外圈与外壳孔
   C. 轴为冷拉圆钢，不需要再加工　　D. 圆柱销与销孔

157. 图样上符号○是(　　)公差，叫(　　)。
   A. 位置，圆度　　B. 尺寸，圆度　　C. 形状，圆度　　D. 形状，圆柱度

158. 零件的加工精度应包括(　　)。
   A. 尺寸精度、几何形状精度和相互位置精度
   B. 尺寸精度
   C. 尺寸精度、形状精度和表面粗糙度
   D. 几何形状精度和相互位置精度

159. 自激振动约占切削加工中振动的(　　)%。
   A. 65　　B. 20　　C. 30　　D. 50

160. 机械加工表面质量中，表面层的几何形状特征不包括(　　)。
   A. 表面加工纹理　　B. 表面波度　　C. 表面粗糙度　　D. 表面层的残余应力

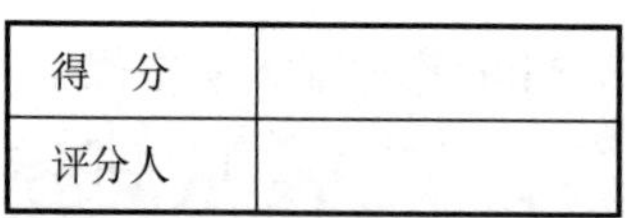

得　分	
评分人	

二、是非题(第161题～第200题。将判断结果填入括号中，正确的填√，错误的填×。每题0.5分，满分20分。)

161. 高碳钢的质量优于低碳钢。(　　)
162. 粗加工沟槽时，为利于排屑，宜选用粗齿铣刀。(　　)
163. 刃磨刀具时，不能用力过大，以防打滑伤手。(　　)
164. 切削过程是工件材料被刀具挤压变形产生滑移的过程。(　　)
165. 职业道德修养要从培养自己良好的行为习惯着手。(　　)
166. 长圆锥销用于圆孔定位，限制 5 个自由度。(　　)
167. 局部放大图应尽量配置在被放大部位的附近。(　　)
168. CRT 可显示的内容有零件程序、参数、坐标位置、机床状态、报警信息等。(　　)
169. 画图比例 1∶5，表示图形比实物放大 5 倍。(　　)
170. 球头铣刀虽然可以进行轴向、径向进给运动，但一般不用作加工平面轮廓类零件。(　　)
171. G92 坐标系在开关机后保持不变。(　　)
172. 系统操作面板上的 ALTER 键是程序插入键。(　　)
173. 不对称逆铣的铣削特点是刀齿以较小的切削厚度切入，又以较大的切削厚度切出。(　　)
174. 数控机床坐标系是机床固有的坐标系，一般情况下不允许用户改动。(　　)
175. 铣削时，刀具无论是正转或反转，工件都会被切下切屑。(　　)
176. 优质碳钢的硫、磷含量均≥0.045%。(　　)
177. 圆弧插补用半径 *R* 编程时，当圆弧所对应的圆心角大于 180°时，半径取负值。(　　)
178. 在 AtuoCAD 软件中选取某一点时，如果局部几何点较多时，可选用单点捕捉模式。(　　)
179. 能满足加工要求的定位有时也会出现欠定位。(　　)
180. 加工通孔时，加工深度一般至少要超出孔底平面 20mm 的距离，主要是保证全部孔深都加工到尺寸。(　　)
181. 主轴转速应根据刀具允许的切削速度和工件(或刀具)直径来确定。(　　)
182. 具有竞争意识而没有团队合作的员工往往更容易获得成功的机会。(　　)
183. 加工内轮廓时，只要选择的刀具半径小于内拐角圆弧半径就可以说是合适的。(　　)
184. 一把新刀(或重新刃磨过的刀具)从开始使用直至达到磨钝标准所经历的实际切削时间，称为刀具寿命。(　　)

185. 常用地址符 F 代表进给速度。(　　)

186. 平锉刀的两个侧面均不是工作面。(　　)

187. 铰孔能提高孔的形状精度，但不能提高位置精度。(　　)

188. 万能角度尺的测量范围为 0°～120°。(　　)

189. G21 是英制输入指令。(　　)

190. 选用公差带时，应按常用、优先、一般公差带的顺序选取。(　　)

191. 尺寸公差是指尺寸允许的变动量。(　　)

192. 电动机也称电机，在电路中用字母 M 表示。它的主要作用是产生驱动转矩，作为电器或各种机械的动力源。(　　)

193. 退火适用于低碳钢。(　　)

194. 辅助功能 M00 为无条件程序暂停，执行该程序指令后，自动运行停止，且所有模态信息全部丢失。(　　)

195. 辅助指令 M06 的功能是换刀。(　　)

196. 逐点比较法直线插补中，当刀具切削点在直线上或其上方时，应向+X方向发一个脉冲，使刀具向+X向移动一步。(　　)

197. 要求配合精度高的零件，其表面粗糙度值应大。(　　)

198. 妥善保管车床附件，保持车床整洁、完好是数控车床的操作规程之一。(　　)

199. 每把刀具都有自己的长度补偿，当换刀时，利用 G43(G44)H 指令赋予自己的刀长补偿而自动取消了前一把刀具的长度补偿。(　　)

200. 故障诊断是在系统运行中或基本不拆卸的情况下，查明产生故障的部位和原因，或预知系统的异常和故障的动向，采取必要的措施和对策的技术。(　　)

参考文献

[1] 钟远明. UG 编程与加工项目教学[M]. 武汉：华中科技大学出版社，2011.

[2] 陈移新. 零件数控铣削加工[M]. 北京：机械工业出版社，2013.

[3] 潘光华，王吉连. 数控铣削编程与加工[M]. 北京：中国劳动社会出版社，2012.

[4] 宋志良，欧阳玲. 典型铣削零件数控编程与加工[M]. 北京：北京理工大学出版社，2014.

[5] 钟如全，王小虎. 零件数控铣削加工[M]. 北京：国防工业出版社，2013.

[6] 陶维利. 数控铣削编程与加工[M]. 北京：机械工业出版社，2012.

1. 数控铣工技能鉴定试题一

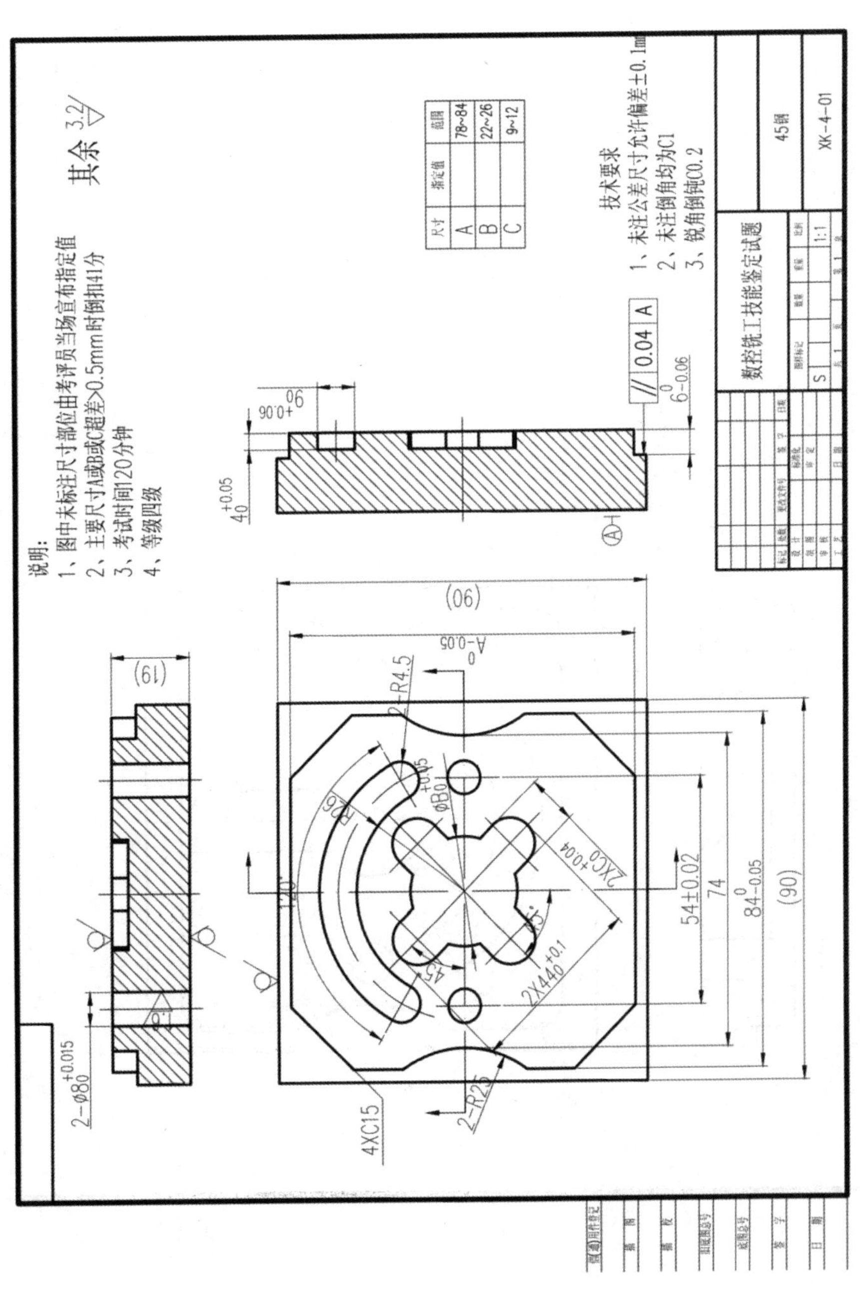

2. 数控铣工技能鉴定试题二

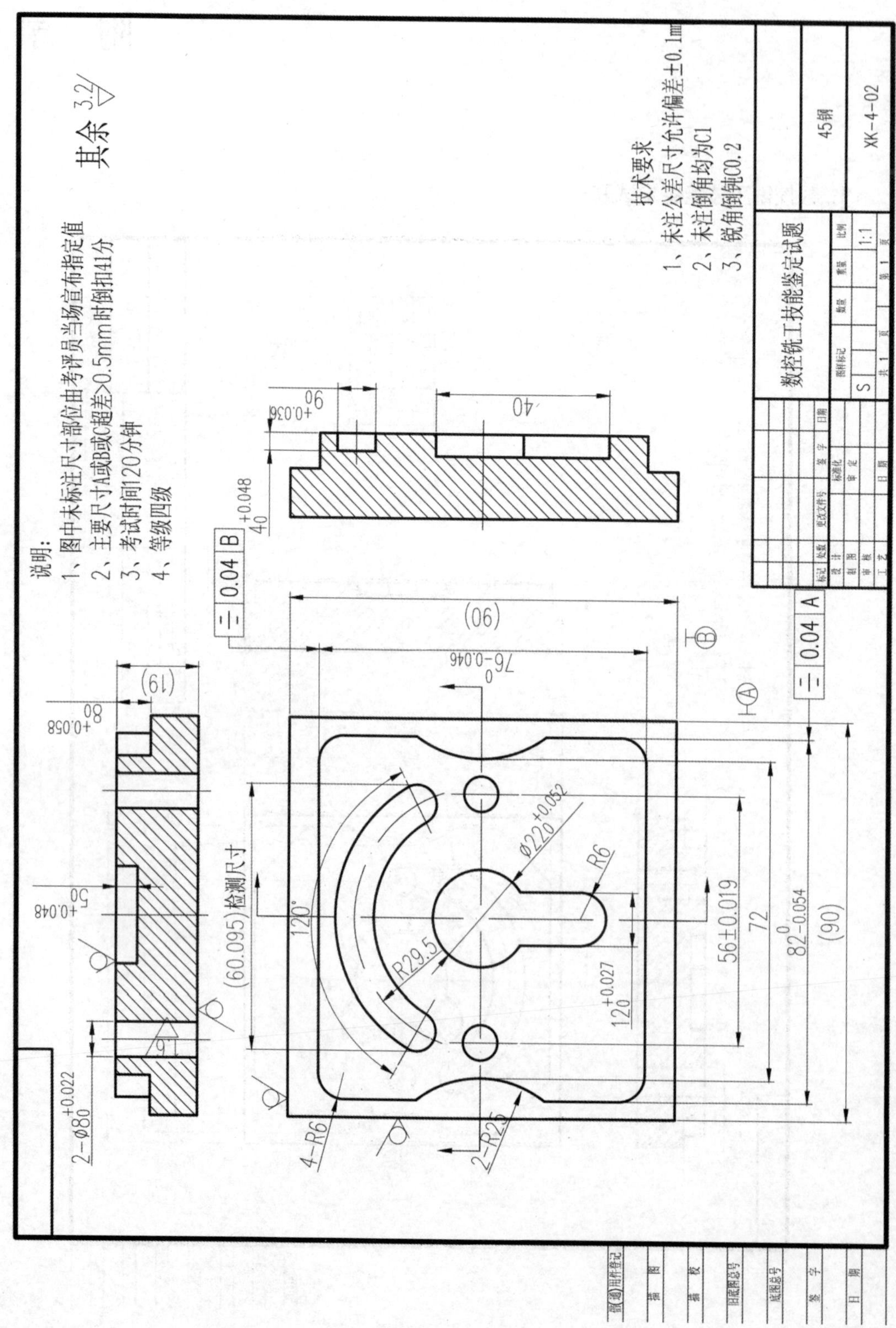

3. 数控铣工技能鉴定试题三

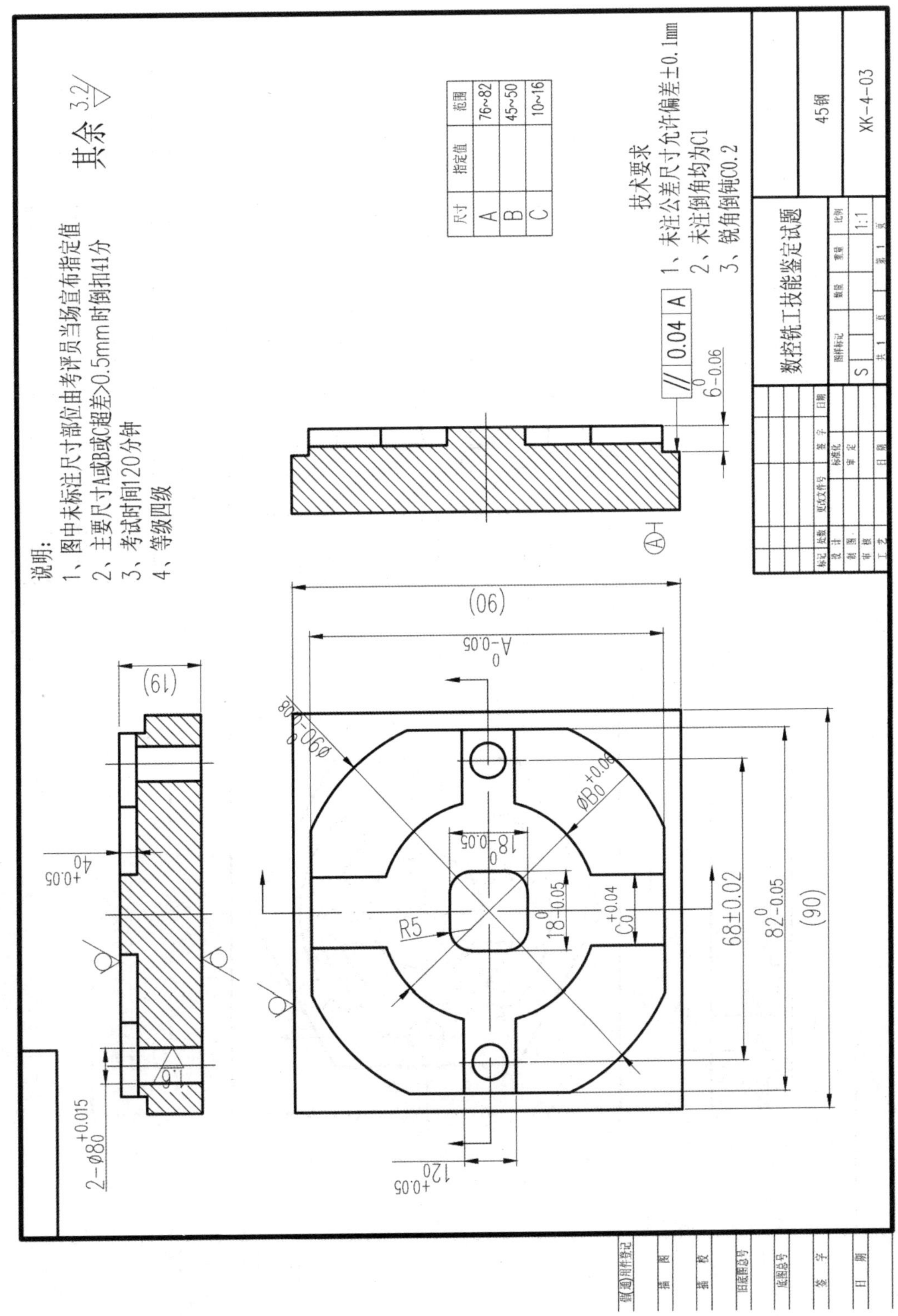

4. 数控铣工技能鉴定试题四

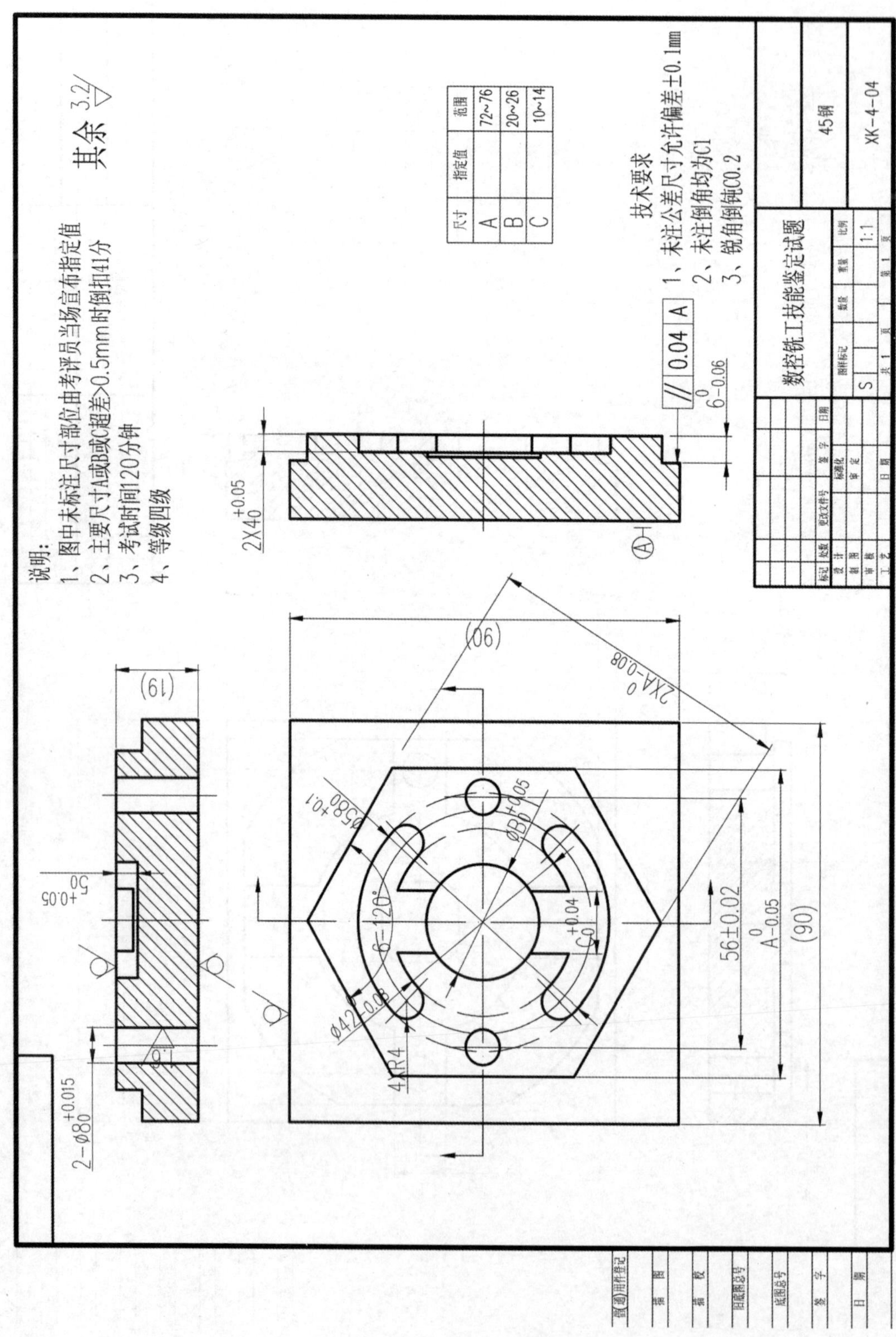

5. 数控铣工技能鉴定试题五

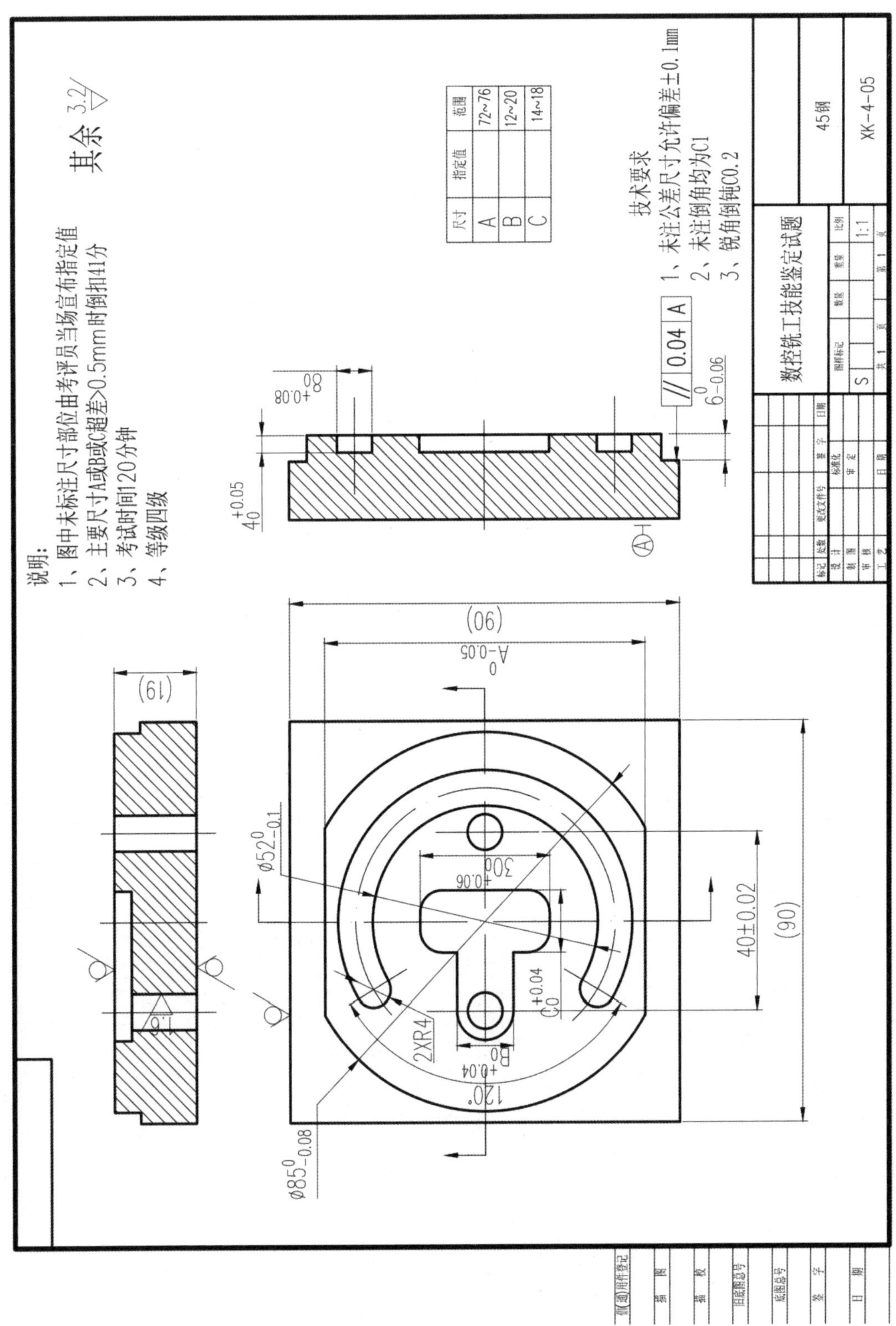